国家内河航道整治工程技术研究中心系列成果

砂泥岩颗粒混合料工程特性研究

王俊杰　方绪顺　邱珍锋　著

本书由"十二五"国家科技支撑计划课题"山区河流渠化河段港口码头建设关键技术研究(编号:2012BAB05B04)"资助出版,部分成果取自国家自然科学基金面上项目"周期性饱水砂泥岩混合料的劣化机理及其演化过程(编号:51479012)"。

科学出版社

北　京

内 容 简 介

就地取材的砂泥岩颗粒混合料在各类填方工程中被广泛用作建筑填料,但对其工程特性的研究远滞后于工程实践。本书以室内试验为主要方法,系统研究砂泥岩颗粒混合料的工程特性,具体包括:砂岩和泥岩的物理力学特性,砂泥岩颗粒混合料的压实特性、单向压缩变形特性、三轴强度变形特性、静止侧压力系数、各向异性渗透特性和固结-渗透耦合特性。

本书适于水利、土木、交通工程领域的研究人员、工程技术人员及研究生参考使用。

图书在版编目(CIP)数据

砂泥岩颗粒混合料工程特性研究/王俊杰,方绪顺,邱珍锋著. —北京:科学出版社,2016.1
国家内河航道整治工程技术研究中心系列成果
ISBN 978-7-03-046564-1

Ⅰ.①砂⋯ Ⅱ.①王⋯②方⋯③邱⋯ Ⅲ.①砂岩—配合料—研究
Ⅳ.①TU521

中国版本图书馆 CIP 数据核字(2015)第 288537 号

责任编辑:刘宝莉 / 责任校对:郭瑞芝
责任印制:张 倩 / 封面设计:左 讯

科 学 出 版 社 出版
北京东黄城根北街 16 号
邮政编码:100717
http://www.sciencep.com
中国科学院印刷厂印刷
科学出版社发行 各地新华书店经销
*
2016 年 1 月第 一 版 开本:720×1000 1/16
2016 年 1 月第一次印刷 印张:19 3/4
字数:396 000
定价:128.00 元
(如有印装质量问题,我社负责调换)

前　　言

在砂岩和泥岩互层分布地区的工程建设中,采用爆破、机械开挖等施工方法开采的土石料多为砂岩和泥岩的颗粒混合料(本书称之为砂泥岩颗粒混合料),通常很难也没有必要把砂岩颗粒和泥岩颗粒完全分开使用。这种就地取材的砂泥岩颗粒混合料是各类填方工程(比如长江上游地区特别是重庆地区的港口码头、拦河大坝、库岸整治、沿河道路、机场扩建、场地平整等)中常用的建筑填料,有时甚至是唯一的建筑填料。尽管砂泥岩颗粒混合料在工程建设中被大量、广泛地用作建筑填料,但对其工程特性的系统研究仍很不够。

本书在"十二五"国家科技支撑计划课题"山区河流渠化河段港口码头建设关键技术研究(编号:2012BAB05B04)"和国家自然科学基金面上项目"周期性饱水砂泥岩混合料的劣化机理及其演化过程(编号:51479012)"的资助下,采取重庆地区代表性的弱风化砂岩、泥岩块体,人工破碎后配制成砂泥岩颗粒混合料、纯砂岩颗粒料和纯泥岩颗粒料为试验材料,通过大量室内试验,在研究砂岩和泥岩的物理力学特性基础上,系统研究了砂泥岩颗粒混合料的工程特性,包括压实特性、单向压缩变形特性、三轴强度变形特性、静止侧压力系数、各向异性渗透特性和固结-渗透耦合特性。

全书共8章,由重庆交通大学王俊杰教授、南京水利科学研究院方绪顺高级工程师和重庆交通大学博士研究生邱珍锋共同撰写,全书由王俊杰教授统稿。

重庆交通大学刘明维教授、梁越副教授和研究生邓弟平、邓文杰、郝建云、温雨眠等参与了本书的部分研究工作。本书撰写过程中引用了很多学者的科研成果,研究生程玉竹、曹智、张宏伟、吴晓、张均堂等参与了本书的校对、插图绘制等工作,在此一并致以衷心的感谢!

限于作者水平,书中难免存在不足之处,敬请读者批评指正。

目　录

第1章 绪 论

砂岩、泥岩互层结构地层的分布很广。以地处长江黄金水道要地、正在建设长江上游航运中心的重庆地区为例,根据《重庆市地质图(比例尺1：500 000)》[1],形成于三叠系上统、侏罗系和白垩系下统的砂泥岩互层结构地层的总厚度达 2294～6440m。其中,三叠系上统须家河组(T_{3xj})地层厚 250～650m;侏罗系下统珍珠冲组(J_{1z})地层厚 180～320m,自流井组(J_{1zl})地层厚 300～420m;侏罗系中统新田沟组(J_{2x})地层厚 40～490m,沙溪庙组(J_{2s})地层厚 1100～2100m;侏罗系上统遂宁组(J_{3sn})地层厚 200～600m,蓬莱镇组(J_{3p})地层厚 124～1300m;白垩系下统窝头山组(K_{1w})地层厚 100～560m。

对砂岩、泥岩互层结构地层采用爆破、机械开挖施工时,形成的土石料通常为砂岩颗粒和泥岩颗粒的混合料(本书称为砂泥岩颗粒混合料),将其作为建筑填料利用时,很难也没有必要把砂岩颗粒和泥岩颗粒完全分开。在各类填方工程建设中,砂泥岩颗粒混合料是常用的主要建筑填料。以正在扩建的重庆江北机场为例,就地取材的砂泥岩颗粒混合料是最主要的建筑填料,最大填方厚度达百余米;正在建设的重庆南川金佛山大Ⅱ型水库大坝枢纽混凝土面板堆石坝(最大坝高109.80m)的下游次堆石区坝体也拟利用就地取材的砂泥岩颗粒混合料填筑。

众所周知,砂岩和泥岩是两种力学性质、水理性质均相差较大的沉积岩。由砂岩颗粒和泥岩颗粒混合形成的砂泥岩颗粒混合料,其工程特性必然既有别于纯砂岩颗粒料,也有别于纯泥岩颗粒料。尽管砂泥岩颗粒混合料在各类工程建设中被大量用作建筑填料,但人们对其工程特性并没有开展系统性研究,并不清楚其压实特性、强度特性、变形特性等工程特性如何,有必要对此开展系统深入的研究。

1.1 研 究 意 义

由于砂岩-泥岩互层、砂岩夹泥岩的地质条件在长江上游地区分布很广,加之其良好的工程特性,就地取材的砂泥岩颗粒混合料常被用作交通、建筑、水利、水运等工程建设中的建筑填料。然而,在库岸工程(比如沿岸港口码头工程)及其他涉水工程的建设中,尤其是水下及水位变幅区域的填方工程建设中,砂泥岩颗粒混合料常被设计人员限制使用。主要原因是,砂泥岩颗粒混合料中的泥岩颗粒在库水的长期、周期性浸泡作用下,容易发生软化甚至泥化,使得砂泥岩颗粒混合料的长期强度降低、变形增大,严重时可能导致涉水边坡、沿岸结构物等发生变形、变位、开裂甚至失稳现象。尽管如此,实际在库岸等涉水工程建设中,大量的砂泥岩颗粒混合料还是被用于水下及水位变幅区域的填方工程建设,因为施工现场及土石料场很难取得不含泥岩颗粒的砂岩填料。

由此可见,由于对砂泥岩颗粒混合料工程特性没有进行系统研究,在工程建设尤其是涉水工程建设中对砂泥岩颗粒混合料的利用存在一定的盲目性、不科学性甚至冒险性。

鉴于此,本书的研究意义主要体现在如下两个方面:

(1) 理论意义:本书通过系列试验研究和理论分析,查明砂泥岩颗粒混合料的压实特性、单向压缩变形特性、三轴强度变形特性、静止侧压力系数及渗透特性等工程特性及其主要影响因素,具有重要的理论意义和学术价值。

(2) 工程价值:紧密围绕砂泥岩颗粒混合料作为建筑填料利用需要开展其工程特性研究,研究成果具有重要的工程实用价值。

1.2　国内外研究现状

虽然土是人类接触最早的建筑材料,但是直到现在,人类对土的工程性质的认识远远不如混凝土、钢筋等人造的工程建筑材料。究其原因,主要是土体工程性质的复杂性,加上土体具有的多相性、自然变异性以及散体性使得它与材料力学中的混凝土以及金属等材料有着本质区别,这就使得土体工程特性要复杂得多。结合本书主要研究内容,对国内外研究现状简要分析如下。

1.2.1　土体压实特性

压实特性是土体的基本特性之一,其受压实功能、土体含水率、压实方法等诸多因素影响[2~15]。当选用一定的压实方法、压实功能的时候,土体的击实曲线多呈驼峰形,即刚开始土体的干密度随着含水率的增加而增加,当干密度达到某一值后,含水率继续增加干密度反而减小,此最大值即为最大干密度,与之对应的这个含水率即为最优含水率。产生这种现象的原因是土体在含水率较低时,颗粒表面的水膜薄、摩擦力大,不易压实。含水率逐渐增加时,颗粒表面水膜逐渐变厚,水膜之间的润滑作用也增大了,从而也相应地减小了颗粒表面摩擦力,就容易压实。再继续增加含水率,增加的是颗粒间孔隙体积,相应降低的是干密度值。

1.2.2　土体压缩变形特性

压缩变形特性是土体的基本力学特性之一,其受土体类型、含水率、土体结构和密实度等多种因素影响。在室内试验条件下,一维侧限压缩试验[16~18]是研究土体压缩变形特性的有效手段,因而被很多学者用于研究土体的压缩变形特性[19~32]。

非饱和土是工程中最为常见的土体类型,是一种三相的多孔松散介质。三相之间不仅具有力学效应复杂多变的收缩膜,还存在固-液-气之间的电化学作用与物理作用及它们物理性态变化的影响,因此,非饱和土的力学特性通常比饱和土要复杂得多[33~37]。邵生俊等[38]从非饱和土客观存在的固结变形变化及固结变形稳定时固、气、液共同构成的等效骨架承担压缩应力出发,通过压缩、固结试验揭示了非饱和土固结过程的等效骨架相应力与等效流体相压力的变化规律、瞬时压缩变形特性及等效固结系数,将复杂的非饱和土固结问题简化成了较为简单的两相耦合作用问题,在此基础上对非饱和土建立了一种实用的一维等效固结的分析方法。

非饱和土遇水后由于水的作用而发生的附加变形称为湿化变形。湿化变形的概念源于土石坝等水利工程中,指粗粒料在一定应力状态下浸水,由于颗粒之间受水的润滑作用及矿物颗粒遇水会软化等原因从而使颗粒发生相互滑移、破碎与重新排列,从而产生变形,并且使土体中应力出现重分布的现象[39~42]。土体在湿化作用下,其变形、强度等特性可能会发生显著变化[43~48]。

1.2.3 土体强度特性

在强度特性方面,前人针对土石混合体的研究较多,相关研究成果[49~57]对本书研究方法具有一定借鉴意义。相关研究表明,现场水平推剪试验、大型直剪试验和三轴试验等均是有效的试验研究手段。土体的强度特性受土体的类型、含水率、颗粒级配、试验方法等多种因素影响[58~73],其中湿化作用的影响是近年来研究的热点之一。研究表明[74~82],在湿化条件下,土体峰值抗剪强度指标不随湿化应力水平而变化且与饱和态值相等;湿化变形仅在高压下随粗粒料干密度的增大而增加,低压下干密度的影响不明显;湿化变形随竖向荷载的增大而增加;在各向等压条件下,湿化体积变形与轴向变形和围压的关系分别可用双曲线与直线表示。

粗粒料经湿化后抗剪强度有所降低。研究表明[83~86],对于碎石土,从天然状态到饱和状态时内摩擦角可降低 2°~8°;对黏土和粉质黏土,随着饱水时间的增加 c、φ 值呈减小变化;对于粉质黏土夹碎石,φ 值衰减比 c 值快。

1.2.4 土体静止侧压力系数

土体的静止侧压力系数[87]是计算土体水平应力的重要参数,在岩土工程中广泛应用。如何准确确定静止侧压力系数的大小是国内外研究者关注的课题之一,目前已提出的确定方法主要包括经验公式法、室内试验法、现场原位试验法、本构模型法及数值计算法等[88~96]。经验公式法主要是依土体有效内摩擦角、泊松比、塑性指数及超固结比等物理力学指标与静止侧压力系数的经验关系式计算;室内试验法主要有压缩仪法和三轴仪法两种,是在试验中实现试样侧向位移为零的状态,通过测量试样竖向应力与水平应力间的关系来确定;现场原位试验法主要有扁铲侧胀试验、原位应力铲试验、旁压试验以及载荷试验等,通过测得的荷载-位移关系间接确定。

由于静止侧压力系数的值受土体类型、土的结构性、应力历史、孔隙水压力、受扰动程度、土骨架流变性等多种因素的影响,因此,时至今日,人们提出的静止侧压力系数确定方法均具有一定的局限性,提出的计算方法也是以经验为主[97~101]。

1.2.5　土体渗透特性

粗颗粒土体的渗透系数大小与许多因素有关,如颗粒的大小、形状、不均匀系数等,要准确的确定比较困难[102~104]。渗透分析的常用方法有理论计算及试验方法,其中试验方法有经验法、室内试验和现场原位试验三种[105,106]。经验法通常是依据土体的颗粒级配特征,依据经验公式计算土体的渗透系数;室内试验又分为常水头试验和变水头试验两种;现场原位试验有注水法、抽水法等。

作为建筑填料利用的土体,由于在填筑施工中通常采用分层压实或夯实的施工工艺,填筑后土体的渗透性可能存在各向异性,也就是平行层面方向的渗透系数要大于垂直层面方向的渗透系数[107,108]。研究表明[109,110],天然红土的水平渗透系数是垂直渗透系数的 1.93~5.47 倍;沉积原状粉煤灰的水平渗透系数是垂直渗透系数的 5 倍,而击实粉煤灰只有 1.5 倍。土体的各向异性渗透特性对渗流场、渗流量、浸润线、孔隙水压力等均存在影响[111~113]。

1.2.6　土体颗粒破碎

粗粒土在受荷过程中,可能发生土颗粒的破碎。土颗粒破碎对土体的强度变形特性有影响[114~116]。颗粒破碎是指岩土颗粒在外部荷载作用下产生结构的破坏或破损,分裂成粒径相等或不等的多个颗粒的现象,与颗粒粒径、形状、硬度、级配、有效应力状态、有效应力路径、孔隙比及含水率等有关,其最明显的表现是试验前后颗粒级配曲线的变化[117~120]。由于颗粒破碎对土体的力学、渗透等特性存在影响,因此,有关颗粒破碎的分析方法及其影响因素、颗粒破碎对土体工程特性的影响等问题是近年来的研究热点之一[121~131]。

1.3　主要研究内容

本书的研究内容如下:

(1)砂岩和泥岩的物理力学特性。

(2)砂泥岩颗粒混合料的压实特性。

（3）砂泥岩颗粒混合料的单向压缩变形特性。

（4）砂泥岩颗粒混合料的三轴强度变形特性。

（5）砂泥岩颗粒混合料的静止侧压力系数。

（6）砂泥岩颗粒混合料的各向异性渗透特性。

（7）砂泥岩颗粒混合料的固结-渗透耦合特性。

参 考 文 献

［1］重庆市地质矿产勘查开发总公司.重庆市地质图(比例尺 1:500 000)[M].重庆:重庆长江地图印刷厂印制,2002.

［2］Hamdani I H. Optimum moisture content for compacting soils one-point method[J]. Journal of Irrigation and Drainage Engineering,1983,109(2):232—237.

［3］Blotz L R,Benson C H,Boutwell G P. Estimating optimum water content and maximum dry unit weight for compacted clays[J]. Journal of Geotechnical and Geoenvironmental Engineering,ASCE,1998,124(9):907—912.

［4］Rollins K M,Jorgensen S J,Ross T E. Optimum moisture content for dynamic compaction of collapsible soils[J]. Journal of Geotechnical and Geoenvironmental Engineering, ASCE,1998,124(8):699—708.

［5］中华人民共和国行业标准.土工试验规程(SL 237－1999)[S]. 中华人民共和国水利部,1999.

［6］中华人民共和国国家标准.土工试验方法标准(GB/T 50123—1999)[S].国家质量技术监督局,中华人民共和国建设部,1999.

［7］Bera A K,Ghosh A. Compaction characteristics of pond ash[J]. Journal of Materials in Civil Engineering,ASCE,2007,19(4):349—357.

［8］Saffih K H,Defossez P,Richard G,et al. A method for predicting soil susceptibility to the compaction of surface layers as a function of water content and bulk density[J]. Soils & Tillage Research,2009,105:96—103.

［9］Holtz R D,Kovacs W D,Sheahan T C. An Introduction to Geotechnical Engineering[M]. 2nd ed. New Jersey:Prentice Hall,Inc.,2010.

［10］邓弟平.砂泥岩混合颗粒料压实特性及颗粒破碎试验研究(硕士学位论文)[D].重庆:重庆交通大学,2013.

［11］Wang J J,Zhang H P,Deng D P,et al. Effects of mudstone particle content on compaction behavior and particle crushing of a crushed sandstone-mudstone particle mixture [J]. Engineering Geology,2013,167:1—5.

［12］Wang J J,Zhang H P,Liu M W,et al. Compaction behaviour and particle crushing of a crushed sandstone particle mixture[J]. European Journal of Environmental and Civil Engineering,2014,18(5):567—583.

［13］Wang J J,Yang Y,Zhang H P. Effects of particle size distribution on compaction behavior and particle crushing of a mudstone particle mixture[J]. Geotechnical and Geological Engineering,2014,32(4):1159—1164.

[14] Wang J J,Cheng Y Z,Zhang H P,et al. Effects of particle size on compaction behavior and particle crushing of crushed sandstone-mudstone particle mixture[J]. Environmental Earth Sciences,2015,12(73):8053—8059.

[15] Wang J J,Zhang H P,Deng D P. Effects of compaction effort on compaction behavior and particle crushing of a crushed sandstone-mudstone particle mixture[J]. Soil Mechanics and Foundation Engineering,2014,51(2):67—71.

[16] ASTM. Standard test methods for one-dimensional consolidation properties of soils using incremental loading (ASTM D2435M-11)[S]. West Conshohocken,Pennsylvania,2011.

[17] Monkul M M,Önal O. A visual basic program for analyzing oedometer test results and evaluating intergranular void ratio[J]. Computers & Geosciences,2006,32:696—703.

[18] Alexandrou A,Earl R. The relationship among the pre-compaction stress,volumetric water content and initial dry bulk density of soil[J]. Journal of Agricultural Engineering Research,1998,71:75—80.

[19] Sánchez-Girón A,Andreu E,Hernanz J L. Response of five types of soil to simulated compaction in the form of confined uniaxial compression tests[J]. Soil & Tillage Research, 1998,48:37—50.

[20] Fritton D D. An improved empirical equation for uniaxial soil compression for a wide range of applied stresses[J]. Soil Science Society of America Journal,2001,65:678—684.

[21] Assouline S. Modeling soil compaction under uniaxial compression[J]. Soil Science Society of America Journal,2002,66:1784—1787.

[22] Lim Y,Miller G. Wetting-induced compression of compacted Oklahoma soils[J]. Journal of Geotechnical and Geoenvironmental Engineering,ASCE,2004,130(10):1014—1023.

[23] Gregory A S,Whalley W R,Watts C W,et al. Calculation of the compression index and precompression stress from soil compression test data[J]. Soil & Tillage Research,2006,89: 45—57.

[24] Fritton D D. Fitting uniaxial soil compression using initial dry bulk density,water content, and matric potential[J]. Soil Science Society of America Journal,2006,70:1262—1271.

[25] Rucknagel J,Hofmann B,Paul R,et al. Estimating precompression stress of structured soils on the basis of aggregate density and dry bulk density[J]. Soil & Tillage Research,2007, 92:213—220.

[26] Cavalieri K M V,Arvidsson J,Silva A P D,et al. Determination of precompression stress from uniaxial compression tests[J]. Soil & Tillage Research,2008,98:17—26.

[27] 朱文君,张宗亮,袁友仁,等. 粗粒料单向压缩湿化变形试验研究[J]. 水利水运工程学报, 2009(3):99—102.

[28] Tang A M,Cui Y J,Eslami J,et al. Analysing the form of the confined uniaxial compression curve of various soils[J]. Geoderma,2009,148:282—290.

[29] Mesri G,Vardhanabhuti B. Compression of granular materials[J]. Canadian Geotechnical Journal,2009,46:369—392.

[30] Keller T,Lamandé M,Schjnning P,et al. Analysis of soil compression curves from iniaxial confined compression tests[J]. Geoderma,2011,163:13—23.

[31] Thibodeau S,Alamdari H,Ziegler D P,et al. New insight on the restructuring and breakage of particles during uniaxial confined compression tests on aggregates of petroleum coke[J]. Powder Technology,2014,253:757—768.

[32] An J,Zhang Y,Yu N. Quantifying the effect of soil physical properties on the compressive characteristics of two arable soils using uniaxial compression tests[J]. Soil & Tillage Research,2015,145:216—223.

[33] 郝建云. 砂泥岩混合料压缩变形特性及 K_0 系数试验研究(硕士学位论文)[D]. 重庆:重庆交通大学,2014.

[34] Fredlund D G,Morgenstern N R. Stress state variables for unsaturated soils[J]. Journal of Geotechnical Engineering,ASCE,1977,103(GT5):447—466.

[35] Fredlund D G,Morgenstern N R,Widger R A. The shear strength of unsaturated soils[J]. Canadian Geotechnical Journal,1978,15(3):316—321.

[36] Fredlund D G,Xing A,Fredlund M D,et al. The relationship of the unsaturated soil shear strength to the soil-water characteristic curve[J]. Canadian Geotechnical Journal,1996,33(3):440—448.

[37] Vanapalli S K,Fredlund D G,Pufahl D E,et al. Model for the prediction of shear strength with respect to soil suction[J]. Canadian Geotechnical Journal,1996,33(3):379—392.

[38] 邵生俊,王婷,于清高. 非饱和土等效固结变形特性与一维固结变形分析方法[J]. 岩土工程学报,2009,31(7):1037—1045.

[39] 魏松. 粗粒料浸水湿化变形特性试验及其数值模型研究(博士学位论文)[D]. 南京:河海大学,2006.

[40] 张智. 粗粒料在湿化及等应力比下的特性研究(硕士学位论文)[D]. 成都:成都科技大学,1989.

[41] 罗云华. 砂土路基湿化变形研究(硕士学位论文)[D]. 武汉:武汉大学,2004.

[42] 王辉. 小浪底堆石料湿化特性及初次蓄水时坝体湿化计算研究(硕士学位论文)[D]. 北京:清华大学,1992.

[43] 保华富,屈知炯. 粗粒料的湿化特性研究[J]. 成都科技大学学报,1989(1):23—30.

[44] 王强,刘仰韶,傅旭东,等. 砂土路基湿化变形和稳定性的可靠度分析[J]. 中国公路学报,2007,20(6):7—12.

[45] 刘祖德. 土石坝变形计算的若干问题[J]. 岩土工程学报,1983,5(1):1—13.

[46] 李广信. 堆石料的湿化试验和数学模型[J]. 岩土工程学报,1990,12(5):58—64.

[47] 殷宗泽,赵航. 土坝浸水变形分析[J]. 岩土工程学报,1990,12(2):1—8.

[48] 殷宗泽. 高土石坝的应力与变形[J]. 岩土工程学报,2009,31(1):1—14.

[49] 徐文杰,胡瑞林. 循环荷载下土石混合体力学特性野外试验研究[J]. 工程地质学报,2008,

16(1):63—68.

[50] 赵德安,王旭,陈志敏,等. 黄河二级阶地洪积碎石土原位直剪试验[J]. 兰州大学学报(自
然科学版),2008,44(4):22—26.

[51] 董云,柴贺军. 土石混合料室内大型直剪试验的改进研究[J]. 岩土工程学报,2005,
27(11):1329—1333.

[52] 油新华,汤劲松. 土石混合体野外水平推剪试验研究[J]. 岩石力学与工程学报,2002,
21(10):1537—1540.

[53] 李晓,廖秋林,赫建明,等. 土石混合体力学特性的原位试验研究[J]. 岩石力学与工程学
报,2007,26(12):2377—2384.

[54] 吴曼硕,李晓,赫健明. 土石混合体原位水平推剪试验[J]. 岩土工程技术,2007,21(4):
184—189.

[55] 徐文杰,胡瑞林,谭儒蛟. 三维极限平衡法在原位水平推剪试验中的应用[J]. 水文地质工
程地质,2006,(6):43—47.

[56] 黄广龙,周建,龚晓南. 矿山排土场散体岩土的强度变形特性[J]. 浙江大学学报,2000,
34(1):54—59.

[57] 舒志乐,刘新荣,刘保县,等. 土石混合体粒度分形特性及其与含石量和强度的关系[J]. 中
南大学学报(自然科学版),2010,41(3):1098—1101.

[58] Vucetic M,Lacasse S. Specimen size effect in simple shear test[J]. Journal of the Geotechni-
cal Engineering Division,ASCE,1982,108(12):1567—1585.

[59] Vallejo L E, Mawby R. Porosity influence on shear strength of granular material-clay
mixtures[J]. Engineering Geology,2000,58(2):125—136.

[60] Cerato A B,Lutenegger A J. Specimen size and scale effects of direct shear box tests of
sands[J]. Geotechnical Testing Journal,2006,29:507—516.

[61] Ueda T,Matsushima T,Yamada Y. Effect of particle size ratio and volume fraction on shear
strength of binary granular mixture[J]. Granular Matter,2011,13:731—742.

[62] Wang J J,Zhao D,Liang Y,et al. Angle of repose of landslide debris deposits induced by
2008 Sichuan Earthquake[J]. Engineering Geology,2013,156:103—110.

[63] Wang J J,Zhang H P,Tang S C,et al. Effects of particle size distribution on shear strength
of accumulation soil[J]. Journal of Geotechnical and Geoenvironmental Engineering,ASCE,
2013,139(11):1994—1997.

[64] Xiao Y,Liu H,Chen Y,et al. Particle size effects in granular soils under true triaxial condi-
tions[J]. Géotechnique,2014,64(8):667—672.

[65] Xiao Y,Liu H,Chen Y,et al. Strength and dilatancy of silty sand[J]. Journal of Geotechni-
cal and Geoenvironmental Engineering, ASCE,2014,140(7):06014007.

[66] Xiao Y,Liu H,Chen Y,et al. Strength and deformation of rockfill material based on large-
scale triaxial compression tests:Part I —Influences of density and pressure[J]. Journal of
Geotechnical and Geoenvironmental Engineering,ASCE,2014,140(12):04014070.

[67] Xiao Y,Liu H,Chen Y,et al. Strength and deformation of rockfill material based on large-

scale triaxial compression tests: Part II —Influence of particle breakage[J]. Journal of Geotechnical and Geoenvironmental Engineering, ASCE, 2014, 140(12):04014071.

[68] Xiao Y, Liu H, Chen Y, et al. Influence of intermediate principal stress on the strength and dilatancy behavior of rockfill material[J]. Journal of Geotechnical and Geoenvironmental Engineering, ASCE, 2014, 140(11):04014064.

[69] Wang J J. Hydraulic Fracturing in Earth-rock Fill Dams[M]. Singapore:John Wiley & Sons, and Beijing:China Water & Power Press, 2014.

[70] Wang J J, Qiu Z F, Deng W J. Shear strength of a crushed sandstone-mudstone particle mixture [J]. International Journal of Architectural Engineering Technology, 2014, 1: 33—37.

[71] Wang J J, Zhang H P, Wen H B, et al. Shear strength of an accumulation soil from direct shear test[J]. Marine Georesources & Geotechnology, 2015, 33(2):183—190.

[72] 邓文杰. 砂泥岩混合料强度变形特性三轴试验研究(硕士学位论文)[D]. 重庆:重庆交通大学, 2013.

[73] 温辉波. 库岸松散堆积体抗剪强度试验研究(硕士学位论文)[D]. 重庆:重庆交通大学, 2012.

[74] Wei S, Zhu J, Zhu D, et al. Triaxial test study on wetting influence on shear strength of coarse-grained materials[C] // Proceedings of the 1st International Conference on Long Time Effects and Seepage Behavior of Dams. Nanjing, China, 2008:589—594.

[75] 朱文君, 张宗亮, 袁友仁, 等. 粗粒料单向压缩湿化变形试验研究[J]. 水利水运工程学报, 2009(3):99—102.

[76] 彭凯, 朱俊高, 王观琪. 堆石料湿化变形三轴试验研究[J]. 中南大学学报(自然科学版), 2010, 41(5):1953—1960.

[77] 沈广军, 殷宗泽. 粗粒料浸水变形分析方法的改进[J]. 岩石力学与工程学报, 2009, 28(12):2437—2444.

[78] 孙国亮, 张丙印, 张其光, 等. 不同环境条件下堆石料变形特性的试验研究[J]. 岩土力学, 2010, 31(5):1413—1419.

[79] 郑治. 填石料的长期变形性能模拟试验研究[J]. 中国公路学报, 2011, 14(2):18—21.

[80] Taibi S, Fleureau J M, Abou N B, et al. Some aspects of the behaviour of compacted soils along wetting paths[J]. Géotechnique, 2011, 61(5):431—437.

[81] 李鹏, 李振, 刘金禹. 粗粒料的大型高压三轴湿化试验研究[J]. 岩石力学与工程学报, 2004, 23(2):231—234.

[82] 左永振, 程展林, 姜景山, 等. 粗粒料湿化变形后的抗剪强度分析[J]. 岩土力学, 2008, 29(z):559—562.

[83] 孔位学. 水对库区岩体的弱化及地基承载力稳定性研究(博士学位论文)[D]. 重庆:中国人民解放军后勤工程学院, 2005.

[84] 李维树, 邬爱清, 丁秀丽. 三峡库区滑带土抗剪强度参数的影响因素研究[J]. 岩土力学, 2006, 27(1):56—60.

[85] 李维树,丁秀丽,邬爱清,等.蓄水对三峡库区土石混合体直剪强度参数的弱化程度研究[J].岩土力学,2007,28(7):1338—1342.

[86] 徐文杰,胡瑞林,曾如意.水下土石混合体的原位大型水平推剪试验研究[J].岩土工程学报,2006,14(4):496—501.

[87] Mesri G,Hayat T M. The coefficient of earth pressure at rest[J]. Canadian Geotechnical Journal,1993.30:647—666.

[88] 王俊杰,郝建云.土体静止侧压力系数定义及其确定方法综述[J].水电能源科学,2013,31(7):111—114.

[89] 李作勤.影响粘土静止侧压力的一些问题[J].岩土力学,1995,16(1):9—16.

[90] 姜安龙,张少钦,曹慧兰.静止侧压力系数及其试验方法[J].南昌航空工业学院学报,2004,18(4):57—61.

[91] Mesri G,Vardhanabhuti B. Coefficient of earth pressure at rest for sands subjected to vibration[J]. Canadian Geotechnical Journal,2007,44:1424—1263.

[92] Tong L,Liu L,Cai G,et al. Assessing the coefficient of the earth pressure at rest from shear wave velocity and electrical resistivity measurements[J]. Engineering Geology,2013,163:122—131.

[93] 李晓萍,赵亚品.静止侧压力系数及其试验方法的探讨[J].铁道工程学报,2007(8):20—22.

[94] 董孝璧.确定土侧应力系数 K_0 的方法研究[J].地质灾害与环境保护,1998,9(4):27—31.

[95] Marchetti S. In-situ tests by fiat dilatometer[J]. Journal of the Geotechnical Engineering Division,ASCE,1980,106(3):299—321.

[96] Fioravante V,Jamiolkowski M L,Presti D C F,et al. Assessment of the coefficient of the earth pressure at rest from shear wave velocity measurements[J]. Géotechnique,1998,48(5):657—666.

[97] Federico A,Elia G,Murianni A. The at-rest earth pressure coefficient prediction using simple elasto-plastic constitutive models [J]. Computers and Geotechnics,2009,36:187—198.

[98] Schmidt B. Discussion on "Earth pressure at Rest Related to Stress History"[J]. Canadian Geotechnical Journal,1996,3(4):239—242.

[99] Sivakumar V,Doran I G,Graham J,et al. Relationship between K_0 and overconsolidation ratio:A theoretical approach[J]. Géotechnique,2002,52(3):225—230.

[100] Michalowski R L. Coefficient of earth pressure at rest[J]. Journal of Geotechnical and Geoenvironmental Engineering,ASCE,2005,131(11):1429—1433.

[101] Federico A,Elia G,Germano V. A short note on the earth pressure and mobilized angle of internal friction in one-dimensional compression of soils[J]. Journal of GeoEngineering,2008,3(1):41—46.

[102] 刘杰.土的渗透稳定与渗流控制[M].北京:水利水电出版社,1992.

[103] 毛昶熙.渗流计算分析与控制[M].北京:中国水利水电出版社,2003.

[104] 邱珍锋. 砂泥岩混合料各向异性渗透特性试验研究(硕士学位论文)[D]. 重庆:重庆交通大学,2013.

[105] 朱国胜,张家发,张伟,等. 宽级配粗粒料渗透试验方法探讨[J]. 长江科学院院报,2009:10—13.

[106] 樊贵盛,邢日县,张明斌. 不同级配砂砾石介质渗透系数的试验研究[J]. 太原理工大学学报,2012,43(3):373—378.

[107] Qiu Z F,Wang J J. Experimental study on the anisotropic hydraulic conductivity of a sandstone-mudstone particle mixture[J]. Journal of Hydrologic Engineering, ASCE, 2015, 20(11):04015029.

[108] 沙金煊. 各向异性土渗流的转化问题[J]. 水利水运科学研究,1987(1):15—28.

[109] 蔡红,温彦锋. 粉煤灰的透水性及其各向异性[J]. 水利水电技术,1999,30(12):27—29.

[110] 徐彩风,李传宝,钟凯. 红层填料渗透系数测定的方法研究[J]. 路基工程,2008:122—124.

[111] 何秉顺,丁留谦. 各向异性渗流对堤坝稳定性的影响[J]. 中国水利水电科学研究院学报,2006,4(4):277—281.

[112] 姚华彦,贾善坡. 各向异性渗透对土坡孔隙水压力及浸润线的影响分析[J]. 水电能源科学,2009,27(1):85—87.

[113] 段小宁,刘继山. 各向异性连续介质渗透系数的反分析法及其应用[J]. 大连理工大学学报,1991,31(5):593—601.

[114] 赵光思,周国庆,朱锋盼,等. 颗粒破碎影响砂直剪强度的试验研究[J]. 中国矿业大学学报,2008,37(3):291—294.

[115] 贾宇峰. 考虑颗粒破碎的粗粒土本构关系研究(博士学位论文)[D]. 大连:大连理工大学,2008.

[116] 孙海忠,黄茂松. 考虑颗粒破碎的粗粒土临界状态弹塑性本构模型[J]. 岩土工程学报,2008,32(8):1284—1290.

[117] 刘汉龙,孙逸飞,杨贵,陈育民. 粗粒料颗粒破碎特性研究述评[J]. 河海大学学报(自然科学版),2012,40(4):361—369.

[118] 魏松,朱俊高,钱七虎,等. 粗粒料颗粒破碎三轴试验研究[J]. 岩土工程学报,2009,31(4):533—538.

[119] 孔宪京,刘京茂,邹德高,等. 紫坪铺面板坝堆石料颗粒破碎试验研究[J]. 岩土力学,2014,35(1):35—40.

[120] Hardin B O. Crushing of soil particles[J]. Journal of Geotechnical Engineering, ASCE, 1985,111(10):1177—1192.

[121] Casini F, Viggiani G M B, Springman S M. Breakage of an artificial crushable material under loading[J]. Granular Matter,2013,15(5):661—673.

[122] 孔德志. 堆石料的颗粒破碎应变及其数学模拟(博士学位论文)[D]. 北京:清华大学,2008.

[123] 胡波. 三轴条件下钙质砂颗粒破碎力学性质与本构模型研究(博士学位论文)[D]. 武汉:中国科学院研究生院(武汉岩土力学研究所),2008.

[124] 杨光,张丙印,于玉贞,等. 不同应力路径下粗粒土的颗粒破碎试验研究[J]. 水利学报,
　　　2010,41(3):338—342.

[125] Karimpour H,Lade P V. Time effects relate to crushing in sand[J]. Journal of Geotechni-
　　　cal and Geoenvironmental Engineering,ASCE,2010,136(9):1209—1219.

[126] Lade P V,Yamamuro J A,Bopp P A. Significance of particle crushing in granular materials
　　　[J]. Journal of Geotechnical Engineering,ASCE,1996,122(4):309—316.

[127] Lobo-Guerrero S,Vallejo L E. Discrete element method evaluation of granular crushing
　　　under direct shear test conditions[J]. Journal of Geotechnical and Geoenvironmental Engi-
　　　neering,ASCE,2005,131(10):1295—1300.

[128] Valdes J R,Koprulu E. Characterization of fines produced by sand crushing[J]. Journal of
　　　Geotechnical and Geoenvironmental Engineering,ASCE,2007,133(12):1626—1630.

[129] Bowman E T,Soga K,Drummnond W. Particle shape characterization using fourier
　　　descriptor analysis[J]. Géotechnique,2001,51(6):545—554.

[130] Norihiko M S O. Particle crushing of a decomposed granite soil under shear stresses[J].
　　　Soils and Foundations,1979,19(3):1—14.

[131] 傅华,凌华,蔡正银. 粗颗粒土颗粒破碎影响因素试验研究[J]. 河海大学学报(自然科学
　　　版),2009,37(1):75—79.

第 2 章 砂岩和泥岩的物理力学特性

本章基于对现有相关研究资料的统计分析、现场采取代表性岩石试样进行室内试验,研究了重庆地区常见弱风化砂岩和泥岩的物理、力学特性。

2.1 概　　述

砂岩和泥岩及其破碎后的颗粒料是本书的研究对象。本章研究砂岩和泥岩的物理力学特性。在砂岩、泥岩广泛分布的地区(如重庆),砂岩和泥岩是工程建设中最为常见的沉积岩类型,其不仅作为工程建设的良好地基,也常常被用作工程建筑材料,因此,人们对砂岩[1~12]、泥岩[13~38]的物理力学特性研究较多。众所周知,岩石的物理、力学性质受多种因素决定和影响,主要的决定性因素包括岩石的成因、类型、造岩矿物成分、结构和构造等,重要的影响因素有水的作用、风化作用和温度等,测试条件(如应力状态、围压大小、试样尺寸、加载速率等)对岩石的力学特性也有较大的影响。

通常,描述岩石物理性质的指标包括质量指标(如相对密度、密度、重度)、孔隙性指标(如孔隙率、孔隙比)和水理性质指标(如含水率、吸水率、饱水率、饱水系数)等。描述岩石强度性质的指标包括单轴抗压强度、三轴抗压强度、抗拉强度、点荷载强度和抗剪强度等。描述岩石变形性质的指标包括弹性模量、泊松比等。

本章以采取自重庆地区长江沿岸典型砂岩-泥岩互层地层——侏罗系中统沙溪庙组(J_{2s})的弱风化砂岩和泥岩样本为研究对象,通过室内试验研究其主要的物理力学特性。依据《重庆市地质图(比例尺 1∶500 000)》[29],沙溪庙组(J_{2s})地层厚 1100~2100m,一般可分上、下两个岩性段:一段以紫红色、暗棕红色泥岩、粉砂质泥岩、粉砂质钙质泥岩为主,夹黄灰色、紫灰色、紫红色中厚层块状中至粗粒长石砂岩、长石石英砂岩;二段为紫红色、棕红色泥岩、粉砂质泥岩、粉砂岩与黄灰、白灰色中厚至块状细至中粒长石岩屑砂岩或岩屑长石石英砂岩互层。

2.2　物理性质

2.2.1　试验结果

1. 密度

密度是岩石的基本物理性质指标之一。通过密度试验测出了砂岩、泥岩的天然密度、饱和密度,试验结果列于表 2.1。

2. 含水率

对现场采取的岩石样本,通过含水率试验测试其天然含水率,测试结果列于表 2.1。

表 2.1　砂岩、泥岩的物理性质指标

岩石名称	天然密度/(g/cm³)	饱和密度/(g/cm³)	天然含水率/%
砂岩	2.38	2.42	1.50
泥岩	2.44	2.72	3.46

2.2.2　资料搜集分析结果

由于重庆地区侏罗系中统沙溪庙组地层分布较广,工程中较常见,已有不少试验成果,我们从多个工程资料中搜集了弱风化砂岩、泥岩的物理性质试验资料,具有一定代表性,本节对其进行分析。

1. 相对密度

共收集了 71 组泥岩相对密度数据,对该数据进行统计分析,如图 2.1 所示。

对 71 组泥岩相对密度进行统计分析,相对密度范围为 2.71～2.79。经 SPSS 中的 K-S 检验,该组数据符合正态分布。泥岩相对密度平均值为 2.75,标准差为 0.02。

共收集了 84 组砂岩相对密度数据,对该数据进行统计分析,如图 2.2 所示。

对 84 组砂岩相对密度进行统计分析,相对密度范围为 2.62～2.75。经 SPSS 中的 K-S 检验,该组数据基本符合正态分布。砂岩相对密度平均值为 2.70,标准差为 0.03。

2. 天然密度

共收集了 101 组泥岩天然密度数据,对该数据进行统计分析,如图 2.3 所示。

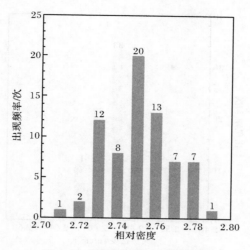

图 2.1　泥岩相对密度统计结果

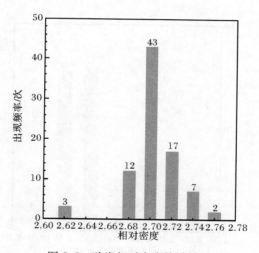

图 2.2　砂岩相对密度统计结果

　　对 101 组泥岩天然密度进行统计分析,天然密度范围为 2.50～2.65g/cm³。经 SPSS 中的 K-S 检验,该组数据符合正态分布。泥岩天然密度平均值为2.577g/cm³,标准差为 0.334。

　　共收集了 101 组砂岩天然密度数据,对该数据进行统计分析,如图 2.4 所示。

　　对 101 组砂岩天然密度进行统计分析,天然密度范围为 2.32～2.63g/cm³。经 SPSS 中的 K-S 检验,该组数据不符合正态分布。砂岩天然密度平均值为2.51g/cm³。

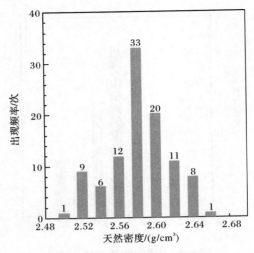

图 2.3　泥岩天然密度统计结果

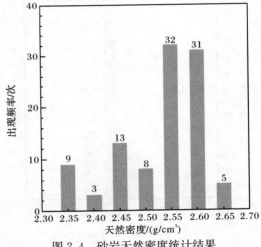

图 2.4　砂岩天然密度统计结果

3. 饱和密度

　　共收集了 101 组泥岩饱和密度数据,对该数据进行统计分析,如图 2.5 所示。

　　对 101 组泥岩饱和密度进行统计分析,饱和密度范围为 2.52~2.72g/cm³。经 SPSS 中的 K-S 检验,该组数据不符合正态分布。泥岩饱和密度平均值为2.603g/cm³。

　　共收集了 105 组砂岩饱和密度数据,对该数据进行统计分析,如图 2.6 所示。

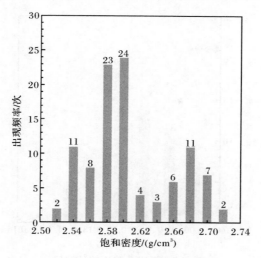

图 2.5　泥岩饱和密度统计结果

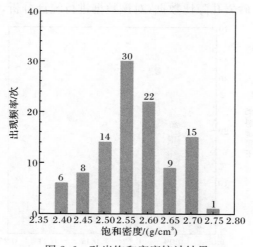

图 2.6　砂岩饱和密度统计结果

对 105 组砂岩饱和密度进行统计分析,饱和密度范围为 2.40~2.71g/cm³。经 SPSS 中的 K-S 检验,该组数据基本符合正态分布。砂岩饱和密度平均值为 2.55g/cm³,标准差为 0.08。

4. 孔隙比

共收集了 56 组泥岩孔隙比数据,对该数据进行统计分析,如图 2.7 所示。

对 56 组泥岩孔隙比进行统计分析,孔隙比范围为 0.08~0.14。经 SPSS 中的 K-S 检验,该组数据基本符合正态分布。泥岩孔隙比平均值为 0.11,标准差为 0.01。

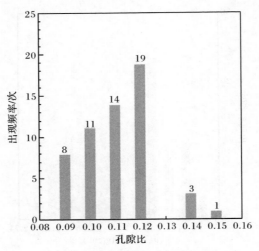

图 2.7　泥岩孔隙比统计结果

共收集了 91 组砂岩孔隙比数据，对该数据进行统计分析，如图 2.8 所示。

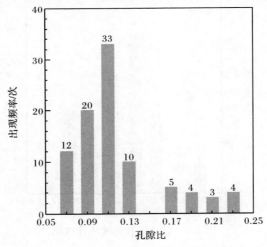

图 2.8　砂岩孔隙比统计结果

对 91 组砂岩孔隙比进行统计分析，孔隙比范围为 0.05～0.22。经 SPSS 中的 K-S 检验，该组数据基本符合正态分布。砂岩孔隙比平均值为 0.11，标准差为 0.01。

5. 天然含水率

共收集了 101 组泥岩天然含水率数据，对该数据进行统计分析，如图 2.9 所示。

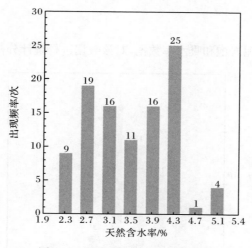

图 2.9　泥岩天然含水率统计结果

对 101 组泥岩天然含水率进行统计分析,天然含水率范围为 1.96% ～ 5.04%。经 SPSS 中的 K-S 检验,该组数据不符合正态分布。泥岩天然含水率平均值为 3.28%。

共收集了 105 组砂岩天然含水率数据,对该数据进行统计分析,如图 2.10 所示。

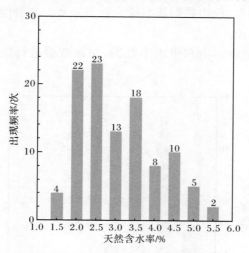

图 2.10　砂岩天然含水率统计结果

对 105 组砂岩天然含水率进行统计分析,天然含水率范围为 1.17% ～ 5.16%。经 SPSS 中的 K-S 检验,该组数据基本符合正态分布。砂岩天然含水率平均值为 2.82%,标准差为 0.99。

6. 饱和吸水率

共收集了 56 组泥岩饱和吸水率数据,对该数据进行统计分析,如图 2.11 所示。

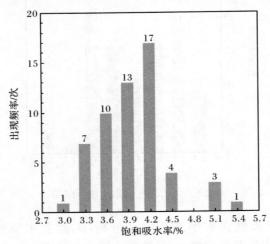

图 2.11　泥岩饱和吸水率统计结果

对 56 组泥岩饱和吸水率进行统计分析,饱和吸水率范围为 2.98%～5.12%。经 SPSS 中的 K-S 检验,该组数据基本符合正态分布。泥岩饱和吸水率平均值为 3.85%,标准差为 0.50。

共收集了 101 组砂岩饱和吸水率数据,对该数据进行统计分析,如图 2.12 所示。

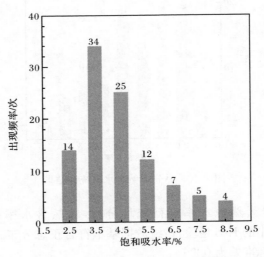

图 2.12　砂岩饱和吸水率统计结果

对 101 组砂岩饱和吸水率进行统计分析,饱和吸水率范围为 1.54%～8.24%。经 SPSS 中的 K-S 检验,该组数据基本符合正态分布。砂岩饱和吸水率平均值为 3.97%,标准差为 0.15。

2.3 砂岩的强度变形特性

2.3.1 试验原理

1. 单轴试验

岩石的抗压强度是指岩石在单轴压力下,抵抗破坏的极限能力,它在数值上等于破坏时的最大压应力。抗压强度计算公式如下:

$$R_c = \frac{P}{A} = \frac{4P}{\pi D^2} \tag{2.1}$$

式中,R_c 为岩石单轴抗压强度,MPa;P 为岩石试件破坏时的荷载,MN;A 为试件的断面面积,m^2;D 为试件的直径,m。

2. 三轴试验

岩石三轴试验主要是由轴对称三轴试验(或叫围压三轴试验)和真三轴试验组成,本次试验中采用的是轴对称三轴试验。它与单轴试验的不同之处是对试件施加轴压 σ_1 的同时,在圆柱体试件的整个周边面还施加环压,即围压 $\sigma_2 = \sigma_3$。围压是通过压力室内的液压施加的。

围压三轴试验不能获得岩石试件的残余强度,因为当岩石有一个较稳定的残余强度时,试件剪切位移一般要达到几十毫米,而在试验时岩石达到峰值强度后即产生剪切破坏,难以产生稳定的较大剪切位移。围压三轴试验的目的是测定不同围压条件下岩石的强度,并绘制岩石强度包络线,计算岩石的黏聚力 c 和内摩擦角 φ,以及各种参数之间的关系。

Mohr-Coulomb 破坏准则:

$$\tau_f = \sigma \tan\varphi \tag{2.2}$$

以主应力表示式(2.2),可得

$$\sigma_1 = \sigma_3 \tan^2\left(45° + \frac{\varphi}{2}\right) + 2c\tan\left(45° + \frac{\varphi}{2}\right) \tag{2.3}$$

$$\sigma_3 = \sigma_1 \tan^2\left(45° - \frac{\varphi}{2}\right) - 2c\tan\left(45° - \frac{\varphi}{2}\right) \tag{2.4}$$

岩石中,某点处于剪切破坏时,剪切面与最大主应力 σ_1 作用面的夹角 α 值是

$\alpha = 45° + \dfrac{\varphi}{2}$。

2.3.2　试验方法

1. 试样制备

试验采用圆柱形试样,切割试样时应尽量与岩石层理垂直,试样直径 50mm,高 100mm,高径比为 2∶1。若需要对试样进行饱和处理,则将试样放入水中并置于真空中保存 24h,使试样中的孔隙处于张开状态,并让水浸入全部开口的孔隙中。

2. 试验仪器

本试验采用 RMT-150C 岩石力学试验系统(见图 2.13)。该仪器是一种数控的电液伺服试验机,是专为岩石和混凝土材料的力学性能试验而设计的。

图 2.13　RMT-150C 岩石力学试验系统

3. 试验步骤

步骤 1:安放试样。
步骤 2:调整位移传感器。
步骤 3:选择试验参数。
步骤 4:开始试验。试验开始先做预加载,消除间隙,然后开始试验。
步骤 5:结束试验。单轴试验(见图 2.14)结束时,会有残渣掉落,需要及时处理;三轴试验(见图 2.15)结束时,借助试样推出器将试样从三轴试样筒取出。

2.3.3　试验方案

本试验的主要目的是测定砂岩在天然、饱和状态下的单轴抗压强度、抗剪强

图 2.14　单轴试验

图 2.15　三轴试验

度指标黏聚力及内摩擦角、变形指标弹性模量及泊松比。鉴于此,确定的试验方案如表 2.2 所示。

表 2.2　砂岩力学性质试验方案

含水状态	试验方法	围压/MPa	试样数量/个
天然状态	单轴试验	—	3
	三轴试验	10、15、20、25	4
饱和状态	单轴试验	—	3
	三轴试验	10、15、20、25	4

2.3.4　单轴试验结果及分析

1. 试样破坏形态

图 2.16 给出了单轴试验中砂岩试样的典型破坏形态。由图 2.16 可知,单轴试验中,砂岩试样的破坏属于脆性破坏。

图 2.16　单轴试验中砂岩试样的典型破坏形态

2. 应力-应变关系

图 2.17 和图 2.18 给出了单轴试验中天然、饱和状态砂岩试样的应力-应变关系曲线。由图 2.17 和图 2.18 可知,单轴试验中,随着轴向荷载增大,砂岩试样的变形过程经过了孔隙裂隙压密阶段、弹性变形至微破裂稳定发展阶段、塑性变形至破坏峰值阶段、破坏后峰值跌落阶段。在轴向应变为 0.008% 左右时,砂岩试样发生了脆性破坏。

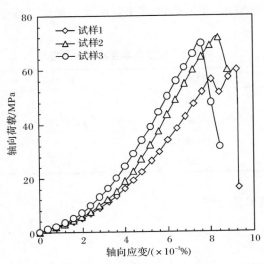

图 2.17　单轴试验中砂岩试样应力-应变关系(天然状态)

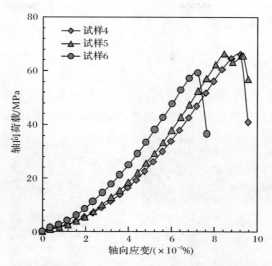

图 2.18　单轴试验中砂岩试样应力-应变关系(饱和状态)

3. 强度变形指标

　　试验分别得出天然状态下 1#、2#、3# 砂岩试样和饱和状态下 4#、5#、6# 砂岩试样的单轴抗压强度、弹性模量、泊松比的大小,通过求平均值即得出砂岩天然状态下的单轴抗压强度等指标,具体数值见表 2.3。由表 2.3 可知,饱和状态下砂岩的单轴抗压强度略低于天然状态下的单轴抗压强度。

表 2.3　单轴试验砂岩强度变形指标值

含水状态	试样编号	单轴抗压强度/MPa	弹性模量/GPa	泊松比
天然状态	1#	60.005	9.619	0.190
	2#	72.208	13.215	0.401
	3#	70.629	12.525	0.261
	平均值	67.614	11.786	0.284
饱和状态	4#	66.168	9.798	0.342
	5#	67.400	10.386	0.246
	6#	60.056	10.348	0.151
	平均值	64.541	10.177	0.246

2.3.5 三轴试验结果及分析

1. 试样破坏形态

图 2.19 给出了三轴试验中不同围压下的砂岩试样的破坏形态。由图 2.19 可知,三轴试验中,砂岩试样的破坏模式为典型的剪切脆性破坏。

图 2.19　三轴试验中砂岩试样破坏形态

2. 应力-应变关系

图 2.20 和图 2.21 给出了三轴试验中不同围压下的天然、饱和状态砂岩试样的轴向荷载-轴向应变关系曲线。由图 2.20 和图 2.21 可知,三轴试验中,随着围压的增大,砂岩试样的轴向荷载峰值也在增大。

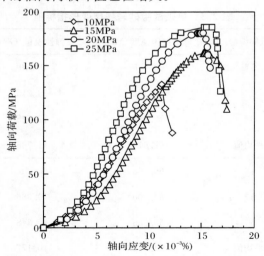

图 2.20　三轴试验中砂岩试样应力-应变关系(天然状态)

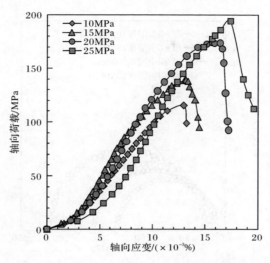

图 2.21　三轴试验中砂岩试样应力-应变关系(饱和状态)

3. 强度变形指标

试验测得砂岩试样的轴向荷载峰值及变形指标列于表 2.4。由表 2.4 可知,围压相同时,饱和状态下的轴向荷载峰值、弹性模量、变形模量均小于其在天然状态下的值。

表 2.4　不同围压下砂岩的应力峰值及变形指标值

围压/MPa	含水状态	轴向荷载峰值/MPa	弹性模量/GPa	变形模量/GPa
10	天然状态	132.661	16.075	16.364
	饱和状态	115.610	12.113	12.823
15	天然状态	161.844	15.889	17.760
	饱和状态	139.089	10.945	12.812
20	天然状态	180.342	15.686	18.931
	饱和状态	163.772	12.496	14.577
25	天然状态	215.862	12.674	16.175
	饱和状态	191.447	11.723	13.973

根据砂岩三轴试验结果,用最小二乘法拟合四个摩尔圆的公切线,从而得出抗剪强度指标 c、φ 值。砂岩天然、饱和状态下的应力摩尔圆及强度包络线如图 2.22 和图 2.23 所示。

表 2.5 列出了砂岩的抗剪强度指标值。由表 2.5 可知,砂岩的天然状态黏聚力值大于饱和状态黏聚力,天然状态内摩擦角值也大于饱和状态内摩擦角值。

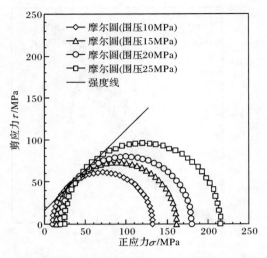

图 2.22　砂岩试样应力摩尔圆及强度包络线（天然状态）

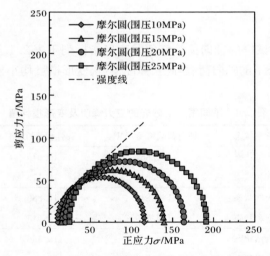

图 2.23　砂岩试样应力摩尔圆及强度包络线（饱和状态）

表 2.5　砂岩的抗剪强度指标值

岩石类型	含水状态	黏聚力/MPa	内摩擦角/(°)
砂岩	天然状态	16.699	43.521
	饱和状态	14.264	42.022

2.3.6　工程资料搜集分析

从多个工程资料中搜集了弱风化砂岩的强度变形特性试验资料,具有一定的代表性,本节将对其进行统计分析。

1. 天然状态单轴抗压强度

共收集了 452 组砂岩天然状态单轴抗压强度数据,对该数据进行统计分析,如图 2.24 所示。

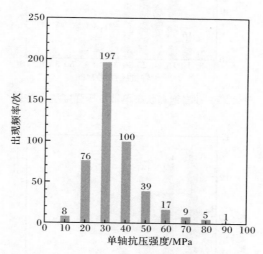

图 2.24　砂岩天然状态单轴抗压强度统计结果

对 452 组砂岩天然状态单轴抗压强度进行统计分析,天然状态单轴抗压强度范围为 4.31~80.30MPa。经 SPSS 中的 K-S 检验,该组数据符合正态分布。砂岩天然状态单轴抗压强度平均值为 29.44MPa,标准差为 12.11。

2. 饱和状态单轴抗压强度

共收集了 452 组砂岩饱和状态单轴抗压强度数据,对该数据进行统计分析,如图 2.25 所示。

对 452 组砂岩饱和状态单轴抗压强度进行统计分析,饱和状态单轴抗压强度范围为 2.86~59.90MPa。经 SPSS 中的 K-S 检验,该组数据符合正态分布。砂岩饱和状态单轴抗压强度平均值为 20.84MPa,标准差为 9.04。

3. 弹性模量

共收集了 42 组砂岩弹性模量数据,对该数据进行统计分析,如图 2.26 所示。

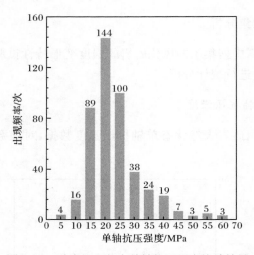

图 2.25　砂岩饱和状态单轴抗压强度统计结果

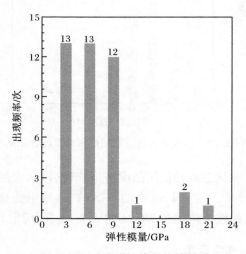

图 2.26　砂岩弹性模量统计结果

　　对 42 组砂岩弹性模量进行统计分析,弹性模量范围为 0.14~20.19GPa。经 SPSS 中的 K-S 检验,该组数据不符合正态分布。砂岩弹性模量平均值为 5.49GPa。

4. 软化系数

　　共收集了 452 组砂岩软化系数数据,对该数据进行统计分析,如图 2.27 所示。对 452 组砂岩软化系数进行统计分析,软化系数范围为 0.24~0.95。经 SPSS 中的

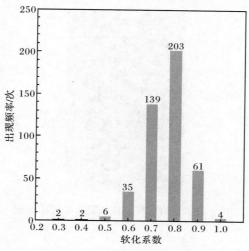

图 2.27　砂岩软化系数统计结果

K-S 检验,该组数据符合正态分布。软化系数平均值为 0.71,标准差为 0.09。

2.4　泥岩的强度变形特性

2.4.1　试验方案

本试验的主要目的是测定泥岩在天然、饱和状态下的单轴抗压强度、抗剪强度指标黏聚力及内摩擦角、变形指标弹性模量及泊松比。鉴于此,确定的试验方案如表 2.6 所示。

表 2.6　泥岩力学性质试验方案

含水状态	试验方法	围压/MPa	试样数量/个
天然状态	单轴试验	—	3
	三轴试验	0.5、2、3、4	4
饱和状态	单轴试验	—	3
	三轴试验	0.5、2、3、4	4

2.4.2　单轴试验结果及分析

1. 试样破坏形态

图 2.28 给出了单轴试验中泥岩试样的典型破坏形态。由图 2.28 可知,单轴试验中,泥岩试样的破坏属于脆性破坏。

图 2.28　泥岩试样单轴试验典型破坏形态

2. 应力-应变关系

图 2.29 和图 2.30 给出了单轴试验中天然、饱和状态泥岩试样的应力-应变关系曲线。由图 2.29 和图 2.30 可知,单轴试验中,泥岩试样也发生了脆性破坏。

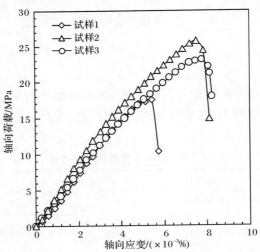

图 2.29　单轴试验中泥岩试样应力-应变关系(天然状态)

3. 强度变形指标

试验分别得出天然状态下 1#、2#、3# 泥岩试样和饱和状态下 4#、5#、6# 泥岩试样的单轴抗压强度、弹性模量、泊松比的大小,通过求平均值即得出泥岩天然状态下的单轴抗压强度等指标,具体数值见表 2.7。由表 2.7 可知,饱和状态下的泥岩的单轴抗压强度明显低于天然状态下的单轴抗压强度。

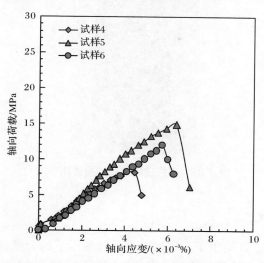

图 2.30　单轴试验中泥岩试样应力-应变关系(饱和状态)

表 2.7　单轴试验泥岩强度变形指标值

含水状态	试样编号	单轴抗压强度/MPa	弹性模量/GPa	泊松比
天然状态	1#	17.591	4.106	0.320
	2#	25.770	3.681	0.289
	3#	23.214	3.367	0.324
	平均值	22.192	3.718	0.311
饱和状态	4#	8.291	2.276	0.274
	5#	15.034	2.957	0.247
	6#	12.067	2.566	0.354
	平均值	11.797	2.600	0.292

2.4.3　三轴试验结果及分析

1. 试样破坏形态

图 2.31 给出了三轴试验中不同围压下的泥岩试样的破坏形态。由图 2.31 可知,三轴试验中,泥岩试样的破坏模式为典型的剪切脆性破坏。

图 2.31　泥岩试样三轴试验破坏形态

2. 应力-应变关系

图 2.32 和图 2.33 给出了三轴试验中不同围压下的天然、饱和状态泥岩试样的轴向荷载-轴向应变关系曲线。由图 2.32 和图 2.33 可知,三轴试验中,随着围压的增大,泥岩试样的轴向荷载峰值也在增大。

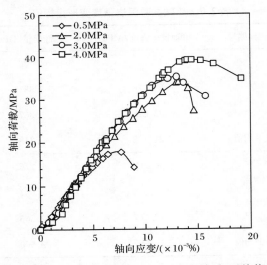

图 2.32　三轴试验中泥岩试样应力-应变关系(天然状态)

3. 强度变形指标

试验测得泥岩试样的轴向荷载峰值及变形指标列于表 2.8。由表 2.8 可知,围压相同时,饱和状态下的轴向荷载峰值、弹性模量和变形模量均小于其在天然状态下的值。

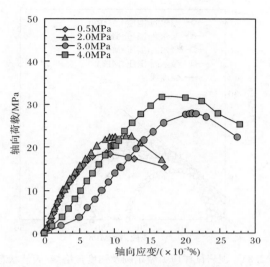

图 2.33　三轴试验中泥岩试样应力-应变关系(饱和状态)

表 2.8　不同围压下泥岩的应力峰值及变形指标值

围压/MPa	含水状态	轴向荷载峰值/MPa	弹性模量/GPa	变形模量/GPa
0.5	天然状态	23.689	3.297	3.877
	饱和状态	18.844	2.537	3.702
2	天然状态	32.302	2.394	2.990
	饱和状态	22.582	2.015	2.504
3	天然状态	36.213	2.902	3.646
	饱和状态	27.797	1.654	2.207
4	天然状态	39.277	2.628	3.172
	饱和状态	32.951	1.642	2.251

　　根据泥岩三轴试验结果,用最小二乘法拟合四个摩尔圆的公切线,从而得出抗剪强度指标 c、φ 值。泥岩天然、饱和状态下的应力摩尔圆及强度包络线如图 2.34 和图 2.35 所示。

　　表 2.9 列出了泥岩的抗剪强度指标值。由表 2.9 可知,泥岩的天然状态黏聚力值大于饱和状态黏聚力,天然状态内摩擦角值也大于饱和状态内摩擦角值。

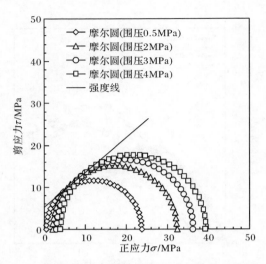

图 2.34　泥岩试样应力摩尔圆及强度包络线(天然状态)

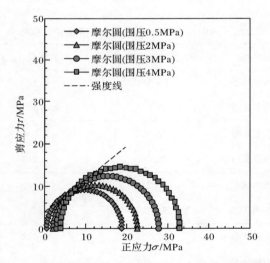

图 2.35　泥岩试样应力摩尔圆及强度包络线(饱和状态)

表 2.9　泥岩的抗剪强度指标值

岩石类型	含水状态	黏聚力/MPa	内摩擦角/(°)
泥岩	天然状态	5.165	39.967
	饱和状态	3.837	37.778

2.4.4　工程资料搜集分析

从多个工程资料中搜集了弱风化泥岩的强度变形特性试验资料,具有一定的代表性,本节将对其进行统计分析。

1. 天然状态单轴抗压强度

共收集了 256 组泥岩天然状态单轴抗压强度数据,对该数据进行统计分析,如图 2.36 所示。

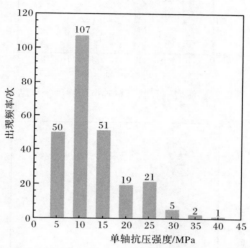

图 2.36　泥岩天然状态单轴抗压强度统计结果

对 256 组泥岩天然状态单轴抗压强度进行统计分析,天然状态单轴抗压强度范围为 1.30~37.7MPa。经 SPSS 中的 K-S 检验,该组数据符合正态分布。泥岩天然状态单轴抗压强度平均值为 10.23MPa,标准差为 6.67。

2. 饱和状态单轴抗压强度

共收集了 258 组泥岩饱和状态单轴抗压强度数据,对该数据进行统计分析,如图 2.37 所示。

对 258 组泥岩饱和状态单轴抗压强度进行统计分析,饱和状态单轴抗压强度范围为 0.624~19.30MPa。经 SPSS 中的 K-S 检验,该组数据符合正态分布。泥岩饱和状态单轴抗压强度平均值为 6.41MPa,标准差为 3.96。

3. 弹性模量

共收集了 51 组泥岩弹性模量数据,对该数据进行统计分析,如图 2.38 所示。

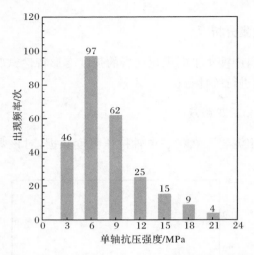

图 2.37　泥岩饱和状态单轴抗压强度统计结果

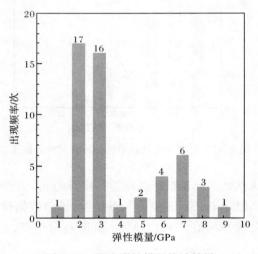

图 2.38　泥岩弹性模量统计结果

对 51 组泥岩弹性模量进行统计分析,弹性模量范围为 0.94~8.63GPa。经 SPSS 中的 K-S 检验,该组数据不符合正态分布。泥岩弹性模量平均值为 3.29GPa。

4. 软化系数

共收集了 257 组泥岩软化系数数据,对该数据进行统计分析,如图 2.39 所示。

对 257 组泥岩软化系数进行统计分析,软化系数范围为 0.29~0.98。经 SPSS 中的 K-S 检验,该组数据符合正态分布。软化系数平均值为 0.65,标准差为 0.11。

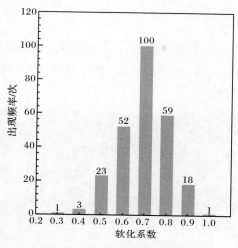

图 2.39　泥岩软化系数统计结果

2.5　砂岩的崩解特性

岩石的崩解特性是指岩石风干、浸水(饱水或雨淋)作用下发生的体积变形、颗粒解体、破碎的性能。砂岩在一定程度上表现出较好的稳定性,但经风化作用也存在一定的颗粒破碎现象。国内外对砂岩的崩解特性方面的研究,注重在颗粒的组成成分、孔隙度等方面。衡量砂岩的崩解特性的指标还不够成熟,没有广泛统一的标准。

2.5.1　岩石崩解试验方法

试验步骤:

(1)选取具有一定代表性的风干的岩块,尽量敲去棱角,抹去表面的粉末颗粒,编号后观测,然后进行描述。

(2)称重,测量其风干含水率。

(3)浸水过程,缓慢加水至淹没试样 20mm 以上,记录试样变化,包括裂隙开展的时间、方向,试样的崩解时间及状态。

(4)排水,记录试样变化,崩解的颗粒含量及状态,块体的裂隙等现象,量取最大粒径。

(5)烘干,试样放置在 105~110℃ 的烘箱里烘干至少 8h,记录颗粒最大粒径及其质量;对粒径小于 40mm 的试样进行筛分试验,不再进行崩解试验,做好相关记录。

2.5.2　砂岩崩解试验结果

根据块体的尽量圆、质量大小相当、表面裂纹较少的原则,取了 12 个砂岩试样(见图 2.40)进行崩解试验,砂岩弱风化,呈浅灰色,层理清晰、表面没有明显的裂纹,棱角次分明,形状较圆。

图 2.40　砂岩试样及编号

砂岩含水率测量是在与试样同样的风干条件下取样,然后烘干称量,测得其风干含水率为 1.83%,由此计算出各试样的烘干质量。试样的初始质量及烘干质量如表 2.10 所示。

表 2.10　砂岩试样的初始质量及烘干质量

试样编号	初始质量/g	烘干质量/g	试样编号	初始质量/g	烘干质量/g
1	453.0	444.7	7	353.0	345.1
2	415.8	408.2	8	294.4	288.8
3	378.2	371.3	9	455.6	445.4
4	415.2	407.6	10	464.4	454.2
5	388.8	381.7	11	474.0	463.2
6	424.0	416.2	12	420.4	411.0

饱水之前将编号牌放好,放入对应的试样,并使试样之间稍有空隙,以免试样吸水膨胀对崩解产生影响,然后缓慢加水至淹没试样 20mm。在饱水过程中无裂隙扩展及掉块等明显的崩解现象,考虑到砂岩的渗透性能较低,饱水时间取 24h。排水之后,观察试样,表面有少量粉末状颗粒,并未发现其他明显的崩解特征,只有少部分岩块表面有细小裂隙。然后把试样放置在 105~110℃的烘箱烘干 24h,烘干后,等试样冷却,用毛刷刷下试样表面的粉末状细颗粒,如图 2.41 所示。刷

下的粉末状颗粒比较少,只有 4#、7#、9#、10# 试样剥落粒径较大的颗粒。称量试样质量和崩解物质量。

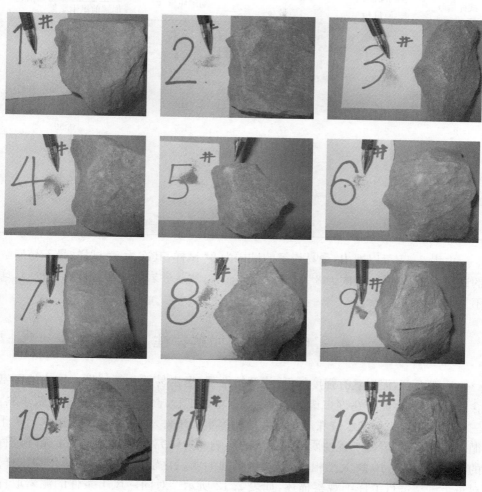

图 2.41　各试样剥落小颗粒

崩解特性试验结果如表 2.11 所示。

表 2.11　砂岩试样崩解特性试验结果

试样编号	崩解前烘干质量/g	崩解后烘干质量/g	崩解质量/g	$\dfrac{崩解质量}{崩解前烘干质量}\times100\%$
1	444.7	443.4	1.3	0.29
2	408.1	407.4	0.8	0.19
3	371.2	370.8	0.5	0.13

试样编号	崩解前烘干质量/g	崩解后烘干质量/g	崩解质量/g	崩解质量/崩解前烘干质量×100%
4	407.6	405.7	1.9	0.47
5	381.6	379.8	1.9	0.49
6	416.2	415.2	1.0	0.25
7	346.5	345.1	1.4	0.42
8	289.0	287.3	1.7	0.59
9	447.2	445.4	1.9	0.42
10	455.9	454.1	1.8	0.40
11	465.3	464.9	0.4	0.09
12	412.7	411.3	1.4	0.34

　　由表 2.11 可以看出,最易崩解的试样为 8# 试样,其次为 5# 试样;最不易崩解的试样为 11# 试样,其次为 3# 试样。总体而言,块状砂岩的崩解特性都比较弱,均不易崩解。

2.6　泥岩的崩解特性

　　一般而言,泥岩具有强度较低、崩解特性强、遇水易软化等特性。重庆地区富含紫红色泥岩,泥岩在许多诸如码头、土石坝等工程建设中,常常用作建筑填料,三峡库区年复一年的水位涨落及山区暴雨等水文条件,迫使泥岩经受饱水－疏干循环作用,对泥岩的工程性质造成极大的影响。为研究泥岩饱水－疏干循环过程的崩解特性,取 10 块大小相当、形状尽量圆的弱风化紫红色泥岩块体作为试样。对每个试样进行了仔细观察描述,如表 2.12 所示。对同一风干条件的泥岩取样并进行了含水率测试,平均含水率为 3.4%。

表 2.12　泥岩试样描述及烘干质量

试样编号	试验前描述	烘干质量/g	长度/cm	宽度/cm
1	表面有细小裂纹,棱角分明	2177.4	16.8	10.8
2	表面三条较长的交叉裂纹,棱角分明	1685.2	18.8	10.3
3	一条贯穿裂纹,未张开、未断裂,试样中有砂岩零星分布,棱角次分明	2092.1	17.6	12.3
4	棱角次分明,表面有一条细裂纹,不扩展	1075.1	15.4	9.6

续表

试样编号	试验前描述	烘干质量/g	长度/cm	宽度/cm
5	形状稍圆,表面裂纹不明显	1620.1	14.8	9.3
6	棱角分明,中部含砂岩层, 与泥岩交接处有细小表面裂纹	1389.8	14.3	13.5
7	次棱角,一条表面裂纹	1207.8	15.6	10.1
8	一条表面裂纹,砂岩零星分布,外形较圆	1959.9	16.6	10.1
9	棱角分明,成层状错层,表面有细小裂纹	1631.3	19.2	14.5
10	棱角次分明,突起部分有裂纹,表面裂纹明显	1654.7	17.1	13.1

2.6.1　泥岩崩解试验现象

泥岩的崩解试验过程比较短暂,现象比较明显,可以清楚的看到裂隙的扩展及块体崩解脱落等现象,如表 2.13 所示。

表 2.13　泥岩试样崩解试验现象

试样编号	裂隙扩展时间/min	崩解时间/min	试验现象	抽水风干后特性
1	3	5	浸水后 3min 时裂隙开始扩展,5min 时裂隙发展非常迅速,试样破裂成 4 份和一些小的片状的颗粒,随后,4 大块体中的裂隙继续发展;18min 时 4 份小块继续开裂	轻捏就碎,全部碎成粉末状、片状,破裂后少量大颗粒,大颗粒的表面裂纹较多
2	5	10	10min 时裂纹开始扩展,13min 时裂纹开始扩大,分成 3 大块,但未完全断开,25min 时块体从底部开裂,完全崩解	轻捏就碎,破碎后有大颗粒和小颗粒,且大颗粒夹少量砂岩和黑色矿物质
3	18	29	18min 时裂纹开始扩展,前部及上部开始出现裂纹,29min 时开始崩解,上部夹泥岩处裂开,中部断裂	块状较多,轻捏易碎,颗粒大小不均,较大的块状体中夹了砂岩,表面有黑色矿物质
4	12	18	12min 时开始出现裂纹,18min 时从中间一条大裂纹断裂,上部呈片状剥落	分裂成 1 块大块体和 3 部分小块体和许多的片状小颗粒,大块体的强度较高,难以掰开
5	4	6	4min 时出现裂纹,6min 时分解,崩解成 4 份,20min 时小块的裂纹扩展,也开始崩解	破碎后成小颗粒,无大颗粒,轻捏就碎,成针、片状、絮状,小颗粒较多

试样编号	裂隙扩展时间/min	崩解时间/min	试验现象	抽水风干后特性
6	13	25	13min 时表面泥岩部分小裂隙扩展，25min 时有小颗粒剥落	几乎不崩解，只有表层泥岩片状剥落
7	11	15	11min 时出现裂纹，裂纹微微张开，15min 时裂纹扩展，之后完全崩解	有少量细颗粒，大部分成块状，表面有裂纹，大块表面含有黑色矿物
8	6	8	6min 时裂纹开始扩展，裂纹宽度不大，8min 时块体完全破裂，有大块体及小颗粒，9min 时大块体再次破裂，并且还带有裂纹	大量块状，没有那么易碎，大块中夹有砂岩，块状较大
9	15	—	—	几乎不崩解，表层有少量裂纹
10	10	24	10min 时裂纹开始明显扩展，并且贯通，11min 时裂纹再次扩展，底部未彻底崩解分开，24min 时分解成两部分并带有许多细小颗粒	细颗粒较多，大颗粒直径较大，且表面有裂纹，细颗粒多成片状

实时观测崩解试验过程，除了 9# 试样外，所有试样均在 30min 内崩解。吴道祥等[23]按崩解的时间把崩解过程划分成 4 级：不崩解、弱崩解、中崩解、强崩解。不崩解为试样饱水 24h 或者循环两次未崩解则认为不崩解；弱崩解定义为经 24h 以上的饱水时间发生崩解；中崩解与强崩解以饱水 30min 为界限，30min 内迅速崩解为强崩解，否则为中崩解。若以此为划分，则除 9# 试样以外的试样都是强崩解试样。

1# 试样在饱水 3min 时开始出现裂隙，5min 就开始迅速的崩解，水变得浑浊，试样裂成 4 大块块状颗粒和一些小的片状颗粒。随后，4 大块颗粒中的裂隙继续发展；18min 时 4 份小块继续开裂。5# 试样在 4min 时出现裂纹，6min 时分解，崩解成 4 份，20min 时小块的裂纹扩展，也开始崩解。

崩解试验过程极短，难以捕捉到裂隙的发展过程，10# 试样是为数不多的捕捉到裂隙发展过程的试样之一，如图 2.42 所示。10min 时裂纹开始明显扩展，并且贯通，11min 时裂纹再次扩展，底部未彻底崩解分开，24min 时分解成两部分并带有许多细小颗粒。从图 2.42 中可以看出表面分成的 3 大块状表面还有许多的裂纹，轻轻触碰就有颗粒掉落。

图 2.42　10#试样裂隙发展及崩解过程

2.6.2　崩解物烘干

将崩解物放置在托盘内风干 1h 后,送入 105～110℃的烘箱中,不少于 8h 烘干时间。取出冷却至室温,然后称量,观察最大粒径颗粒,称重及测量最大粒径。烘干后的试样如图 2.43 所示,烘干后一些裂隙张开。

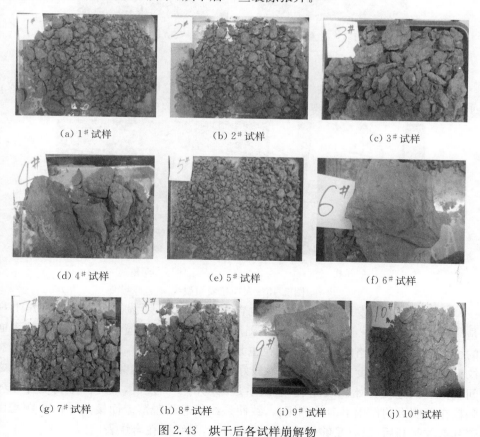

(a) 1#试样　　　　(b) 2#试样　　　　(c) 3#试样

(d) 4#试样　　　　(e) 5#试样　　　　(f) 6#试样

(g) 7#试样　　(h) 8#试样　　(i) 9#试样　　(j) 10#试样

图 2.43　烘干后各试样崩解物

　　烘干后的细小颗粒多成针状、片状,如图 2.44 中的 2# 和 5# 试样。这可能与母岩的沉积形成方式有关,所取的泥岩具有一定的黏性,颗粒连接方式通过胶结形成,小颗粒与小颗粒胶结成大颗粒,大颗粒之间也是通过胶结而最终沉积成岩。此时,大颗粒之间空隙的水分被吸附在表面,使得黏土颗粒溶解而形成黏结形式的块体,遇水后连接两种大颗粒间的黏土矿物易溶解,弱化连接,以致颗粒崩解,中间的连接细小黏土颗粒即形成了针状或片状的一个整体颗粒。

　　　　　　(a) 2# 试样　　　　　　　　　　　　　(b) 5# 试样

图 2.44　针、片状颗粒

　　崩解后的试样中大小颗粒都有,仔细观察,大颗粒块体表面上有许多的裂纹,裂纹较深,基本上都是贯穿裂纹,浸水后张开,如图 2.45 所示。

　　　　　　(a) 4# 试样　　　　　　　　　　　　　(b) 7# 试样

图 2.45　大颗粒表面裂纹

　　认真观察可以发现,小颗粒表面也含有裂纹,但不明显。大颗粒的棱角上都是裂纹横生之处,一般轻轻触碰即可剥落,筛分时颗粒碰撞引起这些大颗粒表面的小颗粒剥落。严格的说,这些颗粒也是属于崩解的产物,原块状体表面虽有裂纹,但并未张开,强度比较高,黏结性较好,经过饱水之后的黏结强度降低,颗粒之间较薄弱的连接开始出现断裂,裂纹沿最薄弱的一面发展,最终因重力的作用各颗粒在无侧限的作用下向外侧倾斜,致使裂纹贯通而脱落。而棱角处的小颗粒由于其裂纹张开后,没有足够的重力以脱离岩块,继续附在岩块表面。

经过仔细观察,在每个试样中找出最大粒径颗粒,测量粒径。记录结果如表 2.14 所示。从表中可以看出,粒径较大的颗粒几乎都含有矿物质,因此,认为泥岩崩解物粒径大小与其颗粒矿物成分有关。

表 2.14　试样崩解后最大粒径颗粒

试样编号	最大粒径/cm	特性描述
1	3.2	表面有裂隙
2	2.9	表面有黑色矿物
3	4.2	表面有黑色矿物,且有裂纹
4	5.6	表面裂纹明显,可剥落小颗粒
5	2.3	夹杂白色矿物,裂隙较多,有贯通裂隙
6	13.5	最大粒径不变化
7	2.8	黝黑色,表面有裂隙
8	5.2	夹有砂岩及其他矿物
9	14.5	最大粒径不变化
10	3.6	内夹有灰色矿物,表面有裂隙

2.6.3　崩解物筛分

对烘干试样进行筛分。筛分的试验结果如表 2.15 所示,对 1#、2#、3#、4#、5#、7#、8#、10#试样进行了筛分,震动筛分 20min 以上,然后对遗留在各筛上的颗粒称量。试验结果如表 2.15 所示。

表 2.15　崩解物筛分结果

粒组粒径/mm	1#	2#	3#	4#	5#	7#	8#	10#
≥20	—	—	131.5	460.4	—	8.3	—	43.6
10~20	308.8	406.3	602.3	368.6	15.7	414.6	645.7	254.9
5~10	1158.7	938.7	1036.2	134.9	910.0	600.9	1007.8	897.7
2~5	545.5	237.0	277.0	51.4	572.8	116.9	185.3	390.1
1~2	31.1	17.1	23.1	6.5	23.9	9.3	14.0	20.7
0.5~1	25.5	14.7	19.1	5.1	18.1	8.1	13.2	16.5
0.25~0.5	17.1	9.2	11.6	1.9	11.2	5.9	8.9	10.8
0.075~0.25	17.6	10.1	11.5	3.2	11.3	5.4	12.0	10.4
≤0.075	10.3	7.1	7.3	4.6	5.4	5.5	12.9	6.4

从各试样筛分后的结果可以看出,试样崩解物在 2~5mm 和 5~10mm 这两个粒径组中差别较大,2mm 以下的粒径组差别不大。

2.7　崩　解　指　标

赵明华等[33]在"红层软岩崩解特性的灰色关联分析"中运用 SI(slake index)指标来衡量崩解特性,其计算公式如下:

$$SI_2 = \frac{M(R > 2mm)}{M_t} \times 100\% \qquad (2.5)$$

式中,$M(R>2mm)$为崩解物中大于 2mm 的颗粒的质量;M_t 为崩解物总质量。

泥岩的崩解试验结果显示,试样崩解物在 2～5mm 和 5～10mm 这两个粒径组中差别较大,2mm 以下的粒径组差别不大。因此,选用大于 5mm 的崩解物作为衡量指标来衡量岩石的崩解特性,计算公式如下:

$$SI_5 = \frac{M(R > 5mm)}{M_t} \times 100\% \qquad (2.6)$$

式中,$M(R>5mm)$为崩解物中大于 5mm 的颗粒的质量;M_t 为崩解物总质量。

按照式(2.5)和式(2.6)对砂岩和泥岩的崩解产物进行数据分析,结果如表 2.16 所示。从表 2.16 中可以看出,砂岩的崩解特性都比较弱,崩解指数(SI_2 和 SI_5 相同)变化范围为 99.41%～99.91%,平均崩解指数为 99.66%,几乎不崩解。因此,从 SI_2 和 SI_5 的变化来看,对于砂岩的崩解特性,两者都是合适的。

泥岩的崩解特性相对较强,崩解指数 SI_2 变化范围为 94.15%～99.67%,崩解指数 SI_5 变化范围为 58.20%～91.33%,泥岩之间的崩解特性有一定的差异。从泥岩和砂岩的崩解试验中可以看出,泥岩的崩解特性比砂岩的要强许多,如采用 SI_2 来描述泥岩的崩解特性指标,则泥岩的崩解特性与砂岩的崩解特性差异不大,这与试验现象和试验结果不符。当采用 SI_5 评价泥岩的崩解特性时,崩解指数可以清楚明了的评价泥岩的崩解特性,并且,SI_5 可以很好的了解砂岩和泥岩试样的崩解特性的差异,泥岩的 SI_5 比砂岩的 SI_5 要低很多。

因此,通过砂岩、泥岩的崩解试验,认为采用 SI_5 来评价砂岩和泥岩的崩解特性是科学合理的。

表 2.16　崩解特性指标

砂岩试样			泥岩试样		
试样编号	SI_2/%	SI_5/%	试样编号	SI_2/%	SI_5/%
1	99.71	99.71	1	94.17	68.65
2	99.81	99.81	2	95.63	81.30
3	99.87	99.87	3	99.67	86.18
4	99.53	99.53	4	96.20	91.33

砂岩试样			泥岩试样		
试样编号	$SI_2/\%$	$SI_5/\%$	试样编号	$SI_2/\%$	$SI_5/\%$
5	99.51	99.51	5	94.22	58.20
6	99.75	99.75	6	94.15	68.66
7	99.58	99.58	7	96.21	86.35
8	99.41	99.41	8	95.57	85.94
9	99.58	99.58	9	95.55	81.26
10	99.60	99.60	10	97.65	73.64
11	99.91	99.91	—	—	—
12	99.66	99.66	—	—	—

2.8　本章小结

本章收集了弱风化砂岩和泥岩的物理、力学特性资料,并对其进行了统计分析,统计出了弱风化砂岩和泥岩的物理、力学指标范围及平均值。并对砂泥岩颗粒混合料的母岩进行了物理、力学试验,获得了母岩的物理、力学指标。进行了砂岩和泥岩的崩解试验,提出了砂岩和泥岩崩解特性的评价指标。

参 考 文 献

[1] Ghabezloo S. A Micromechanical model for the effective compressibility of sandstones[J]. European Journal of Mechanics-A/Solids,2015,51:140—153.

[2] Huang S,Xia K. Effect of heat-treatment on the dynamic compressive strength of Longyou sandstone[J]. Engineering Geology,2015,191(29):1—7.

[3] Rosenbrand E,Kjller C,Riis J F,et al. Different effects of temperature and salinity on permeability reduction by fines migration in Berea sandstone[J]. Geothermics,2015,53:225—235.

[4] Sun J,Deng J,Yu B,et al. Model for fracture initiation and propagation pressure calculation in poorly consolidated sandstone during water flooding[J]. Journal of Natural Gas Science and Engineering,2015,22:279—291.

[5] Ludovico-Marques M,Chastre C. Effect of consolidation treatments on mechanical behaviour of sandstone[J]. Construction and Building Materials,2014,70:473—482.

[6] Buhl E,Poelchau M,Dresen G, et al. Scaling of sub-surface deformation in hypervelocity impact experiments on porous sandstone[J]. Tectonophysics,2014,634:171—181.

[7] 刘杰,胡静,李建林,等. 动载作用下砂岩变形速率及能量毫秒级模拟研究[J]. 岩土力学,

2014,35(12):3403—3414.

[8] 单仁亮,杨昊,郭志明,等. 负温饱水红砂岩三轴压缩强度特性试验研究[J]. 岩石力学与工程学报,2014,33(S2):3657—3664.

[9] 李明,茅献彪,曹丽丽,等. 高温后砂岩动力特性应变率效应的试验研究[J]. 岩土力学,2014,35(12):3479—3487.

[10] 钱一雄,何治亮,蔡习尧,等. 塔中地区上泥盆统东河砂岩和志留系砂岩的锆石特征、SHRIMP U-Pb 年龄及地质意义[J]. 岩石学报,2007,23(11):3003—3014.

[11] 黄思静,张萌,朱世全,等. 砂岩孔隙成因对孔隙度/渗透率关系的控制作用——以鄂尔多斯盆地陇东地区三叠系延长组为例[J]. 成都理工大学学报(自然科学版),2004,31(6):648—653.

[12] 金解放,李夕兵,殷志强,等. 轴压和围压对循环冲击下砂岩能量耗散的影响[J]. 岩土力学,2013,34(11):3096—3102.

[13] Eren M,Kadir S,Kapur S,et al. Colour origin of Tortonian red mudstones within the Mersin area,southern Turkey[J]. Sedimentary Geology,2015,318:10—19.

[14] Jackett S J,Jobe Z R,Lutz B P,et al. Detecting baffle mudstones using microfossils:An integrated working example from the Cardamom Field,Block 427 Garden Banks,Gulf of Mexico[J]. Palaeogeography,Palaeoclimatology,Palaeoecology,2014,413:133—143.

[15] Zeng Z,Li X,Shi L,et al. Experimental study of the laws between the effective confining pressure and mudstone permeability[J]. Energy Procedia,2014,63:5654—5663.

[16] Zhang L,Mao X,Liu R,et al. Meso-structure and fracture mechanism of mudstone at high temperature[J]. International Journal of Mining Science and Technology,2014,24(4):433—439.

[17] Jiang Z,Liu L. A pretreatment method for grain size analysis of red mudstones[J]. Sedimentary Geology,2011,241(1-4):13—21.

[18] Zhang D,Chen A,Xiong D,et al. Effect of moisture and temperature conditions on the decay rate of a purple mudstone in southwestern China[J]. Geomorphology,2013,182:125—132.

[19] Wen B P,He L. Influence of lixiviation by irrigation water on residual shear strength of weathered red mudstone in Northwest China:Implication for its role in landslides′ reactivation[J]. Engineering Geology,2012,151:56—63.

[20] 谭新,蒲瑜,彭伟. 红层泥岩力学参数与声速相关性试验研究[J]. 长江科学院院报,2014,31(11):51—55.

[21] 王军保,刘新荣,王铁行. 灰质泥岩蠕变特性试验研究[J]. 地下空间与工程学报,2014,10(4):770—775.

[22] 邱珍锋,杨洋,伍应华,等. 弱风化泥岩崩解特性试验研究[J]. 科学技术与工程,2014(12):266—269.

[23] 吴道祥,刘宏杰,王国强. 红层软岩崩解性室内试验研究[J]. 岩石力学与工程学报,2010,29(S2):4173—4179.

[24] 杨建林,王来贵,李喜林,等. 泥岩饱水过程中崩解的微观机制[J]. 辽宁工程技术大学学报

（自然科学版），2014,33（4）:476—480.

[25] 莫凯,付宏渊,曾铃. 车辆荷载作用下炭质泥岩路堤动力变形特征分析[J]. 公路,2014, 34（1）:14—18.

[26] 杨建林,王来贵,李喜林,等. 遇水—风干循环作用下泥岩断裂的微观机制研究[J]. 岩石力学与工程学报,2014,33（S2）:3606—3612.

[27] 黄志全,王成,高芸. 灰质泥岩常规三轴压缩试验与本构方程的研究[J]. 建筑科学,2014, 30（1）:87—92.

[28] 任松,文永江,姜德义,等. 泥岩夹层软化试验研究[J]. 岩土力学,2013,34（11）: 3110—3116.

[29] 重庆市地质矿产勘查开发总公司. 重庆市地质图（比例尺 1∶500 000）[M]. 重庆:重庆长江地图印刷厂印制,2002 年.

[30] 胡瑞林,殷跃平. 三峡库区紫红色泥岩的崩解特性研究[J]. 工程地质学报,2004,12（z1）: 61—64.

[31] 宋卫东,明世祥,李铁一,等. 程潮铁矿淹井后主要矿岩水理特性研究[J]. 矿业研究与开发,2001,21（01）:46—48.

[32] 唐军,余沛,魏厚振,等. 贵州玄武岩残积土崩解特性试验研究[J]. 工程地质学报,2011, 19（05）:778—783.

[33] 赵明华,刘晓明,苏永华. 含崩解软岩红层材料路用工程特性试验研究[J]. 岩土工程学报, 2005,27（06）:667—671.

[34] 郑明新,方焘,刁心宏,等. 风化软岩填筑路基可行性室内试验研究[J]. 岩土力学,2005, 26（S1）:53—56

[35] 刘长武,陆士良. 泥岩遇水崩解软化机理的研究[J]. 岩土力学,2000,21（01）:28—31.

[36] 谭罗荣. 关于黏土岩崩解、泥化机理的探讨[J]. 岩土力学,2001,22（01）:1—5.

[37] 李喜安,黄润秋,彭建兵. 黄土崩解性试验研究[J]. 岩石力学与工程学报,2009,28（S1）: 3207—3213.

[38] 王菁莪,项伟,毕仁能. 基质吸力对非饱和重塑黄土崩解性影响试验研究[J]. 岩土力学, 2011,32（11）:3258—3262.

第3章 压实特性

在第 2 章研究砂岩和泥岩物理力学特性的基础上,本章采用室实试验方法,研究砂泥岩颗粒混合料的压实特性。

3.1 概　　述

砂岩、泥岩及砂泥岩互层的地质结构作为沉积岩地层的主要类型,在全世界范围的分布很广,也是我国长江中上游地区尤其是重庆、四川地区分布的主要沉积岩。以重庆地区为例,依据《重庆市地质图(比例尺 1∶500 000)》[1],形成于三叠系上统、侏罗系和白垩系下统的砂泥岩互层结构地层的总厚度达 2294∼6440m。在对砂泥岩互层结构地层采用爆破、机械开挖施工时,形成的土石料通常为砂岩颗粒和泥岩颗粒的混合料,即砂泥岩颗粒混合料。将其作为建筑填料利用时,很难也没有必要把砂岩颗粒和泥岩颗粒完全分开。

在各类填方工程建设中,砂泥岩颗粒混合料是常用的主要建筑填料。以正在扩建的重庆江北机场为例,就地取材的砂泥岩颗粒混合料是最主要的建筑填料,最大填方厚度达百余米;正在建设的重庆南川金佛山大 II 型水库大坝枢纽混凝土面板堆石坝(最大坝高 109.80m)的下游次堆石区坝体也将利用就地取材的砂泥岩颗粒混合料填筑。

压实特性是建筑填料最重要的特性之一,是几乎所有填方工程必须关心、研究的材料特性之一,其与填方工程的施工质量、工后变形等密切相关。研究表明,土体的压实特性受许多因素的影响,主要影响因素包括土体类型、压实能量、含水率、颗粒形状、颗粒级配等[2∼7]。研究填料的压实特性,实际上是研究填料在一定压实功下的干密度与含水率的关系,以确定最大干密度和最优含水率,为填方工程施工中的压实质量控制提供依据。压实特性之所以是填料最主要的特性之一,其原因还因为压实后土体的许多性质与之有关,如变形特性、强度特性、渗透特性等[8∼31]。

另外,在压实过程中,砂岩颗粒和泥岩颗粒均可能发生破碎,颗粒破碎量的大小对压实后土体的强度变形特性存在影响,因此有必要研究砂泥岩颗粒混合料的压实破碎情况。土体颗粒破碎问题是岩土工程领域长期研究的问题,也是近年来研究的热点问题[32∼40]。土体颗粒破碎的程度和破碎量与许多因素相关,主要的影响因素包括土体类型、物质组成、颗粒形状、受力状态等[41∼49]。

本章以试验研究为主要手段,研究砂泥岩颗粒混合料(包括纯砂岩颗粒料、纯泥岩颗粒料和砂泥岩颗粒混合料三种)的压实特性及其颗粒的压实破碎特性。

3.2 试验方法及试验方案

3.2.1 试验方法

试验方法包括试验土料制备、击实试验和筛分试验三种,分别简述如下。

1. 试验土料制备方法

试验需要的土料分为三种类型,即纯砂岩颗粒料、纯泥岩颗粒料、砂泥岩颗粒混合料。各试验土料的制备方法基本相同,均包括如下五个步骤[50~55]:

1) 现场采取弱风化岩石块体

本书所需岩石为弱风化砂岩和泥岩,均采自重庆长江附近某建筑工地,属侏罗系中统沙溪庙组。

2) 室内采取并制备岩石试样,测试其物理力学指标

对现场采取的典型岩石块体,室内钻孔取芯制备岩石力学试样,测试其物理力学指标,具体试验方法及结果详见第 2 章。室内试验结果表明,泥岩的天然状态单轴抗压强度为 17.6~25.8MPa,饱和状态单轴抗压强度为 8.3~15.0MPa,干密度为 23.58kN/m³;砂岩的天然状态单轴抗压强度为 60.0~72.2MPa,饱和状态单轴抗压强度为 60.0~67.4MPa,干密度为 23.45kN/m³。

3) 机械、人工破碎岩石块体形成岩石颗粒

由于试验土料中颗粒粒径的最大值限定为 20mm,因此,需要分别对现场采取的砂岩和泥岩块体通过机械、人工破碎为粒径不大于 20mm 的岩石颗粒。

4) 筛分岩石颗粒

分别对破碎后的砂岩和泥岩颗粒进行筛分,筛孔直径分别为 20mm、10mm、5mm、2mm、1mm、0.5mm、0.25mm 和 0.075mm。筛分后砂岩颗粒和泥岩颗粒均分为 8 个粒组,各粒组颗粒的粒径分别为 10~20mm、5~10mm、2~5mm、1~2mm、0.5~1mm、0.25~0.5mm、0.075~0.25mm 和<0.075mm,如图 3.1 所示。

5) 配制试验土料

不同试验土料的颗粒级配曲线不同,砂泥岩颗粒混合料中的砂、泥岩颗粒含量比例也是不同的。利用筛分后的各砂岩颗粒和泥岩颗粒,容易配制不同颗粒级配曲线、砂泥岩颗粒含量比例的试验土料。

为便于分析颗粒级配的影响,试验中设计了 5 种颗粒级配曲线,如表 3.1 和图 3.2所示。

　　　　(a) 10～20mm　　　　　　　　　　　(b) 5～10mm

　　　　(c) 2～5mm　　　　　　　　　　　　(d) 1～2mm

　　　　(e) 0.5～1mm　　　　　　　　　　(f) 0.25～0.5mm

　　　(g) 0.075～0.25mm　　　　　　　　(h) <0.075mm

图 3.1　砂岩颗粒

表 3.1　试验土料的颗粒粒径分布

粒组粒径/mm	各粒组颗粒的含量/%				
	颗粒级配 1	颗粒级配 2	颗粒级配 3	颗粒级配 4	颗粒级配 5
10~20	55	30	18	9	3
5~10	25	25	19	10	4
2~5	11	20	19	15	6
1~2	4	10	12	12.0	8
0.5~1	2	6	10	14	14
0.25~0.5	1	3	7	14	20
075~0.25	1	4	12	22	40
<0.075	1	2	3	4	5

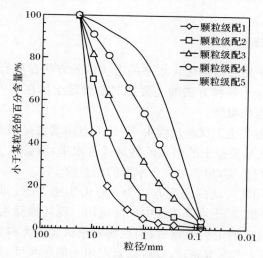

图 3.2　试验土料的颗粒级配曲线

各颗粒级配曲线的特征值如表 3.2 所示。

表 3.2　各颗粒级配曲线的特征值

特征值	颗粒级配 1	颗粒级配 2	颗粒级配 3	颗粒级配 4	颗粒级配 5
D_{10}/mm	2.273	0.583	0.177	0.123	0.097
D_{30}/mm	7.000	2.750	0.900	0.321	0.184
D_{50}/mm	10.909	6.000	2.947	0.857	0.313
D_{60}/mm	12.727	8.000	4.526	1.500	0.438

特征值	颗粒级配 1	颗粒级配 2	颗粒级配 3	颗粒级配 4	颗粒级配 5
C_u	5.600	13.714	25.560	12.222	4.516
C_c	1.694	1.621	1.011	0.561	0.802
$G_c/\%$	80.92	56.67	38.58	20.25	7.50
分类名称	GW	GW	SW	SP	SP

注：D_{10}、D_{30}、D_{50} 和 D_{60} 分别为颗粒级配曲线（见图 3.2）上纵坐标"小于某粒径的百分含量"为 10%、30%、50% 和 60% 时对应的横坐标"粒径"的值；C_u 为不均匀系数，且 $C_u=\dfrac{D_{60}}{D_{10}}$；$C_c$ 为曲率系数，且 $C_c=\dfrac{(D_{30})^2}{D_{10}D_{60}}$；$G_c$ 为砾粒（指粒径为 2.0～60.0mm 的颗粒）[57]，本章及第 5 章中指粒径 4.75～20.0mm 的颗粒）的含量；GW、SW 和 SP 分别表示级配良好的砾（$C_u>4$ 且 $1<C_c<3$）、级配良好的砂（$C_u\geqslant6$ 且 $1<C_c<3$）和级配不良的砂[56,57]。

2. 击实试验方法

确定土体最大干密度与最优含水率的击实试验方法目前有 5 点击实法、3 点击实法和单点击实法。各种方法的主要目的是确定土体在某一击实功下的最优含水率和最大干密度的取值。

在我国现行的各类土工试验规程中[56~58]，5 点击实法是最基本的土工击实试验方法。5 点击实法是根据土的塑限预估最优含水率，制备至少 5 个不同含水率的一组试验土料进行击实，相邻 2 个含水率的相差约 2%。

土方填筑中应用较广泛的击实方式为 3 点击实法[59,60]。此方法被称为快速压实控制法，在国外机场、土坝等工程中广泛运用。现场检验用该方法时，不需要测定土的含水率，仅在测定湿容重后，用现场容重试验的土料做三种不同含水率的击实试验，测定三个击实湿密度，就可以确定填土的压实度、最优含水率与现场填土含水率的差值。采用此法不仅操作简便，更重要的是能节约试验时间，不影响施工进度。

单点击实法的核心在于准确定位标准击实功下的试样最优含水率[61]。该试验方法的主要步骤是将土体调制成含水率高于最优含水率的膏体，在常温常压的条件下采用静压脱湿试验求取最优含水率。单点击实法的基本思路是通过这种简单、快捷的手段，准确确定黏性土在标准击实功下的最优含水率，即直接对最优含水率下的土料进行单点击实以确定其最优含水率和最大干密度。

本章研究击实试验方法按照《土工试验规程》(SL 237—1999)"击实试验(SL 237-011—1999)"中的重型击实试验[56]进行。击实筒尺寸为内径 152mm、高度 116mm、容积 2103.9cm³；击实锤质量为 4.5kg，底部直径为 51mm，落高 457mm。

标准击实试验中,试样分等质量的 5 层击实,每层 56 击,单位体积击实功为 2684.9kJ/m³。

击实试验的目的就是确定试验土料在一定击实功下的含水率与干密度关系,其中含水率计算公式为

$$w = \left(\frac{m}{m_\mathrm{d}} - 1\right) \times 100 \tag{3.1}$$

式中,w 为含水率,%;m 为湿土质量,g;m_d 为干土质量,g。

干密度计算公式为

$$\rho_\mathrm{d} = \frac{\rho}{1 + 0.01w} \tag{3.2}$$

式中,ρ_d 为干密度,g/cm³;ρ 为湿密度,g/cm³;w 为含水率,%。

3. 筛分试验方法

在试验土料制备过程中通过筛分试验配制一定颗粒级配的试验土料;击实试验完成后,尚需要进行筛分试验,以确定击实过程中的试验土料颗粒破碎情况。筛分试验按照《土工试验规程》(SL 237—1999)中的"颗粒分析试验(SL 237-006—1999)"[56]进行。筛分仪由振动器和 8 个不同孔径的圆孔筛构成,8 个筛的孔径分别为 20mm、10mm、5mm、2mm、1mm、0.5mm、0.25mm 和0.075mm。

3.2.2 试验方案

为了研究颗粒级配特征、砂泥岩颗粒含量比例、击实功等因素对砂泥岩颗粒混合料击实特性及颗粒破碎特性的影响,需要分别对纯砂岩颗粒料、纯泥岩颗粒料和砂泥岩颗粒混合料的击实特性及颗粒破碎特性进行研究。具体的试验方案如表 3.3 所示。

表 3.3　砂泥岩颗粒混合料击实特性及颗粒破碎试验方案

序号	试验土料类型	砂岩颗粒质量：泥岩颗粒质量	颗粒级配曲线编号	单位体积击实功/(kJ/m³)	试验研究目的
1	纯砂岩颗粒料	10：0	颗粒级配 1、颗粒级配 2、颗粒级配 3、颗粒级配 4、颗粒级配 5	2684.9	颗粒级配曲线特征对纯砂岩颗粒料压实特性及颗粒破碎的影响
2	纯泥岩颗粒料	0：10	颗粒级配 1、颗粒级配 2、颗粒级配 3、颗粒级配 4、颗粒级配 5	2684.9	颗粒级配曲线特征对纯泥岩颗粒料压实特性及颗粒破碎的影响

序号	试验土料类型	砂岩颗粒质量：泥岩颗粒质量	颗粒级配曲线编号	单位体积击实功/(kJ/m³)	试验研究目的
3	砂泥岩颗粒混合料	6：4	颗粒级配1、颗粒级配2、颗粒级配3、颗粒级配4、颗粒级配5	2684.9	颗粒级配曲线特征对砂泥岩颗粒混合料压实特性及颗粒破碎的影响
4	砂泥岩颗粒混合料	8：2、6：4、4：6、2：8	颗粒级配2	2684.9	泥岩颗粒含量对砂泥岩颗粒混合料压实特性及颗粒破碎的影响
5	砂泥岩颗粒混合料	8：2	颗粒级配3	0,1342.5,2684.9,4027.4,5369.8	击实功对砂泥岩颗粒混合料压实特性及颗粒破碎的影响

3.3　纯砂岩颗粒料的压实特性及颗粒破碎

通常,纯砂岩颗粒料是良好的建筑填料,在许多填方工程中大量应用,但对其压实特性的系统研究缺很少[29]。选取5种不同颗粒级配的纯砂岩颗粒料,进行标准的重型击实试验和筛分试验,研究其压实特性及压实过程中的颗粒破碎情况。具体的试验方案见表3.3中第1行,即试验土料为纯砂岩颗粒料,土料的颗粒级配曲线有"颗粒级配1、颗粒级配2、颗粒级配3、颗粒级配4、颗粒级配5"(详见表3.1和图3.2)5种,击实功为2684.9kJ/m³。

3.3.1　压实特性

1. 压实曲线

不同颗粒级配试验土料的压实曲线如图3.3所示。由图3.3可知,不同颗粒级配曲线纯砂岩颗粒料压实曲线是不同的,最大干密度 $\rho_{d,max}$ 的变化范围为2.04~2.11g/cm³,最优含水率 w_{op} 的变化范围为7.56%~10.11%。

为便于分析颗粒级配曲线特征(包括平均粒径 D_{50}、砾粒含量 G_c、不均匀系数 C_u 和曲率系数 C_c)对纯砂岩颗粒料压实特性的影响,下面对图3.3所示的试验结果进行分析。

2. 颗粒级配对最大干密度的影响

1) 平均粒径 D_{50}

图3.4为纯砂岩颗粒料最大干密度 $\rho_{d,max}$ 与试验土料平均粒径 D_{50} 的关系。由

图 3.4 可知,最大干密度 $\rho_{d,max}$ 随着平均粒径 D_{50} 的增大呈先增大后减小的抛物线形变化,拟合曲线表达式为

$$\rho_{d,max} = -0.001D_{50}^2 + 0.017D_{50} + 2.047 \quad (R^2 = 0.888) \quad (3.3)$$

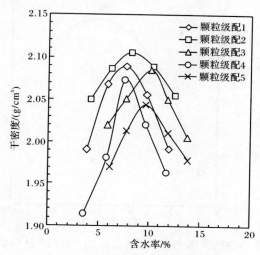

图 3.3　纯砂岩颗粒料压实曲线

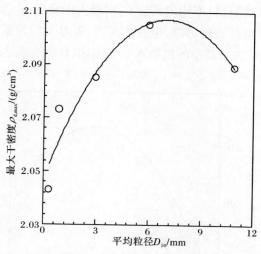

图 3.4　纯砂岩颗粒料最大干密度 $\rho_{d,max}$ 与平均粒径 D_{50} 的关系

2) 砾粒含量 G_c

图 3.5 为纯砂岩颗粒料砾粒含量 G_c 对最大干密度 $\rho_{d,max}$ 的影响。由图 3.5 可知,最大干密度 $\rho_{d,max}$ 随着砾粒含量 G_c 的增大也呈先增大后减小的抛物线形变化,

拟合曲线表达式为

$$\rho_{d,max} = -0.214G_c^2 + 0.251G_c + 2.027 \quad (R^2 = 0.959) \tag{3.4}$$

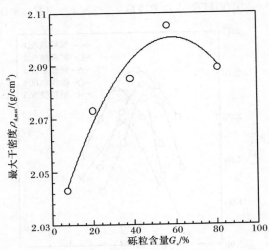

图 3.5　纯砂岩颗粒料最大干密度 $\rho_{d,max}$ 与砾粒含量 G_c 的关系

3) 不均匀系数 C_u

图 3.6 为纯砂岩颗粒料不均匀系数 C_u 对最大干密度 $\rho_{d,max}$ 的影响。由图 3.6 可知,尽管试验结果数据点较离散,但总体而言,随着不均匀系数 C_u 的增大,最大干密度 $\rho_{d,max}$ 也呈先增大后减小的抛物线形变化,拟合曲线表达式为

$$\rho_{d,max} = -0.0002C_u^2 + 0.007C_u + 2.032 \quad (R^2 = 0.410) \tag{3.5}$$

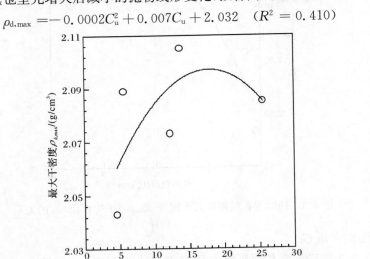

图 3.6　纯砂岩颗粒料最大干密度 $\rho_{d,max}$ 与不均匀系数 C_u 的关系

4) 曲率系数 C_c

图 3.7 为纯砂岩颗粒料最大干密度 $\rho_{d,max}$ 随曲率系数 C_c 的变化规律。由图 3.7可知,尽管试验结果数据点较离散,但总体而言,随着曲率系数 C_c 的增大,最大干密度 $\rho_{d,max}$ 总体上呈增大变化,拟合直线表达式为:

$$\rho_{d,max} = 0.032C_c + 2.041 \quad (R^2 = 0.502) \tag{3.6}$$

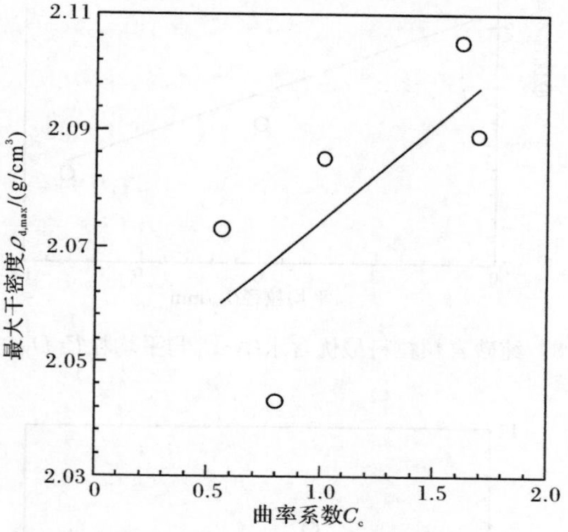

图 3.7 纯砂岩颗粒料最大干密度 $\rho_{d,max}$ 与曲率系数 C_c 的关系

3. 颗粒级配对最优含水率的影响

1) 平均粒径 D_{50}

图 3.8 为纯砂岩颗粒料最优含水率 w_{op} 与试验土料平均粒径 D_{50} 的关系。由图 3.8 可知,尽管试验结果数据点较离散,但总体而言,最优含水率 w_{op} 随着平均粒径 D_{50} 的增大应呈减小变化,拟合直线表达式为

$$w_{op} = -0.118D_{50} + 9.134 \quad (R^2 = 0.199) \tag{3.7}$$

2) 砾粒含量 G_c

图 3.9 为纯砂岩颗粒料砾粒含量 G_c 对最优含水率 w_{op} 的影响。由图 3.9 可知,尽管试验结果数据点较离散,但总体而言,最优含水率 w_{op} 随着砾粒含量 G_c 的增大也应呈减小变化,拟合直线表达式为

$$w_{op} = -1.704G_c + 9.332 \quad (R^2 = 0.184) \tag{3.8}$$

3) 不均匀系数 C_u

图 3.10 为纯砂岩颗粒料不均匀系数 C_u 对最优含水率 w_{op} 的影响。由图 3.10 可知,随着不均匀系数 C_u 的增大,最优含水率 w_{op} 呈先减小后增大的抛物线形变

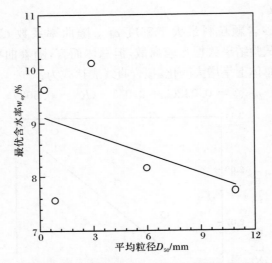

图 3.8　纯砂岩颗粒料最优含水率 w_{op} 与平均粒径 D_{50} 的关系

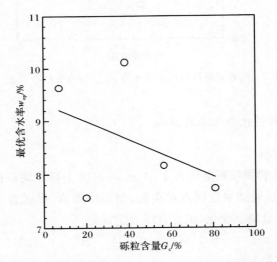

图 3.9　纯砂岩颗粒料最优含水率 w_{op} 与砾粒含量 G_c 的关系

化,拟合曲线表达式为

$$w_{op}=0.015C_u^2-0.395C_u+10.34 \quad (R^2=0.714) \tag{3.9}$$

4）曲率系数 C_c

图 3.11 为纯砂岩颗粒料最优含水率 w_{op} 随着曲率系数 C_c 的变化规律。由图 3.11可知,随着曲率系数 C_c 的增大,最优含水率 w_{op} 呈先增大后减小的抛物线形变化,拟合曲线表达式为

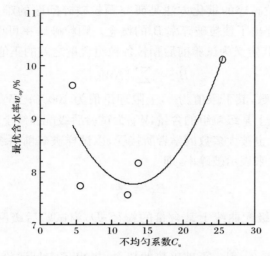

图 3.10　纯砂岩颗粒料最优含水率 w_{op} 与不均匀系数 C_u 的关系

$$w_{op} = -8.395C_c^2 + 18.91C_c - 0.334 \quad (R^2 = 0.985) \tag{3.10}$$

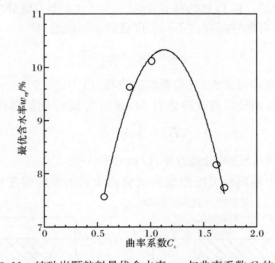

图 3.11　纯砂岩颗粒料最优含水率 w_{op} 与曲率系数 C_c 的关系

3.3.2　颗粒破碎

　　颗粒破碎是指岩土颗粒在外部荷载作用下产生结构的破坏或破损,分裂成粒径相等或不等的多个颗粒的现象,与颗粒粒径、形状、硬度、级配、有效应力状态、有效应力路径、孔隙比及含水率等有关,其最明显的表现是试验前后颗粒级配曲线的变化[62]。颗粒破碎的量化方法是研究颗粒破碎问题的难点所在[63,64]，早在1967 年已有学者提出了颗粒破碎率 B_g 的概念。颗粒破碎率可以表征相应压力下颗粒破碎的程度，其定义为试验前后颗粒各粒组含量之差的正值之和，即

$$B_g = \sum |\Delta W_K| \tag{3.11}$$

式中，B_g 为破碎指数，其下限值为 0，上限理论值为 100%；$\Delta W_K = W_{Ki} - W_{Kf}$，$W_{Ki}$ 为试验前级配曲线上某级粒组的含量，W_{Kf} 为试验后级配曲线上该级粒组的含量。

破碎率的概念也被大多数的学者所接受，以试样破碎前后级配曲线上某一含量的相应粒径之比来表示破碎率，即

$$B_m = \frac{D_{ai}}{D_{al}} \tag{3.12}$$

式中，D_{ai} 为试验前级配曲线上某含量的粒径；D_{al} 为试验后级配曲线上该含量的粒径。

1985 年，Hardin[41] 引入了破碎势的概念，提出了定量评价颗粒破碎的方法。该方法认为颗粒破碎的可能性即破碎势（B_p），与粒径之间存在着相关关系，随着粒径的增大而增大，在高压应力作用下大的土颗粒将破碎成细小的颗粒，而粉粒则认为是不可破碎的。以粉粒的粒径上限 0.074mm 作为破碎的极限粒径，粒径大于极限粒径的所有颗粒都存在不同程度破碎的可能性，即

$$b_p = \lg \frac{D}{0.074} \tag{3.13}$$

式中，b_p 为颗粒的破碎可能性；D 为颗粒的直径，当 $D < 0.074\mathrm{mm}$ 时，$b_p = 0$。

对于整个试样，积分可得破碎势 B_p 为（如图 3.12 中阴影部分面积）：

$$B_p = \int_0^1 b_p \mathrm{d}f \tag{3.14}$$

式中，$\mathrm{d}f$ 为 b_p 对应粒径的筛分通过率，以微分形式表示。

若图 3.12[41] 中的颗粒级配曲线为试验前土料的颗粒级配曲线，则式（3.14）计算得到的破碎势 B_p 又称为初始破碎率 B_{p0}。

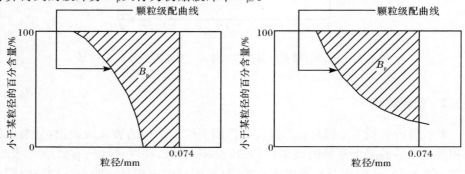

图 3.12　破碎势 B_p 的定义[41,42]

总破碎率 B_t 为试验前与试验后的整体破碎势的差(如图 3.13 中阴影部分面积),即

$$B_t = \int_0^1 (b_{po} - b_{pl}) \mathrm{d}f \qquad (3.15)$$

式中,b_{p0} 为试验前的破碎可能性;b_{pl} 为试验后的破碎可能性。

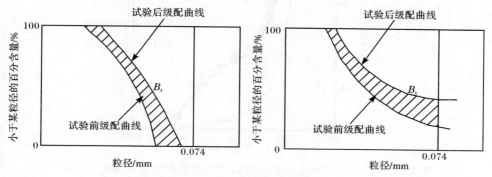

图 3.13　总破碎率的定义[41,42]

总破碎率 B_t 与初始破碎势 B_{p0} 之比即为相对破碎率 B_r:

$$B_r = \frac{B_t}{B_{p0}} \qquad (3.16)$$

相对破碎率 B_r 的下限值为 0,表示破碎基本不发生;理论的上限值为 1,Hardin[41] 认为此时所有颗粒都将破碎成为粒径在 0.074mm 以下的粉粒,即颗粒的破碎达到最大。

此外,Lade 等[43] 于 1996 年在研究颗粒破碎对土体渗透性的影响时,提出了颗粒破碎指数的概念,即

$$B_{10} = \frac{1 - D_{10f}}{D_{10i}} \qquad (3.17)$$

式中,B_{10} 为颗粒破碎指数;D_{10f} 为试验后的有效粒径;D_{10i} 为试验前的有效粒径。

1. 击实试验前后土料颗粒级配曲线对比

图 3.14～图 3.18 分别给出了 5 种不同颗粒级配曲线的纯砂岩颗粒料在击实试验前后的颗粒级配曲线。图 3.14～图 3.18 中,曲线"颗粒级配 1"、"颗粒级配 2"、"颗粒级配 3"、"颗粒级配 4"和"颗粒级配 5"表示击实试验前试验土料的颗粒级配曲线,与图 3.2 中所示的颗粒级配曲线相同;曲线"含水率 3.88%"表示含水率为 3.88%的试验土料在击实试验后的颗粒级配曲线,其他曲线"含水率＊＊%"的含义与此相同。

由图 3.14～图 3.18 可知,相比击实试验前土料的颗粒级配曲线,各土料击实

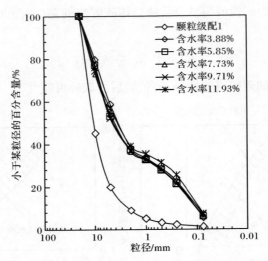

图 3.14　纯砂岩颗粒料击实试验前后的颗粒级配曲线（颗粒级配 1 土料）

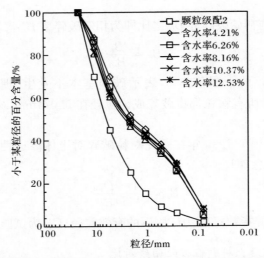

图 3.15　纯砂岩颗粒料击实试验前后的颗粒级配曲线（颗粒级配 2 土料）

试验后的颗粒级配曲线均向右上方移动,表明击实试验后土料中的颗粒粒径变小,或者颗粒粒径较小的颗粒含量增加,也就是击实试验过程中发生了土颗粒的破碎现象;击实试验前土料颗粒级配曲线的不同,对击实试验过程中的颗粒破碎程度存在影响;击实试验前土料颗粒级配曲线相同时,不同含水率土料的击实试验后颗粒级配曲线相差不大,表明相比土料颗粒级配,含水率对颗粒击实破碎的影响不大。

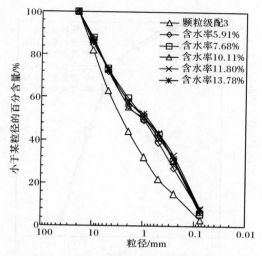

图 3.16　纯砂岩颗粒料击实试验前后的颗粒级配曲线（颗粒级配 3 土料）

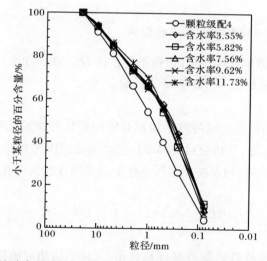

图 3.17　纯砂岩颗粒料击实试验前后的颗粒级配曲线（颗粒级配 4 土料）

击实试验过程中的颗粒破碎量，可以依据击实试验前后土料的颗粒级配曲线，按照 Hardin[41] 的建议计算相对破碎率 B_r，并用相对破碎率 B_r 的大小进行评价。对于击实试验前颗粒级配曲线相同的土料，由于其在不同含水率条件下的击实试验后颗粒级配曲线相差不大，不同含水率条件下计算得到的相对破碎率 B_r 也应相差不大，因此，可以用平均相对破碎率 $\overline{B_r}$（即不同含水率条件下计算得到的相对破碎率 B_r 的算术平均值）评价击实试验过程中的颗粒破碎量。

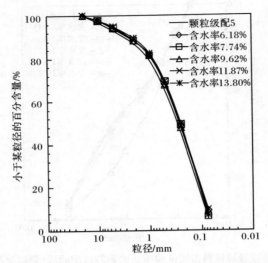

图 3.18　纯砂岩颗粒料击实试验前后的颗粒级配曲线(颗粒级配 5 土料)

2. 颗粒级配对平均相对破碎率的影响

下面分析颗粒级配曲线特征(包括平均粒径 D_{50}、砾粒含量 G_c、不均匀系数 C_u 和曲率系数 C_c)对平均相对破碎率$\overline{B_r}$的影响。

1) 平均粒径 D_{50}

图 3.19 所示为纯砂岩颗粒料平均相对破碎率$\overline{B_r}$与试验土料平均粒径 D_{50} 的关系。由图 3.19 可知,平均相对破碎率$\overline{B_r}$值的变化范围为 0.077~0.287;随着平均粒径 D_{50} 的增大,平均相对破碎率$\overline{B_r}$总体上呈非线性增大变化,拟合曲线的表达式为

$$\overline{B_r} = -0.002D_{50}^2 + 0.041D_{50} + 0.106 \quad (R^2 = 0.830) \quad (3.18)$$

2) 砾粒含量 G_c

图 3.20 所示为纯砂岩颗粒料砾粒含量 G_c 对平均相对破碎率$\overline{B_r}$的影响。由图 3.20可知,随着砾粒含量 G_c 的增大,平均相对破碎率$\overline{B_r}$总体上也呈非线性增大变化,拟合曲线的表达式为

$$\overline{B_r} = -0.366G_c^2 + 0.582G_c + 0.053 \quad (R^2 = 0.920) \quad (3.19)$$

3) 不均匀系数 C_u

图 3.21 所示为纯砂岩颗粒料不均匀系数 C_u 对平均相对破碎率$\overline{B_r}$的影响。由图 3.21 可知,尽管试验结果数据点比较离散,但总体而言,随着不均匀系数 C_u 的增大,平均相对破碎率$\overline{B_r}$总体上呈先增大后减小的抛物线形变化,拟合曲线的表

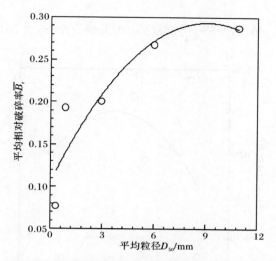

图 3.19 纯砂岩颗粒料平均相对破碎率$\overline{B}_r$与平均粒径 D_{50} 的关系

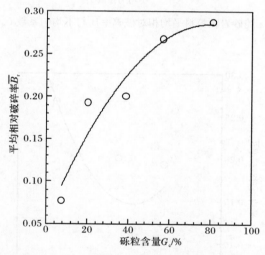

图 3.20 纯砂岩颗粒料平均相对破碎率$\overline{B}_r$与砾粒含量 G_c 的关系

达式为

$$\overline{B}_r = -0.0006C_u^2 + 0.020C_u + 0.085 \quad (R^2 = 0.193) \qquad (3.20)$$

4）曲率系数 C_c

图 3.22 所示为纯砂岩颗粒料平均相对破碎率$\overline{B}_r$与曲率系数 C_c 的关系。由图 3.22可知,尽管试验结果数据点比较离散,但总体而言,随着曲率系数 C_c 的增大,平均相对破碎率$\overline{B}_r$总体上呈先减小后增大的抛物线形变化,拟合曲线的表达

式为

$$\overline{B_r} = 0.212C_c^2 - 0.368C_c + 0.306 \quad (R^2 = 0.701) \tag{3.21}$$

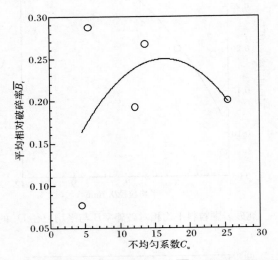

图 3.21　纯砂岩颗粒料平均相对破碎率$\overline{B_r}$与不均匀系数 C_u 的关系

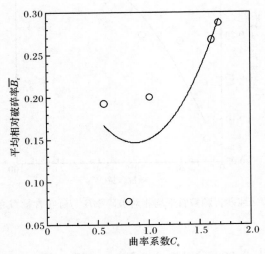

图 3.22　纯砂岩颗粒料平均相对破碎率$\overline{B_r}$与曲率系数 C_c 的关系

3.4　纯泥岩颗粒料的压实特性及颗粒破碎

在泥岩分布广泛的地区,纯泥岩颗粒料在各类填方工程中大量应用,但在水下填方工程(如堤坝工程[65~70]、库岸工程等[71~75])中常被限制使用,其主要原因是泥岩遇水或在地下水的长期、周期性浸泡作用下,其强度明显降低,导致变形不断发展,进而可能影响工程的安全与稳定。即便是在不考虑水影响的填方工程中,纯泥岩颗粒料的压实特性也倍受关注,因为相比砂岩、灰岩等硬质岩石而言,在压实过程中,纯泥岩颗粒料的破碎程度更高[76]。

为研究纯泥岩颗粒料的压实特性及其颗粒破碎问题,选取 5 种不同颗粒级配的纯泥岩颗粒料,进行标准的重型击实试验和筛分试验,具体的试验方案见表 3.3 中第 2 行,即试验土料为纯泥岩颗粒料,土料的颗粒级配曲线有"颗粒级配 1、颗粒级配 2、颗粒级配 3、颗粒级配 4、颗粒级配 5"(详见表 3.1 和图 3.2)5 种,击实功为 2684.9kJ/m³。

3.4.1　压实特性

1. 压实曲线

不同颗粒级配纯泥岩颗粒料的压实曲线如图 3.23 所示。由图 3.23 可知,不同颗粒级配曲线纯泥岩颗粒料压实曲线是不同的,最大干密度 $\rho_{d,max}$ 的变化范围为 2.09~2.17g/cm³,最优含水率 w_{op} 的变化范围为 7.40%~11.66%。

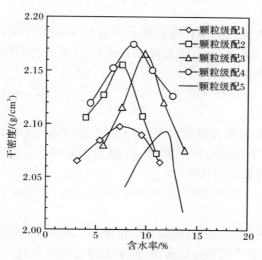

图 3.23　纯泥岩颗粒料压实曲线

2. 颗粒级配对最大干密度的影响

1) 平均粒径 D_{50}

图 3.24 所示为纯泥岩颗粒最大干密度 $\rho_{d,max}$ 与试验土料平均粒径 D_{50} 的关系。由图 3.24 可知，最大干密度 $\rho_{d,max}$ 随着平均粒径 D_{50} 的增大呈先增大后减小的抛物线形变化，拟合曲线表达式为

$$\rho_{d,max} = -0.002D_{50}^2 + 0.018D_{50} + 2.122 \quad (R^2 = 0.553) \tag{3.22}$$

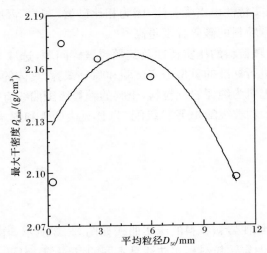

图 3.24　纯泥岩颗粒料最大干密度 $\rho_{d,max}$ 与平均粒径 D_{50} 的关系

2) 砾粒含量 G_c

图 3.25 所示为纯泥岩颗粒料的砾粒含量 G_c 对最大干密度 $\rho_{d,max}$ 的影响。由图 3.25 可知，最大干密度 $\rho_{d,max}$ 随着砾粒含量 G_c 的增大也呈先增大后减小的抛物线形变化，拟合曲线表达式为

$$\rho_{d,max} = -0.536G_c^2 + 0.443G_c + 2.082 \quad (R^2 = 0.805) \tag{3.23}$$

3) 不均匀系数 C_u

图 3.26 所示为纯泥岩颗粒料不均匀系数 C_u 对最大干密度 $\rho_{d,max}$ 的影响。由图 3.26 可知，随着不均匀系数 C_u 的增大，最大干密度 $\rho_{d,max}$ 也呈先增大后减小的抛物线形变化，拟合曲线表达式为

$$\rho_{d,max} = -0.0004C_u^2 + 0.016C_u + 2.029 \quad (R^2 = 0.927) \tag{3.24}$$

4) 曲率系数 C_c

图 3.27 所示为纯泥岩颗粒料最大干密度 $\rho_{d,max}$ 随曲率系数 C_c 的变化规律。由图 3.27 可知，试验结果数据点很离散，尚不能确定曲率系数 C_c 如何影响最大干密度 $\rho_{d,max}$。

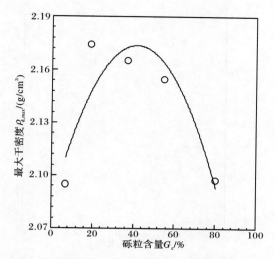

图 3.25　纯泥岩颗粒料最大干密度 $\rho_{\mathrm{d,max}}$ 与砾粒含量 G_{c} 的关系

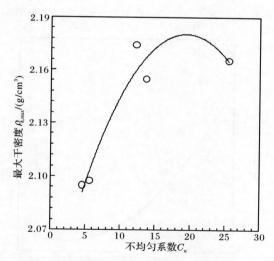

图 3.26　纯泥岩颗粒料最大干密度 $\rho_{\mathrm{d,max}}$ 与不均匀系数 C_{u} 的关系

3. 颗粒级配对最优含水率的影响

1) 平均粒径 D_{50}

图 3.28 所示为纯泥岩颗粒料最优含水率 w_{op} 与试验土料平均粒径 D_{50} 的关系。由图 3.28 可知,总体而言,最优含水率 w_{op} 随着平均粒径 D_{50} 的增大呈非线性减小变化,拟合曲线表达式为

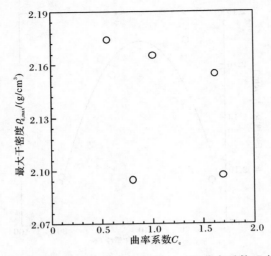

图 3.27　纯泥岩颗粒料最大干密度 $\rho_{d,max}$ 与曲率系数 C_c 的关系

$$w_{op} = 0.040D_{50}^2 - 0.766D_{50} + 10.85 \quad (R^2 = 0.654) \qquad (3.25)$$

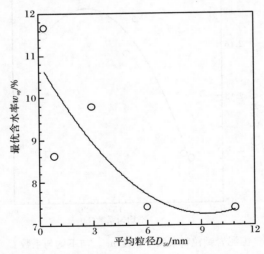

图 3.28　纯泥岩颗粒料最优含水率 w_{op} 与平均粒径 D_{50} 的关系

2）砾粒含量 G_c

图 3.29 所示为纯泥岩颗粒料砾粒含量 G_c 对最优含水率 w_{op} 的影响。由图 3.29 可知，最优含水率 w_{op} 随着砾粒含量 G_c 的增大也呈非线性减小变化，拟合曲线表达式为

$$w_{op} = 6.999G_c^2 - 11.138G_c + 11.816 \quad (R^2 = 0.726) \qquad (3.26)$$

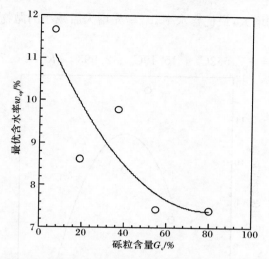

图 3.29 纯泥岩颗粒料最优含水率 w_{op} 与砾粒含量 G_c 的关系

3) 不均匀系数 C_u

图 3.30 所示为纯泥岩颗粒料不均匀系数 C_u 对最优含水率 w_{op} 的影响。由图 3.30 可知,尽管试验结果数据点较离散,但总体而言,随着不均匀系数 C_u 的增大,最优含水率 w_{op} 应呈先减小后增大的抛物线形变化,拟合曲线表达式为

$$w_{op} = 0.020C_u^2 - 0.607C_u + 12.30 \quad (R^2 = 0.373) \tag{3.27}$$

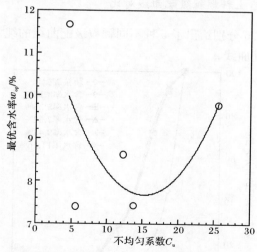

图 3.30 纯泥岩颗粒料最优含水率 w_{op} 与不均匀系数 C_u 的关系

4) 曲率系数 C_c

图 3.31 给出了最优含水率 w_{op} 随曲率系数 C_c 的变化规律。由图 3.31 可知,

随着曲率系数 C_c 的增大，最优含水率 w_{op} 呈先增大后减小的抛物线形变化，拟合曲线表达式为

$$w_{op} = -7.562C_c^2 + 15.19C_c + 2.993 \quad (R^2 = 0.762) \tag{3.28}$$

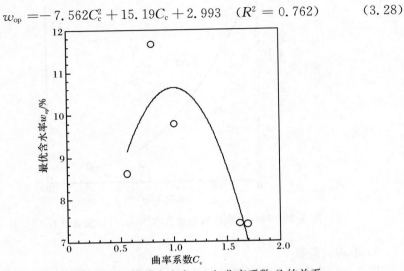

图 3.31　纯泥岩颗粒料最优含水率 w_{op} 与曲率系数 C_c 的关系

3.4.2　颗粒破碎

1. 击实试验前后土料颗粒级配曲线对比

图 3.32～图 3.36 分别给出了 5 种不同颗粒级配曲线的纯泥岩颗粒料在击实试验前后的颗粒级配曲线。

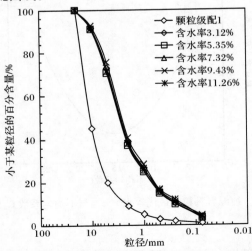

图 3.32　纯泥岩颗粒料击实试验前后的颗粒级配曲线（颗粒级配 1 土料）

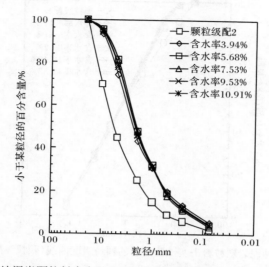

图 3.33 纯泥岩颗粒料击实试验前后的颗粒级配曲线(颗粒级配 2 土料)

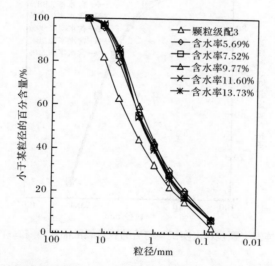

图 3.34 纯泥岩颗粒料击实试验前后的颗粒级配曲线(颗粒级配 3 土料)

比较图 3.32~图 3.36 和图 3.14~图 3.18 可知,纯泥岩颗粒料击实后颗粒级配曲线的变化特点与纯砂岩颗粒料相似,也可用平均相对破碎率$\overline{B_r}$评价击实试验过程中的颗粒破碎量。

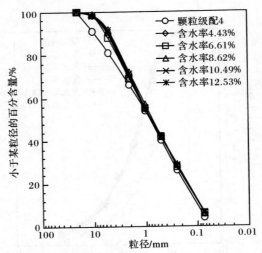

图 3.35　纯泥岩颗粒料击实试验前后的颗粒级配曲线（颗粒级配 4 土料）

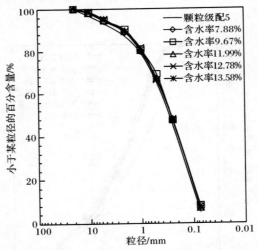

图 3.36　纯泥岩颗粒料击实试验前后的颗粒级配曲线（颗粒级配 5 土料）

2. 颗粒级配对平均相对破碎率的影响

1）平均粒径 D_{50}

图 3.37 所示为纯泥岩颗粒料平均相对破碎率 $\overline{B_r}$ 与试验土料平均粒径 D_{50} 的关系。由图 3.37 可知，平均相对破碎率 $\overline{B_r}$ 值的变化范围为 0.065～0.285；随着平均粒径 D_{50} 的增大，平均相对破碎率 $\overline{B_r}$ 呈非线性增大变化，拟合曲线的表达式为

$$\overline{B_r} = -0.001D_{50}^2 + 0.036D_{50} + 0.055 \quad (R^2 = 0.998) \tag{3.29}$$

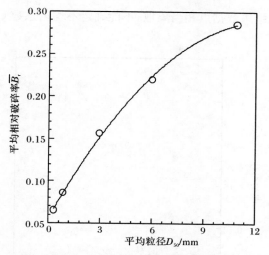

图 3.37 纯泥岩颗粒料平均相对破碎率$\overline{B_r}$与平均粒径 D_{50} 的关系

2）砾粒含量 G_c

图 3.38 所示为纯泥岩颗粒料砾粒含量 G_c 对平均相对破碎率$\overline{B_r}$的影响。由图 3.28可知，随着砾粒含量 G_c 的增大，平均相对破碎率$\overline{B_r}$基本呈线性增大变化，拟合直线的表达式为

$$\overline{B_r} = 0.315G_c + 0.038 \quad (R^2 = 0.992) \tag{3.30}$$

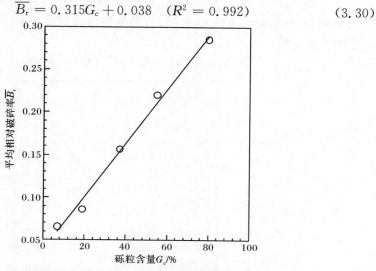

图 3.38 纯泥岩颗粒料平均相对破碎率$\overline{B_r}$与砾粒含量 G_c 的关系

3）不均匀系数 C_u

图 3.39 所示为纯泥岩颗粒料不均匀系数 C_u 对平均相对破碎率$\overline{B_r}$的影响。由

图 3.39 可知,试验结果数据点相当离散,不能确定不均匀系数 C_u 对平均相对破碎率 $\overline{B_r}$ 的影响特征。

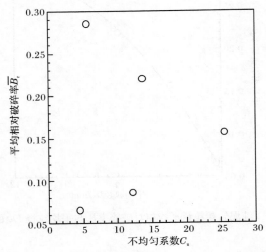

图 3.39　纯泥岩颗粒料平均相对破碎率 $\overline{B_r}$ 与不均匀系数 C_u 的关系

4) 曲率系数 C_c

图 3.40 所示为纯泥岩颗粒料平均相对破碎率 $\overline{B_r}$ 与曲率系数 C_c 的关系。由图 3.40 可知,随着曲率系数 C_c 的增大,平均相对破碎率 $\overline{B_r}$ 总体呈增大变化,拟合直线的表达式为

$$\overline{B_r} = 0.172C_c - 0.034 \quad (R^2 = 0.890) \tag{3.31}$$

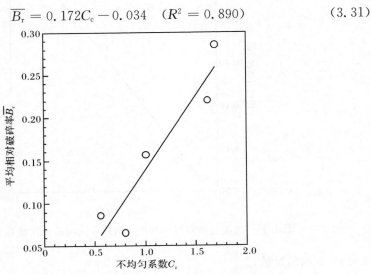

图 3.40　纯泥岩颗粒料平均相对破碎率 $\overline{B_r}$ 与曲率系数 C_c 的关系

3.5 颗粒级配对压实特性和颗粒破碎的影响

在砂泥岩互层结构地层地区的工程建设中,砂泥岩颗粒混合料是最常用的建筑填料,研究其压实特性及颗粒破碎问题具有重要意义。砂泥岩颗粒混合料的压实特性与许多因素相关,3.5～3.7节重点探讨土料的颗粒级配、土料中泥岩颗粒含量(指泥岩颗粒的质量百分含量)及击实功的影响[27,77,78],本节研究土料的颗粒级配对砂泥岩颗粒混合料压实特性及颗粒破碎的影响。

为便于研究,选取砂岩颗粒与泥岩颗粒的质量比为 6 : 4(即试验土料中泥岩颗粒含量为 40%)、5 种不同颗粒级配的砂泥岩颗粒混合料为试验土料,进行标准的重型击实试验和筛分试验,具体的试验方案见表 3.3 中第 3 行,即试验土料为砂泥岩颗粒混合料,土料的颗粒级配曲线有"颗粒级配 1、颗粒级配 2、颗粒级配 3、颗粒级配 4、颗粒级配 5"(详见表 3.1 和图 3.2)5 种,击实功为 2684.9kJ/m³。

3.5.1 压实特性

1. 压实曲线

不同颗粒级配砂泥岩颗粒混合料的压实曲线如图 3.41 所示。由图 3.41 可知,不同颗粒级配曲线砂泥岩颗粒混合料压实曲线是不同的,最大干密度 $\rho_{d,max}$ 的变化范围为 2.08～2.13g/cm³,最优含水率 w_{op} 的变化范围为 8.18%～10.62%。

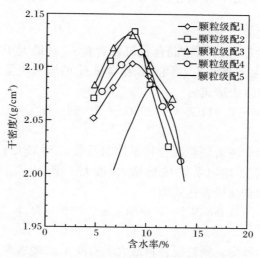

图 3.41 砂泥岩颗粒混合料压实曲线

2. 颗粒级配对最大干密度的影响

1）平均粒径 D_{50}

图 3.42 所示为砂泥岩颗粒混合料最大干密度 $\rho_{d,max}$ 与平均粒径 D_{50} 的关系。由图 3.42 可知，最大干密度 $\rho_{d,max}$ 随着平均粒径 D_{50} 的增大呈先增大后减小的抛物线形变化，拟合曲线表达式为

$$\rho_{d,max} = -0.001D_{50}^2 + 0.016D_{50} + 2.089 \quad (R^2 = 0.809) \quad (3.32)$$

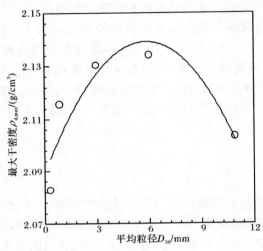

图 3.42 砂泥岩颗粒混合料最大干密度 $\rho_{d,max}$ 与平均粒径 D_{50} 的关系

2）砾粒含量 G_c

图 3.43 所示为砂泥岩颗粒混合料砾粒含量 G_c 对最大干密度 $\rho_{d,max}$ 的影响。由图 3.43 可知，最大干密度 $\rho_{d,max}$ 随着砾粒含量 G_c 的增大也呈先增大后减小的抛物线形变化，拟合曲线表达式为

$$\rho_{d,max} = -0.311G_c^2 + 0.295G_c + 2.066 \quad (R^2 = 0.981) \quad (3.33)$$

3）不均匀系数 C_u

图 3.44 所示为砂泥岩颗粒混合料不均匀系数 C_u 对最大干密度 $\rho_{d,max}$ 的影响。由图 3.44 可知，随着不均匀系数 C_u 的增大，最大干密度 $\rho_{d,max}$ 也呈先增大后减小的抛物线形变化，拟合曲线表达式为

$$\rho_{d,max} = -0.0002C_u^2 + 0.008C_u + 2.058 \quad (R^2 = 0.880) \quad (3.34)$$

4）曲率系数 C_c

图 3.45 所示为砂泥岩颗粒混合料最大干密度 $\rho_{d,max}$ 随着曲率系数 C_c 的变化规律。由图 3.45 可知，试验结果数据点很离散，尚不能确定曲率系数 C_c 如何影响最大干密度 $\rho_{d,max}$。

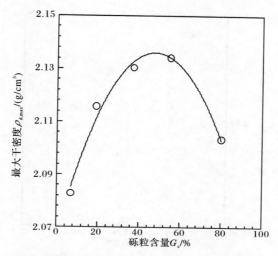

图 3.43　砂泥岩颗粒混合料最大干密度 $\rho_{d,max}$ 与砾粒含量 G_c 的关系

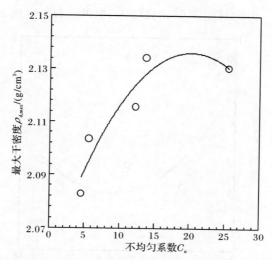

图 3.44　砂泥岩颗粒混合料最大干密度 $\rho_{d,max}$ 与不均匀系数 C_u 的关系

3. 颗粒级配对最优含水率的影响

1) 平均粒径 D_{50}

图 3.46 所示为砂泥岩颗粒混合料最优含水率 w_{op} 与平均粒径 D_{50} 的关系。由图 3.46 可知,总体而言,最优含水率 w_{op} 随着平均粒径 D_{50} 的增大呈先减小后增大的抛物线形变化,拟合曲线表达式为

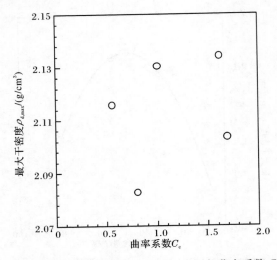

图 3.45 砂泥岩颗粒混合料最大干密度 $\rho_{d,max}$ 与曲率系数 C_c 的关系

$$w_{op} = 0.043D_{50}^2 - 0.594D_{50} + 10.07 \quad (R^2 = 0.595) \tag{3.35}$$

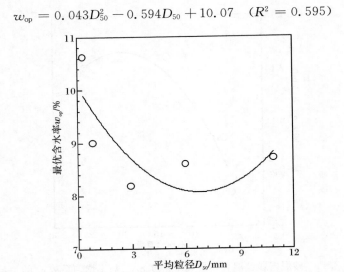

图 3.46 砂泥岩颗粒混合料最优含水率 w_{op} 与平均粒径 D_{50} 的关系

2）砾粒含量 G_c

图 3.47 所示为砂泥岩颗粒混合料砾粒含量 G_c 对最优含水率 w_{op} 的影响。由图 3.47 可知，最优含水率 w_{op} 随着砾粒含量 G_c 的增大也呈先减小后增大的抛物线形变化，拟合曲线表达式为

$$w_{op} = 10.241G_c^2 - 10.958G_c + 11.065 \quad (R^2 = 0.861) \tag{3.36}$$

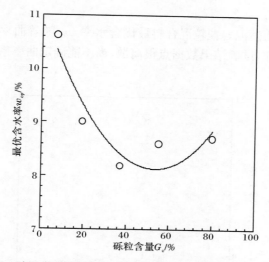

图 3.47 砂泥岩颗粒混合料最优含水率 w_{op} 与砾粒含量 G_c 的关系

3）不均匀系数 C_u

图 3.48 所示为砂泥岩颗粒混合料不均匀系数 C_u 对最优含水率 w_{op} 的影响。由图 3.48 可知，尽管试验结果数据点较离散，但总体而言，随着不均匀系数 C_u 的增大，最优含水率 w_{op} 应呈非线性减小变化，拟合曲线表达式为

$$w_{op} = 0.004C_u^2 - 0.215C_u + 10.72 \quad (R^2 = 0.554) \quad (3.37)$$

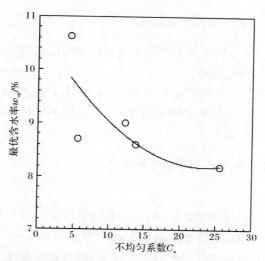

图 3.48 砂泥岩颗粒混合料最优含水率 w_{op} 与不均匀系数 C_u 的关系

4）曲率系数 C_c。

图 3.49 所示为砂泥岩颗粒混合料最优含水率 w_{op} 随着曲率系数 C_c 的变化规律。由图 3.49 可知，试验结果数据点很离散，尚不能确定曲率系数 C_c 如何影响最优含水率 w_{op}。

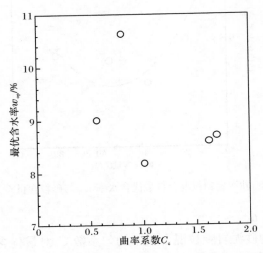

图 3.49　砂泥岩颗粒混合料最优含水率 w_{op} 与曲率系数 C_c 的关系

3.5.2　颗粒破碎

1. 击实试验前后土料颗粒级配曲线对比

图 3.50～图 3.54 分别给出了 5 种不同颗粒级配曲线的砂泥岩颗粒混合料在击实试验前后的颗粒级配曲线。

比较图 3.50～图 3.54 和图 3.14～图 3.18 可知，砂泥岩颗粒混合料击实后颗粒级配曲线的变化特点与纯砂岩颗粒料相似，也可用平均相对破碎率 $\overline{B_r}$ 评价击实试验过程中的颗粒破碎量。

2. 颗粒级配对平均相对破碎率的影响

1）平均粒径 D_{50}

图 3.55 所示为砂泥岩颗粒混合料平均相对破碎率 $\overline{B_r}$ 与平均粒径 D_{50} 的关系。由图 3.55 可知，平均相对破碎率 $\overline{B_r}$ 值的变化范围为 0.090～0.299；随着平均粒径 D_{50} 的增大，平均相对破碎率 $\overline{B_r}$ 呈线性增大变化，拟合直线表达式为

$$\overline{B_r} = 0.018D_{50} + 0.097 \quad (R^2 = 0.972) \tag{3.38}$$

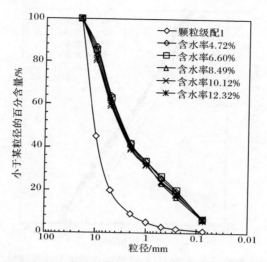

图 3.50 砂泥岩颗粒混合料击实试验前后的颗粒级配曲线(颗粒级配 1 土料)

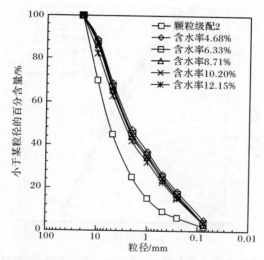

图 3.51 砂泥岩颗粒混合料击实试验前后的颗粒级配曲线(颗粒级配 2 土料)

2) 砾粒含量 G_c

图 3.56 所示为砂泥岩颗粒混合料砾粒含量 G_c 对平均相对破碎率 $\overline{B}_r$ 的影响。由图 3.56 可知,随着砾粒含量 G_c 的增大,平均相对破碎率 $\overline{B}_r$ 基本呈线性增大变化,拟合直线的表达式为

$$\overline{B}_r = 0.279G_c + 0.064 \quad (R^2 = 0.978) \tag{3.39}$$

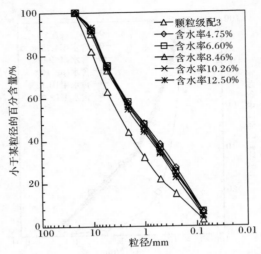

图 3.52　砂泥岩颗粒混合料击实试验前后的颗粒级配曲线(颗粒级配 3 土料)

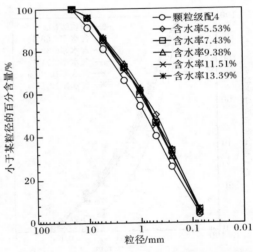

图 3.53　砂泥岩颗粒混合料击实试验前后的颗粒级配曲线(颗粒级配 4 土料)

3) 不均匀系数 C_u

图 3.57 所示为砂泥岩颗粒混合料不均匀系数 C_u 对平均相对破碎率 $\overline{B_r}$ 的影响。由图 3.57 可知,试验结果数据点相当离散,不能确定不均匀系数 C_u 对平均相对破碎率 $\overline{B_r}$ 的影响特征。

4) 曲率系数 C_c

图 3.58 所示为砂泥岩颗粒混合料平均相对破碎率 $\overline{B_r}$ 与曲率系数 C_c 的关系。

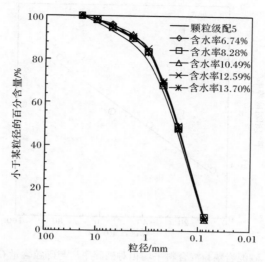

图 3.54　砂泥岩颗粒混合料击实试验前后的颗粒级配曲线（颗粒级配 5 土料）

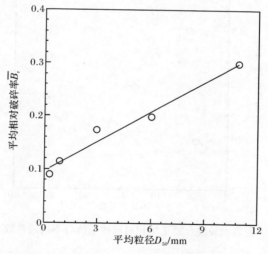

图 3.55　砂泥岩颗粒混合料平均相对破碎率$\overline{B_r}$与平均粒径 D_{50} 的关系

由图 3.58 可知，随着曲率系数 C_c 的增大，平均相对破碎率$\overline{B_r}$总体呈增大变化，拟合直线的表达式为

$$\overline{B_r} = 0.143C_c + 0.011 \quad (R^2 = 0.771) \tag{3.40}$$

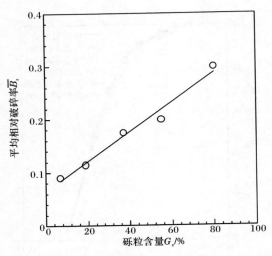

图 3.56　砂泥岩颗粒混合料平均相对破碎率$\overline{B_r}$与砾粒含量 G_c 的关系

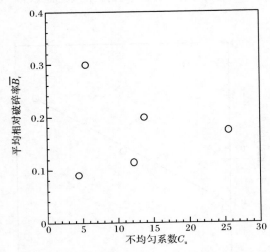

图 3.57　砂泥岩颗粒混合料平均相对破碎率$\overline{B_r}$与不均匀系数 C_u 的关系

3.6　泥岩颗粒含量对压实特性及颗粒破碎的影响

　　本节研究试验土料中泥岩颗粒含量对砂泥岩颗粒混合料压实特性及颗粒破碎的影响。

　　为便于研究，选取相同颗粒级配、不同泥岩颗粒含量的砂泥岩颗粒混合料为试验土料，进行标准的重型击实试验和筛分试验。具体的试验方案见表 3.3 中第 4

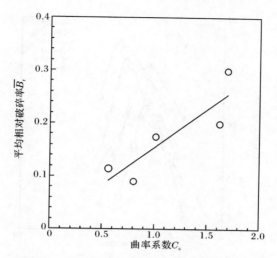

图 3.58　砂泥岩颗粒混合料平均相对破碎率$\overline{B_r}$与曲率系数 C_c 的关系

行,即试验土料为砂泥岩颗粒混合料,土料的颗粒级配曲线为"颗粒级配 2"(详见表 3.1 和图 3.2),土料中泥岩颗粒含量分别为 20%、40%、60% 和 80%,击实功为 2684.9kJ/m³。为便于分析,本节的分析中也包含了前述颗粒级配 2 纯砂岩颗粒料(泥岩颗粒含量为 0%)和颗粒级配 2 纯泥岩颗粒料(泥岩颗粒含量为 100%)的试验成果。

3.6.1　压实特性

1. 压实曲线

不同泥岩颗粒含量砂泥岩颗粒混合料的压实曲线如图 3.59 所示。由图 3.59 可知,不同泥岩颗粒含量砂泥岩颗粒混合料的压实曲线是不同的,最大干密度 $\rho_{d,max}$ 的变化范围为 2.11 ～ 2.18g/cm³,最优含水率 w_{op} 的变化范围为 7.42% ～ 10.28%。

2. 泥岩颗粒含量对最大干密度的影响

图 3.60 所示为最大干密度 $\rho_{d,max}$ 与土料中泥岩颗粒含量 M_c 的关系。由图 3.60 可知,最大干密度 $\rho_{d,max}$ 随着泥岩颗粒含量 M_c 的增大呈先增大后减小的抛物线形变化,当泥岩颗粒含量为 60% 左右时,最大干密度 $\rho_{d,max}$ 接近其最大值。拟合曲线表达式为

$$\rho_{d,max} = -0.098M_c^2 + 0.158M_c + 2.099 \quad (R^2 = 0.858) \quad (3.41)$$

由此可知,相比于纯砂岩颗粒料,砂泥岩颗粒混合料的最大干密度值要大些。换言之,在砂岩颗粒料中掺入泥岩颗粒,可能增大最大干密度。图 3.61 所示为不

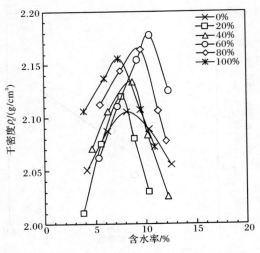

图 3.59　不同泥岩颗粒含量试验料压实曲线

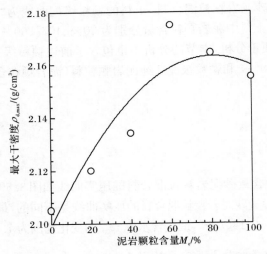

图 3.60　泥岩颗粒含量对最大干密度 $\rho_{d,max}$ 的影响（颗粒级配 2）

同颗粒级配的砂泥岩颗粒混合料（泥岩颗粒含量 40%）、纯砂岩颗粒料和纯泥岩颗粒料的最大干密度。

3. 泥岩颗粒含量对最优含水率的影响

图 3.62 所示为最优含水率 w_{op} 与土料中泥岩颗粒含量 M_c 的关系。由图 3.62 可知，最优含水率 w_{op} 随着泥岩颗粒含量 M_c 的增大呈先增大后减小的抛物线形变

化。拟合曲线表达式为

$$w_{op}=-6.598M_c^2+7.107M_c+7.466 \quad (R^2=0.454) \tag{3.42}$$

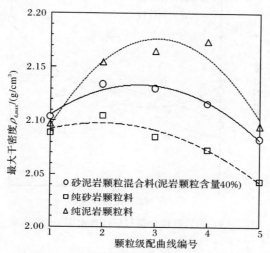

图 3.61　泥岩颗粒含量对最大干密度 $\rho_{d.max}$ 的影响

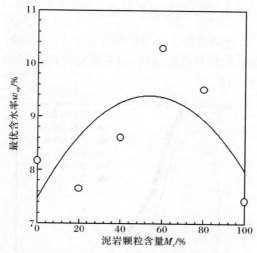

图 3.62　泥岩颗粒含量对最优含水率 w_{op} 的影响（颗粒级配 2）

　　由此可知,相比纯砂岩颗粒料,砂泥岩颗粒混合料的最优含水率 w_{op} 值要大一些。换言之,在砂岩颗粒料中掺入泥岩颗粒,可能增大最优含水率 w_{op}。图 3.63 给出了不同颗粒级配的砂泥岩颗粒混合料（泥岩颗粒含量 40%）、纯砂岩颗粒料和纯泥岩颗粒料的最优含水率 w_{op}。

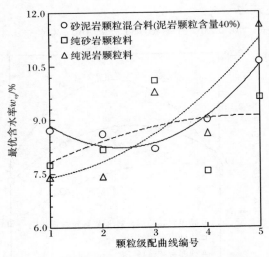

图 3.63　泥岩颗粒含量对最优含水率 w_{op} 的影响

3.6.2　颗粒破碎

1. 击实试验前后土料颗粒级配曲线对比

图 3.64~图 3.66 分别给出了泥岩颗粒含量 20%、60% 和 80% 的砂泥岩颗粒混合料在击实试验前后的颗粒级配曲线,泥岩颗粒含量 40% 的击实试验前后颗粒级配曲线同图 3.51 中所示。

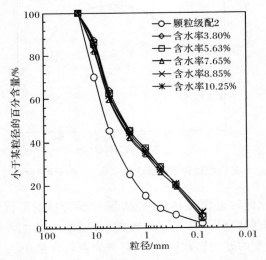

图 3.64　砂泥岩颗粒混合料击实试验前后的颗粒级配曲线(泥岩颗粒含量 20%)

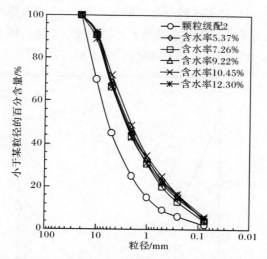

图 3.65　砂泥岩颗粒混合料击实试验前后的颗粒级配曲线（泥岩颗粒含量 60％）

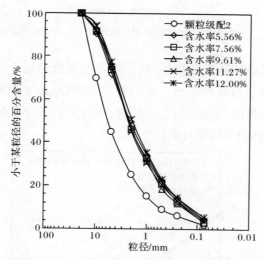

图 3.66　砂泥岩颗粒混合料击实试验前后的颗粒级配曲线（泥岩颗粒含量 80％）

　　比较图 3.64～图 3.66 和图 3.14～图 3.18 可知,不同泥岩颗粒含量的砂泥岩颗粒混合料击实后颗粒级配曲线的变化特点与纯砂岩颗粒料相似,也可用平均相对破碎率$\overline{B_r}$评价击实试验过程中的颗粒破碎量。

　　2. 泥岩颗粒含量对平均相对破碎率的影响

　　图 3.67 所示为平均相对破碎率$\overline{B_r}$与土料中泥岩颗粒含量 M_c 的关系。由

图 3.67可知,平均相对破碎率$\overline{B_{\mathrm{r}}}$的变化范围为 0.198~0.267;随着泥岩颗粒含量 M_{c} 的增大,平均相对破碎率$\overline{B_{\mathrm{r}}}$呈先减小后增大的抛物线形变化。拟合曲线表达式为

$$\overline{B_{\mathrm{r}}} = 0.180M_{\mathrm{c}}^2 - 0.207M_{\mathrm{c}} + 0.256 \quad (R^2 = 0.786) \tag{3.43}$$

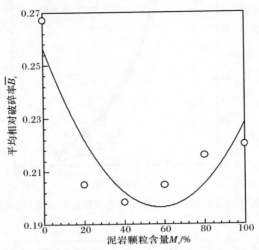

图 3.67　泥岩颗粒含量对平均相对破碎率$\overline{B_{\mathrm{r}}}$的影响(颗粒级配 2)

由此可知,相比于纯砂岩颗粒料,砂泥岩颗粒混合料的平均相对破碎率$\overline{B_{\mathrm{r}}}$要小些。换言之,在砂岩颗粒料中掺入泥岩颗粒,可以减小平均相对破碎率$\overline{B_{\mathrm{r}}}$。图 3.68 所示为不同颗粒级配的砂泥岩颗粒混合料(泥岩颗粒含量 40%)、纯砂岩颗粒料和纯泥岩颗粒料的平均相对破碎率$\overline{B_{\mathrm{r}}}$。

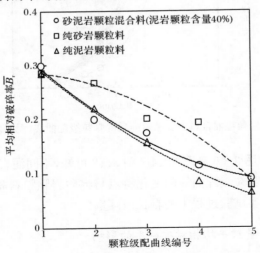

图 3.68　泥岩颗粒含量对平均相对破碎率$\overline{B_{\mathrm{r}}}$的影响

3.7 击实功对压实特性及颗粒破碎的影响

本节研究击实功对砂泥岩颗粒混合料压实特性及颗粒破碎的影响。

为便于研究,选取不同的击实功对相同颗粒级配、相同泥岩颗粒含量的砂泥岩颗粒混合料,进行击实试验和筛分试验。具体的试验方案见表3.3中第5行,即试验土料为泥岩颗粒含量20%的砂泥岩颗粒混合料,其颗粒级配曲线为"颗粒级配3"(详见表3.1和图3.2),击实功分别为0kJ/m³、1342.5kJ/m³、2684.9kJ/m³、4027.4kJ/m³ 和5369.8kJ/m³。

3.7.1 压实特性

1. 压实曲线

不同击实功的压实曲线如图3.69所示。由图3.69可知,不同击实功的压实曲线是不同的,最大干密度 $\rho_{d,max}$ 的变化范围为 $1.52\sim2.18g/cm^3$,最优含水率 w_{op} 的变化范围为 $6.38\%\sim9.96\%$。

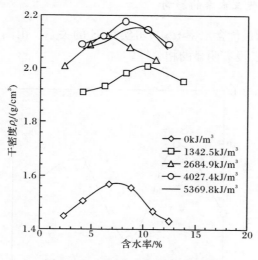

图 3.69　不同击实功的压实曲线

2. 击实功对最大干密度的影响

图3.70所示为最大干密度 $\rho_{d,max}$ 与击实功 E_c 的关系。由图3.70可知,最大干密度 $\rho_{d,max}$ 随着击实功 E_c 的增大呈非线性增大变化。

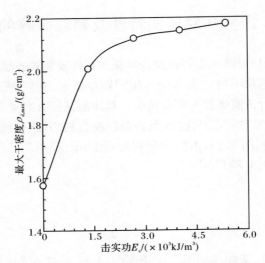

图 3.70　击实功 E_c 对最大干密度 $\rho_{d,\max}$ 的影响

3. 击实功对最优含水率的影响

图 3.71 所示为最优含水率 w_{op} 与击实功 E_c 的关系。由图 3.71 可知,最优含水率 w_{op} 与击实功 E_c 没有明显的相关性。

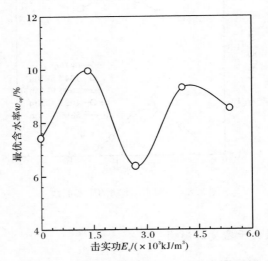

图 3.71　击实功 E_c 对最优含水率 w_{op} 的影响

3.7.2 颗粒破碎

图 3.72 所示为平均相对破碎率 $\overline{B_r}$ 与击实功 E_c 的关系。由图 3.72 可知,随着击实功 E_c 的增大,平均相对破碎率 $\overline{B_r}$ 呈非线性增大变化。

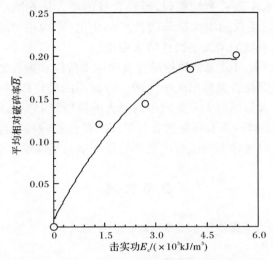

图 3.72 击实功 E_c 对平均相对破碎率 $\overline{B_r}$ 的影响

3.8 本 章 小 结

本章系统研究了砂泥岩颗粒混合料的压实特性及颗粒破碎问题,主要工作和结论如下:

(1) 纯砂岩颗粒料的压实特性和颗粒破碎受土料颗粒级配影响。最大干密度随着平均粒径、砾粒含量和不均匀系数的增大呈先增大后减小的抛物线形变化,随着曲率系数的增大呈增大变化;最优含水率随着平均粒径和砾粒含量的增大呈减小变化,随着不均匀系数的增大呈先减小后增大的抛物线形变化,随着曲率系数的增大呈先增大后减小的抛物线形变化;平均相对破碎率随着平均粒径、砾粒含量的增大呈非线性增大变化,随着不均匀系数的增大呈先增大后减小的抛物线形变化,随着曲率系数的增大呈先减小后增大的抛物线形变化。

(2) 纯泥岩颗粒料的压实特性和颗粒破碎也受其土料的颗粒级配影响。最大干密度随着平均粒径、砾粒含量、不均匀系数的增大呈先增大后减小的抛物线形变化;最优含水率随着平均粒径、砾粒含量的增大呈非线性减小变化,随着不均匀系数的增大呈先减小后增大的抛物线形变化,随着曲率系数的增大呈先增大后减小的抛物线形变化；平均相对破碎率随着平均粒径的增大呈非线性增大变化，随着砾粒含量、曲率系数的增大基本呈线性增大变化。

（3）砂泥岩颗粒混合料的压实特性和颗粒破碎也受其土料的颗粒级配影响。最大干密度随着平均粒径、砾粒含量、不均匀系数的增大呈先增大后减小的抛物线形变化；最优含水率随着平均粒径、砾粒含量的增大呈先减小后增大的抛物线形变化，随着不均匀系数的增大呈非线性减小变化；平均相对破碎率随着平均粒径、砾粒含量、曲率系数的增大呈线性增大变化。

（4）泥岩颗粒含量对砂泥岩颗粒混合料的压实特性和颗粒破碎存在影响。最大干密度随着泥岩颗粒含量的增大呈先增大后减小的抛物线形变化；平均相对破碎率随着泥岩颗粒含量的增大呈先减小后增大的抛物线形变化。

（5）击实功大小对砂泥岩颗粒混合料的压实特性和颗粒破碎有显著影响。最大干密度和平均相对破碎率均随着击实功的增大呈非线性增大变化。

参 考 文 献

［1］重庆市地质矿产勘查开发总公司. 重庆市地质图（比例尺 1：500 000）［M］. 重庆长江地图印刷厂制，2002 年.

［2］Holtz R D，Kovacs W D，Sheahan T C. An Introduction to Geotechnical Engineering［M］. 2nd ed. New Jersey：Prentice Hall，2010.

［3］Bera A K，Ghosh A. Compaction characteristics of pond ash［J］. Journal of Materials in Civil Engineering，ASCE，2007，19(4)：349－357.

［4］Blotz L R，Benson C H，Boutwell G P. Estimating optimum water content and maximum dry unit weight for compacted clays［J］. Journal of Geotechnical and Geoenvironmental Engineering，ASCE，1998，124(9)：907－912.

［5］Hamdani I H. Optimum moisture content for compacting soils one-point method［J］. Journal of Irrigation and Drainage Engineering，1983，109(2)：232－237.

［6］Rollins K M，Jorgensen S J，Ross T E. Optimum moisture content for dynamic compaction of collapsible soils［J］. Journal of Geotechnical and Geoenvironmental Engineering，ASCE，1998，124(8)：699－708.

［7］Saffih-Hdadi K，Defossez P，Richard G，et al. A method for predicting soil susceptibility to the compaction of surface layers as a function of water content and bulk density［J］. Soils & Tillage Research，2009，105：96－103.

［8］Zhang B，Zhao Q G，Horn R，et al. Shear strength of surface soil as affected by soil bulk density and soil water content［J］. Soil & Tillage Research，2001，59(3-4)：97－106.

［9］Vaz C M P，Bassoi L H，Hopmans J W. Contribution of water content and bulk density to field soil penetration resistance as measured by a combined cone penetrometer-TDR probe ［J］. Soils & Tillage Research，2001，60：35－42.

[10] Trauner L, Dolinar B, Mišič M. Relationship between the undrained shear strength, water content, and mineralogical properties of fine-grained soils[J]. International Journal of Geomechanics, ASCE, 2005, 5(4): 350—355.

[11] Frank T E, Krapac I G, Stark T D, et al. Long-term behavior of water content and density in an earthen liner[J]. Journal of Geotechnical and Geoenvironmental Engineering, ASCE, 2005, 131(6): 800—803.

[12] Abu-Farsakh M, Coronel J, Tao M. Effect of soil moisture content and dry density on cohesive soil-geosynthetic interactions using large direct shear tests[J]. Journal of Materials in Civil Engineering, ASCE, 2007, 19(7): 540—549.

[13] Jamei M, Guiras H, Chtourou Y, et al. Water retention properties of perlite as a material with crushable soft particles[J]. Engineering Geology, 2011, 122: 261—271.

[14] Wang J J, Lin X. Discussion on determination of critical slip surface in slope analysis[J]. Géotechnique, 2007, 57(5): 481—482.

[15] Wang J J, Zhu J G, Chiu C F, et al. Experimental study on fracture behavior of a silty clay [J]. Geotechnical Testing Journal, 2007, 30(4): 303—311.

[16] Wang J J, Zhu J G, Chiu C F, et al. Experimental study on fracture toughness and tensile strength of a clay[J]. Engineering Geology, 2007, 94(1-2): 65—75.

[17] Wang J J, Liu F C, Ji C L. Influence of drainage condition on Coulomb-type active earth pressure[J]. Soil Mechanics and Foundation Engineering, 2008, 45(5): 161—167.

[18] Wang J J, Zhang H P, Chai H J, et al. Seismic passive resistance with vertical seepage and surcharge[J]. Soil Dynamics and Earthquake Engineering, 2008, 28(9): 728—737.

[19] Wang J J. Behaviour of an over-length pile in layered soils[J]. Geotechnical Engineering, 2010, 163(5): 257—266.

[20] Yan Z L, Wang J J, Chai H J. Influence of water level fluctuation on phreatic line in silty soil model slope[J]. Engineering Geology, 2010, 113(1-4): 90—98.

[21] Wang J J, Liu Y X. Hydraulic fracturing in a cubic soil specimen[J]. Soil Mechanics and Foundation Engineering, 2010, 47(4): 136—142.

[22] Wang J J, Zhang H P, Liu M W, et al. Seismic passive earth pressure with seepage for cohesionless soil[J]. Marine Georesources and Geotechnology, 2012, 30(1): 86—101.

[23] Wang J J, Zhang H P, Tang S C, et al. Effects of particle size distribution on shear strength of accumulation soil[J]. Journal of Geotechnical and Geoenvironmental Engineering, ASCE, 2013, 139(11): 1994—1997.

[24] Wang J J, Zhang H P, Zhang L, et al. Experimental study on heterogeneous slope responses to drawdown[J]. Engineering Geology, 2012, 147-148: 52—56.

[25] Wang J J, Zhang H P, Zhang L, et al. Experimental study on self-healing of crack in clay seepage barrier[J]. Engineering Geology, 2013, 159: 31—35.

[26] Wang J J, Zhao D, Liang Y, et al. Angle of repose of landslide debris deposits induced by 2008 Sichuan Earthquake[J]. Engineering Geology, 2013, 156: 103—110.

[27] Wang J J, Zhang H P, Deng D P, et al. Effects of mudstone particle content on compaction behavior and particle crushing of a crushed sandstone-mudstone particle mixture[J]. Engineering Geology, 2013, 167: 1—5.

[28] Wang J J. Hydraulic Fracturing in Earth-rock Fill Dams[M]. Singapore: John Wiley & Sons, and Beijing: China Water & Power Press, 2014.

[29] Wang J J, Zhang H P, Liu M W, et al. Compaction behaviour and particle crushing of a crushed sandstone particle mixture[J]. European Journal of Environmental and Civil Engineering, 2014, 18(5): 567—583.

[30] Wang J J, Zhang H P, Wen H B, et al. Shear strength of an accumulation soil from direct shear test[J]. Marine Georesources & Geotechnology, 2015, 33(2): 183—190.

[31] Wang J J, Zhang H P, Tang S C, et al. Closure to "Effects of particle size distribution on shear strength of accumulation soil" by Jun-Jie Wang, Hui-Ping Zhang, Sheng-Chuan Tang, and Yue Liang[J]. Journal of Geotechnical and Geoenvironmental Engineering, ASCE, 2015, 141(1): 07014031.

[32] Casini F, Viggiani G M B, Springman S M. Breakage of an artificial crushable material under loading[J]. Granular Matter, 2013, 15(5): 661—673.

[33] 孔德志. 堆石料的颗粒破碎应变及其数学模拟(博士学位论文)[D]. 北京: 清华大学, 2008.

[34] 贾宇峰. 考虑颗粒破碎的粗粒土本构关系研究(博士学位论文)[D]. 大连: 大连理工大学, 2008.

[35] 胡波. 三轴条件下钙质砂颗粒破碎力学性质与本构模型研究(博士学位论文)[D]. 武汉: 中国科学院研究生院(武汉岩土力学研究所), 2008.

[36] 孙海忠, 黄茂松. 考虑颗粒破碎的粗粒土临界状态弹塑性本构模型[J]. 岩土工程学报, 2008, 32(8): 1284—1290.

[37] 刘汉龙, 孙逸飞, 杨贵, 等. 粗粒料颗粒破碎特性研究述评[J]. 河海大学学报(自然科学版), 2012, 40(4): 361—369.

[38] 魏松, 朱俊高, 钱七虎, 等. 粗粒料颗粒破碎三轴试验研究[J]. 岩土工程学报, 2009, 31(4): 533—538.

[39] 孔宪京, 刘京茂, 邹德高, 等. 紫坪铺面板坝堆石料颗粒破碎试验研究[J]. 岩土力学, 2014, 35(1): 35—40.

[40] 杨光, 张丙印, 于玉贞, 等. 不同应力路径下粗粒土的颗粒破碎试验研究[J]. 水利学报, 2010, 41(3): 338—342.

[41] Hardin B O. Crushing of soil particles[J]. Journal of Geotechnical Engineering, ASCE, 1985, 111(10): 1177—1192.

[42] Karimpour H, Lade P V. Time effects relate to crushing in sand[J]. Journal of Geotechnical and Geoenvironmental Engineering, ASCE, 2010, 136(9): 1209—1219.

[43] Lade P V, Yamamuro J A, Bopp P A. Significance of particle crushing in granular materials [J]. Journal of Geotechnical Engineering, ASCE, 1996, 122(4): 309—316.

[44] Lawton E C, Fragaszy R J, Hardcastle J H. Collapse of compacted clayey sand[J]. Journal

of Geotechnical Engineering,ASCE,1989,115(9):1252—1267.

[45] Lobo-Guerrero S,Vallejo L E. Discrete element method evaluation of granular crushing under direct shear test conditions[J]. Journal of Geotechnical and Geoenvironmental Engineering,ASCE,2005,131(10):1295—1300.

[46] Valdes J R,Koprulu E. Characterization of fines produced by sand crushing[J]. Journal of Geotechnical and Geoenvironmental Engineering,ASCE,2007,133(12):1626—1630.

[47] Bowman E T,Soga K,Drummnond W. Particle shape characterization using fourier descriptor analysis[J]. Géotechnique,2001,51(6):545—554.

[48] Cho G C,Dodds J,Santamarina J C. Particle shape effects on packing density,stiffness,and strength:Natural and crushed sands[J]. Journal of Geotechnical and Geoenvironmental Engineering,ASCE,2006,132(5):591—602.

[49] Nouguier-Lehon C,Cambou B,Vincens E. Influence of particle shape and angularity on the behaviour of granular materials:a numerical analysis[J]. International Journal for Numerical and Analytical Methods in Geomechanics,2003,27:1207—1226.

[50] 郝建云. 砂泥岩混合料压缩变形特性及 K0 系数试验研究(硕士学位论文)[D]. 重庆:重庆交通大学,2014.

[51] 邓弟平. 砂泥岩混合颗粒料压实特性及颗粒破碎试验研究(硕士学位论文)[D]. 重庆:重庆交通大学,2013.

[52] 邱珍锋. 砂泥岩混合料各向异性渗透特性试验研究(硕士学位论文)[D]. 重庆:重庆交通大学,2013.

[53] 邓文杰. 砂泥岩混合料强度变形特性三轴试验研究(硕士学位论文)[D]. 重庆:重庆交通大学,2013.

[54] 马伟. 钢-土界面特性及钢护筒嵌岩桩承载性状研究(硕士学位论文)[D]. 重庆:重庆交通大学,2013.

[55] 王俊杰,刘明维,梁越. 深水码头大直径钢护筒嵌岩桩承载性状研究[M]. 北京:科学出版社,2015.

[56] 中华人民共和国行业标准. 土工试验规程(SL 237—1999)[S]. 中华人民共和国水利部,1999.

[57] ASTM. Standard practice for classification of soils for engineering purposes (Unified Soil Classification System) (ASTM D2487-1985)[S]. West Conshohocken,Pennsylvania,1985.

[58] 中华人民共和国国家标准. 土工试验方法标准(GB/T 50123—1999)[S]. 国家质量技术监督局,中华人民共和国建设部,1999.

[59] 陈江,李朝政,李伟. 基于三点击实法的压实度评估方法[J]. 岩土工程技术. 2011,25(3):109—112.

[60] 王宏辉,王伟建. 三点击实试验法在工程中的运用[J]. 兰州交通大学学报. 2008,27(1):14—16.

[61] 朱崇辉,王增红,希罗科夫 B H. 单点击实法击实试验研究[J]. 岩土力学. 2012,33(1):60—64.

[62] 赵光思,周国庆,朱锋盼,等. 颗粒破碎影响砂直剪强度的试验研究[J]. 中国矿业大学学报,2008,37(3):291—294.

[63] Norihiko M S O. Particle crushing of a decomposed granite soil under shear stresses[J]. Soils and Foundations,1979,19(3):1—14.

[64] 傅华,凌华,蔡正银. 粗颗粒土颗粒破碎影响因素试验研究[J]. 河海大学学报(自然科学版),2009,37(1):75—79.

[65] Wang J J. Hydraulic Fracturing in Earth-rock Fill Dam[M]. 北京:中国水利水电出版社,2012.

[66] Wang J J,Zhu J G. Numerical study on hydraulic fracturing in the core of an earth rockfill dam[J]. Dam Engineering,2007,XVII(4):271—293.

[67] Wang J J,Zhu J G,Mroueh H,et al. Hydraulic fracturing of rock-fill dam[J]. International Journal of Multiphysics,2007,1(2):199—219.

[68] 王俊杰,朱俊高. 堆石坝心墙抗水力劈裂性能研究[J]. 岩石力学与工程学报,2007,26(s1):2880—2886.

[69] 王俊杰,朱俊高. 土石坝心墙水力劈裂影响因素分析[J]. 水利水电科技进展,2007,27(5):42—46.

[70] 朱俊高,王俊杰. 土石坝心墙水力劈裂机制研究[J]. 岩土力学,2007,28(3):487—492.

[71] 王俊杰,张梁,阎宗岭. 水库初次蓄水中均质库岸塌岸现象试验研究[J]. 岩土工程学报,2011,33(8):1284—1289.

[72] 王俊杰,刘元雪. 库水位等速上升中均质库岸塌岸现象及浸润线试验研究[J]. 岩土力学,2011,32(11):3231—3236.

[73] Wang J J,Zhang H P,Liu T. Determine to slip surface in waterfront soil slope analysis[J]. Advanced Materials Research,2012,378-379:466—469.

[74] Wang J J,Zhang H P,Liu T. A new method to analyze seismic stability of cut soil slope[J]. Applied Mechanics and Materials,2011,90-93:48—51.

[75] 王俊杰,张梁,阎宗岭. 库水位等速下降中均质库岸塌岸现象试验研究[J]. 重庆交通大学学报(自然科学版),2011,30(1):115—119.

[76] Wang J J,Yang Y,Zhang H P. Effects of particle size distribution on compaction behavior and particle crushing of a mudstone particle mixture[J]. Geotechnical and Geological Engineering,2014,32(4):1159—1164.

[77] Wang J J,Cheng Y Z,Zhang H P,et al. Effects of particle size on compaction behavior and particle crushing of crushed sandstone-mudstone particle mixture[J]. Environmental Earth Sciences,2015,12(73):8053—8059.

[78] Wang J J,Zhang H P,Deng D P. Effects of compaction effort on compaction behavior and particle crushing of a crushed sandstone-mudstone particle mixture[J]. Soil Mechanics and Foundation Engineering,2014,51(2):67—71.

第4章 单向压缩变形特性

第3章研究了砂泥岩颗粒混合料的压实特性,但要评价填筑后砂泥岩颗粒混合料的沉降变形,尚需弄清其压缩变形特性,本章采用单向压缩试验研究砂泥岩颗粒混合料的单向压缩变形特性及其影响因素。

4.1 概　　述

建筑物上部结构、基础以及地基之间是相互作用的,地基土体的变形必然对建筑结构物产生影响。所以土体的变形一直受到工程界和学术界的关注,很多人对其开展过大量的研究工作。对土体压缩变形特性的研究已有漫长历史,已经历了线弹性—弹性非线性—弹塑性的三个阶段,对土体的应变软化特性以及流变特性的研究也获得了突破性的成果。

单向压缩是土力学中研究土体变形的最主要的内容之一,单向压缩变形试验是研究土体单向压缩变形特性的最重要的试验手段。对于填方工程,研究填料的压缩变形特性对了解工后变形量及其发展变化趋势等具有重要意义。本章将在第3章研究砂泥岩颗粒混合料压实特性[1~5]的基础上,研究其单向压缩变形特性。

压缩变形特性反映的是土体在压缩荷载作用下的体积变化特征,是土体的基本力学特性之一。单向压缩试验[6]或固结试验[7]被很多学者用于研究土体的压缩变形特性[8~16]。众所周知,土体的力学特性、变形特性、渗透特性、断裂特性等均受多种因素的影响。概括来讲,这些因素至少包括土体的类型[17~22]、密实度[23~26]、含水率[27~31]、颗粒分布[32~34]、超径颗粒[35,36]、颗粒破碎[37,38]和应力状态[39,40]等。研究表明,土的压缩变形特性也受多种因素影响,如土体类型[41]、水[42~45]、土体结构[46]、应力状态[47,48]和密实度[49,50]等。本章将在单向压缩试验研究的基础上,分析土体颗粒级配、含水率、密度以及土料中泥岩颗粒含量等因素对砂泥岩颗粒混合料压缩变形特性的影响。

4.2　试验方法及试验方案

4.2.1　试验方法

1. 试验土料制备方法

试验需要的砂泥岩颗粒混合料的制备方法与第 3 章基本相同,在此不再赘述。

由于试样尺寸的限制,试验土料中最大颗粒的粒径取 5mm。为了便于研究颗粒级配对砂泥岩颗粒混合料压缩变形特性的影响,选取如表 4.1 和图 4.1 所示的 5 种颗粒级配曲线用于配制试验土料。

表 4.1　试验土料的颗粒粒径分布

粒组粒径/mm	各粒组颗粒含量/%				
	颗粒级配 1	颗粒级配 2	颗粒级配 3	颗粒级配 4	颗粒级配 5
2～5	66.0	40.0	27.0	12.0	1.0
1～2	17.7	21.7	18.0	12.0	1.0
0.5～1	7.3	13.3	15.0	16.8	1.0
0.25～0.5	4.0	10.0	11.0	15.2	7.0
0.075～0.25	2.8	8.4	14.0	26.5	70.7
＜0.075	2.2	6.6	15.0	17.5	19.3

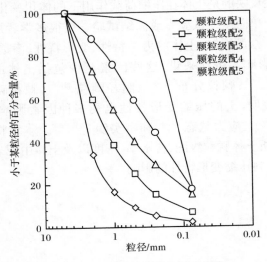

图 4.1　试验土料的颗粒级配曲线

各颗粒级配曲线的特征值如表 4.2 所示。

表 4.2　各颗粒级配曲线的特征值

特征值	颗粒级配 1	颗粒级配 2	颗粒级配 3	颗粒级配 4	颗粒级配 5
D_{10}/mm	0.57	0.15	0.05	0.04	0.04
D_{30}/mm	1.73	0.69	0.27	0.16	0.10
D_{50}/mm	2.73	1.54	0.83	0.35	0.15
D_{60}/mm	3.18	2.00	1.28	0.52	0.18
C_u	5.60	13.71	25.56	12.22	4.52
C_c	1.66	1.62	1.16	1.11	1.51
G_c/%	66	40	27	12	1

注:G_c 为砾粒(指粒径为 2.0~60.0mm 的颗粒[51],本章及第 6 章中指粒径 2.0~4.75mm 的颗粒)的含量。

2. 单向压缩试验方法

1) 试验仪器

试验仪器采用 GDS 一维侧限固结仪。全自动固结试验系统由英国 GDS 公司在 2001 年推出,系统的总体组成如图 4.2(a)所示。它具有灵活的组件结构,可以通过对各部分的组件进行不同的组合而完成不同需要与类型的试验任务。该试验系统分为硬件部分和软件部分,硬件部分包括 GDS 压力控制器、固结仪、位移传感器、孔压传感器、8 通道的数据采集板、PC 机、IEEE 串口卡以及软件狗等。软件部分主要包括 GDSLAB 系列软件,土工试验的过程可通过对该软件参数的设置来控制,且自动进行数据的采集与保存。

固结仪容器结构如图 4.2(b)所示。图中,A 为试样,B、C_1、C_2、D 分别是轴向压力室,大、小透水铜板以及 O 形密封圈。该容器总体分为上下两部分,即顶盖与底座。顶盖部分的轴向压力室由顶部橡胶模密封,加载时,通过压力/体积控制器向橡胶模内注水进而对试样施加固结压力。反压通道由顶部橡胶模穿过,联通反压体积控制器和试样上表面,渗透试验过程中水通过反压体积控制器达到试样上表面,向下发生渗流。试样的下表面与孔压体积控制器联通,中心设有孔压传感器。大、小透水铜板置于试样下上两侧,起到在试样截面上均布各级压缩荷载,均匀渗透水流的作用,同时防止渗透破坏发生。在完整试验过程中,试样被完全密封在固结容器中,水在试验系统中循环。这里所述渗透试验功能将在第 8 章试验研究中用到。

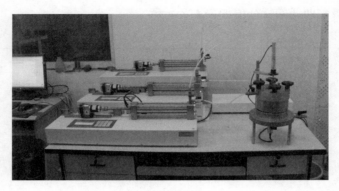

（a）试验系统

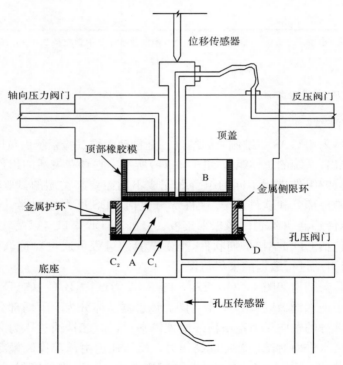

（b）固结仪结构图

图 4.2　GDS 固结仪系统

2）试验方法

　　研究土体一维变形特性的单向压缩试验按加载方式不同可分为三种，即标准试验、快速试验和连续加载试验。标准试验规定试样在每级荷载下的压缩固结时间为 24h，加荷率为 1，即每级荷载压力都是前一级荷载压力的 2 倍，试验结束的标准为试样在每小时的轴向变形量不大于 0.01mm。

快速试验法[52]，又称一小时快速试验法。规定试样在每级压力作用下的压缩固结时间为 1h，仅在最后一级荷载作用下，除了要记录 1h 时的量表读数，还应该测记试样在达到稳定时的测表读数。稳定的标准为测表读数值每小时的变化不要超过 0.005mm。

连续加载试验根据控制条件的不同，又可以分为恒定速率应变试验、恒定速率加荷试验和恒定梯度试验等。恒定速率应变试验，整个加载过程中，可控制应变值按照恒定速率应变增长。恒定速率加载试验，整个加载过程中，可控制应力值按照恒定速率增长。恒定梯度试验，整个试验过程中，使得试样底部的孔隙压力值保持为常数不变。

由于本章研究试验组数多，若采用标准试验法则耗时太长，故采用快速试验法。为了验证快速试验法能够满足要求，特制备不同的 2 组试样（每组包括相同的 2 个试样）分别进行标准试验和快速试验，比较两种试验结果的差异。

通常，快速试验法得到的试样变形量一般小于标准试验法得到的变形量，所以要用大于 1 的系数来对每级荷载作用下的压缩量进行校正。当需要进行校正时，依据试验加载的最后一级荷载下的稳定变形量与历经 1h 的变形量的比值分别乘以前面几级荷载作用下 1h 时的变形量，便可获得校正后的每级荷载作用下的变形量。前人对比试验研究结果表明，快速试验经过校正后，虽然压缩曲线并不是完全与标准试验结果相同，但两者的相对误差很小，一般都小于 3%。

图 4.3 给出了两组标准试验与快速试验的结果对比。由图 4.3 可知，两条试验曲线除接近起始点处外，几乎相互平行，因此，可以用某大于 1 的系数对快速试验结果进行校正得到标准试验结果，以确定最后压缩量。采用快速试验法是可行的。

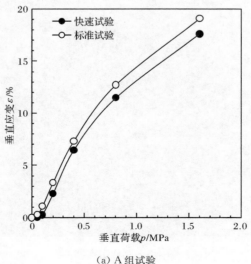

(a) A 组试验

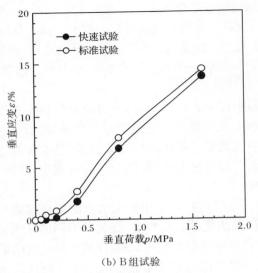

（b）B组试验

图 4.3　两种方法试验结果对比

3）试验步骤

步骤 1：配制土料。把筛分好的试验土料进行风干，按试验设计的颗粒级配与泥岩颗粒含量等配制试验土料，按预设含水率计算并加入一定质量的水，拌合均匀后密封放置 24h。

步骤 2：制备试样。制备试样所需的击实器如图 4.4 所示，其中环刀如图 4.5 所示，所制圆柱形试样的直径 100mm、高度 30mm。制样时，首先根据预设含水

图 4.4　制样击实器

率、干密度等计算并称取相应质量的湿土,击实器安装好后先在环刀底面铺一层滤纸,再分 3 层击实制样。制好的试样如图 4.6 所示。

图 4.5　试验环刀　　　　　　　　　图 4.6　制好的试样

　　步骤 3:饱和试样。对于需要饱和的试样,在制样后则需要对其进行抽气饱和。先将制好的 4 个试样同时装入框架式饱和器中(见图 4.7),再将装有试样的框架式饱和器装入真空缸中,进行真空抽气饱和。一般认为,当饱和度大于 95%的时候,试样达到饱和。

图 4.7　框架式饱和器

　　步骤 4:安装试样。将制好的试样安装到试验机中。以饱和试样为例的安装过程详见图 4.8,非饱和试样的装样过程基本相同,但不需要排出水囊底部与透水铜板之间的空气以及反压管道里面的空气。

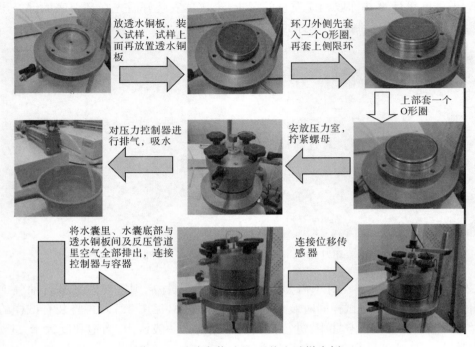

图 4.8　试验安装过程(以饱和试样为例)

步骤 5:软件设置。在软件固结试验模块的分级加载模块中,按照 50kPa—100kPa—200kPa—400kPa—800kPa—1600kPa 的荷载来设置。前 5 级荷载的每级荷载设定时间为 60min,最后一级荷载尽可能设定时间较长一些,以保证试验终止前 1h 内的试样变形量小于 0.005mm。

步骤 6:进行试验。软件设置完毕,即可自动进行试验与数据采集,直至设定试验时间结束。

步骤 7:结束试验。试验完成后,拆除仪器,取出试样,清洗并整理仪器。

4.2.2　试验方案

为了便于分析试验土料的颗粒级配及泥岩颗粒含量和试样的含水率及干密度等因素对砂泥岩颗粒混合料压缩变形特性的影响,设计了如表 4.3 所示的 4 种试验方案,各试验方案的研究目的也列于表 4.3 中。

众所周知,土工试验的可重复性较低,也就是土工试验的成果受多种因素影响。为了使试验成果具有较好的代表性,试验中,相同制样条件、相同试验条件的试样均为 4 个一组,4 个试样的试验结果均用于成果分析。本试验制备试样 120 个,如表 4.3 所示。

表 4.3　压缩特性研究试验方案

序号	试验土料		试样			试验研究目的
	颗粒级配曲线编号	泥岩颗粒含量/%	干密度/(g/cm³)	含水率/%	数量/个	
1	颗粒级配 1、颗粒级配 2、颗粒级配 3、颗粒级配 4、颗粒级配 5	80	1.8	8,饱和	5×2×4=40	颗粒级配曲线特征对砂泥岩颗粒混合料压缩变形特性的影响
2	颗粒级配 3	0,20,40,60,80,100	1.8	8,饱和	5×2×4=40	泥岩颗粒含量对砂泥岩颗粒混合料压缩变形特性的影响
3	颗粒级配 3	80	1.7,1.8,1.9,2.0	8,饱和	3×2×4=24	试样密度对砂泥岩颗粒混合料压缩变形特性的影响
4	颗粒级配 3	80	1.8	6,8,10,12,14	4×4=16	试样含水率对砂泥岩颗粒混合料压缩变形特性的影响

4.3　压缩曲线

压缩曲线反映的是压缩试验中施加于试样的各级荷载与每级荷载下试样变形稳定时的孔隙比之间的关系,通常以孔隙比 e 为纵坐标、荷载 p 或荷载 p 的常用对数值为横坐标绘制。根据试验中测得的某级荷载下试样达变形稳定时的压缩量,可依式(4.1)计算试样的孔隙比:

$$e = e_0 - (1+e_0)\frac{dh}{h_0} \tag{4.1}$$

式中,e 为试样在该级荷载下变形稳定时的孔隙比;h_0 为试样的初始高度,mm;dh 为试样在该级荷载下变形稳定时的压缩变形量,mm;e_0 为试样的初始孔隙比,依式(4.2)计算。

$$e_0 = \frac{\rho_s}{\rho_d} - 1 \tag{4.2}$$

式中,ρ_s 为试样土粒密度,g/cm³;ρ_d 为试样初始干密度,g/cm³。

4.3.1　颗粒级配对压缩曲线的影响

　　表 4.3 中方案 1 用于研究颗粒级配曲线特征对砂泥岩颗粒混合料压缩变形特性的影响,所用试验土料为泥岩颗粒含量 80% 的砂泥岩颗粒混合料,其颗粒级配有 5 种,即表 4.1 和图 4.1 所示的颗粒级配 1、颗粒级配 2、颗粒级配 3、颗粒级配 4 和颗粒级配 5;试样的干密度为 1.8g/cm³,含水率为 8%(相当于最优含水率)和饱和状态 2 种。

　　图 4.9 和图 4.10 所示为试验测得的 e-$\lg p$ 压缩曲线(相同制样和试验条件下 4 个试样的平均值,下同)。图中,横坐标为施加于试样的荷载常用对数值,即 $\lg p$,荷载 p 的单位为 kPa;纵坐标为孔隙比 e。由图 4.9 和图 4.10 可知,尽管不同颗粒级配曲线土料的试样初始孔隙比相同,但其压缩曲线是不同的。

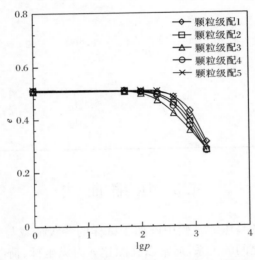

图 4.9　不同颗粒级配试样的压缩曲线(试样含水率 8%)

4.3.2　泥岩颗粒含量对压缩曲线的影响

　　表 4.3 中方案 2 用于研究泥岩颗粒含量对砂泥岩颗粒混合料压缩变形特性的影响,所用试验土料的颗粒级配曲线为颗粒级配 3(见表 4.1 和图 4.1),泥岩颗粒含量分别为 0%(即纯砂岩颗粒料)、20%、40%、60%、80% 和 100%(即纯泥岩颗粒料);试样的干密度为 1.8g/cm³,含水率为 8% 和饱和状态 2 种。

　　图 4.11 和图 4.12 所示为试验测得的 e-$\lg p$ 压缩曲线。由图 4.11 和图 4.12 可知,土料中泥岩颗粒含量对砂泥岩颗粒混合料的压缩曲线有显著影响。

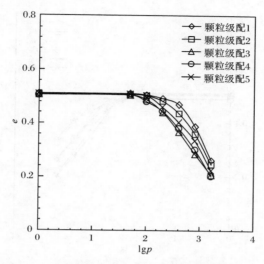

图 4.10 不同颗粒级配试样的压缩曲线(饱和试样)

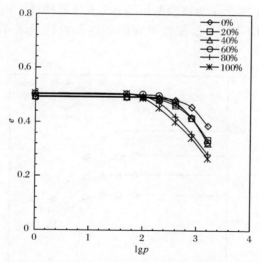

图 4.11 不同泥岩颗粒含量试样的压缩曲线(试样含水率 8%)

4.3.3 试样密度对压缩曲线的影响

表 4.3 中方案 3 用于研究试样干密度对砂泥岩颗粒混合料压缩变形特性的影响,所用试验土料的颗粒级配曲线为颗粒级配 3(见表 4.1 和图 4.1)、泥岩颗粒含量为 80%;试样的干密度分别为 1.7g/cm³、1.8g/cm³、1.9g/cm³ 和 2.0g/cm³,含水率为 8% 和饱和状态。

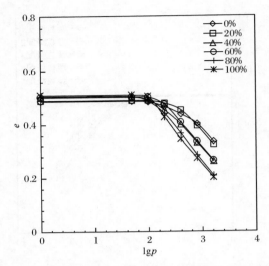

图 4.12　不同泥岩颗粒含量试样的压缩曲线（饱和试样）

　　图 4.13 和图 4.14 所示为试验测得的 e-$\lg p$ 压缩曲线。由图 4.13 和图 4.14 可知，试样干密度的不同，不仅使得试样的初始孔隙比显著不同，压缩曲线也不相同。

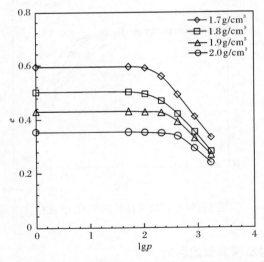

图 4.13　不同干密度试样的压缩曲线（试样含水率8%）

4.3.4　试样含水率对压缩曲线的影响

　　表 4.3 中方案 4 用于研究试样含水率对砂泥岩颗粒混合料压缩变形特性的影

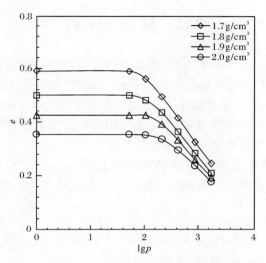

图 4.14　不同干密度试样的压缩曲线(饱和试样)

响,所用试验土料的颗粒级配曲线为颗粒级配 3(见表 4.1 和图 4.1)、泥岩颗粒含量为 80%;试样的干密度为 1.8g/cm³,含水率分别为 6%、8%、10%、12%和 14%。

图 4.15 所示为试验测得的 e-$\lg p$ 压缩曲线。由图 4.15 可知,试样含水率对压缩曲线也是有影响的。

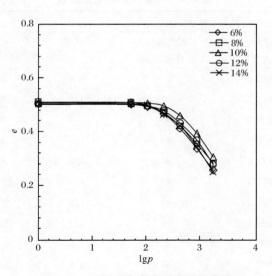

图 4.15　不同含水率试样的压缩曲线

4.4　压　缩　系　数

　　压缩性指标包括压缩系数、压缩模量、体积压缩系数、压缩指数、回弹指数、前期固结应力等,其不仅是压缩曲线的特征值,同时也是表征土体压缩变形性能的主要指标。4.4～4.7节基于前述压缩曲线,通过分析压缩系数、压缩模量、压缩指数和前期固结应力等压缩性指标,研究不同因素对砂泥岩颗粒混合料压缩变形特性的影响。本节研究压缩系数。

　　压缩系数 α_v 是表征土压缩性的重要指标之一。在工程中,习惯上采用由100kPa 和 200kPa 荷载确定的压缩系数(α_{v1-2})来衡量土的压缩性高低,即

$$\alpha_{v1-2} = \frac{e_1 - e_2}{p_2 - p_1} \qquad (4.3)$$

式中,p_1、p_2 为压缩荷载,且 $p_1=100\text{kPa}$、$p_2=200\text{kPa}$;e_1、e_2 分别为荷载 p_1、p_2 作用下试样变形稳定后的孔隙比。

　　表 4.4 给出了依前述各试验压缩曲线求得的压缩系数 α_{v1-2}。由表 4.4 可知,不同砂泥岩颗粒混合料的压缩系数变化范围为 $0.022\sim0.770\text{MPa}^{-1}$;非饱和状态砂泥岩颗粒混合料的压缩系数变化范围为 $0.022\sim0.377\text{MPa}^{-1}$;饱和状态砂泥岩颗粒混合料的压缩系数变化范围为 $0.099\sim0.770\text{MPa}^{-1}$;饱和试样的压缩系数明显大于非饱和试样的压缩系数。

表 4.4　压缩系数 α_{v1-2} 汇总表

序号	试验土料		试样		压缩系数
	颗粒级配曲线编号	泥岩颗粒含量/%	干密度/(g/cm³)	含水率/%	α_{v1-2}/MPa⁻¹
1	颗粒级配1	80	1.8	8	0.040
2	颗粒级配2	80	1.8	8	0.110
3	颗粒级配3	80	1.8	8	0.259
4	颗粒级配4	80	1.8	8	0.131
5	颗粒级配5	80	1.8	8	0.027
6	颗粒级配1	80	1.8	饱和	0.129
7	颗粒级配2	80	1.8	饱和	0.214
8	颗粒级配3	80	1.8	饱和	0.469
9	颗粒级配4	80	1.8	饱和	0.362
10	颗粒级配5	80	1.8	饱和	0.418
11	颗粒级配3	0	1.8	8	0.022
12	颗粒级配3	20	1.8	8	0.070

| 序号 | 试验土料 | | 试样 | | 压缩系数 |
	颗粒级配曲线编号	泥岩颗粒含量/%	干密度/(g/cm³)	含水率/%	α_{v1-2}/MPa^{-1}
13	颗粒级配 3	40	1.8	8	0.042
14	颗粒级配 3	60	1.8	8	0.039
15	颗粒级配 3	80	1.8	8	0.259
16	颗粒级配 3	100	1.8	8	0.377
17	颗粒级配 3	0	1.8	饱和	0.176
18	颗粒级配 3	20	1.8	饱和	0.099
19	颗粒级配 3	40	1.8	饱和	0.401
20	颗粒级配 3	60	1.8	饱和	0.268
21	颗粒级配 3	80	1.8	饱和	0.469
22	颗粒级配 3	100	1.8	饱和	0.770
23	颗粒级配 3	80	1.7	8	0.320
24	颗粒级配 3	80	1.8	8	0.259
25	颗粒级配 3	80	1.9	8	0.034
26	颗粒级配 3	80	2.0	8	0.030
27	颗粒级配 3	80	1.7	饱和	0.666
28	颗粒级配 3	80	1.8	饱和	0.469
29	颗粒级配 3	80	1.9	饱和	0.326
30	颗粒级配 3	80	2.0	饱和	0.152
31	颗粒级配 3	80	1.8	6	0.254
32	颗粒级配 3	80	1.8	8	0.259
33	颗粒级配 3	80	1.8	10	0.094
34	颗粒级配 3	80	1.8	12	0.194
35	颗粒级配 3	80	1.8	14	0.335

4.4.1　颗粒级配的影响

为了便于分析试验土料颗粒级配对砂泥岩颗粒混合料压缩系数的影响,图 4.16～图 4.19 分别给出了各颗粒级配曲线特征值对压缩系数 α_{v1-2} 的影响。

1)平均粒径 D_{50}

图 4.16 所示为土料平均粒径 D_{50} 对压缩系数 α_{v1-2} 的影响。

由图 4.16 可知,非饱和试样的压缩系数 α_{v1-2} 随着颗粒级配曲线特征值平均

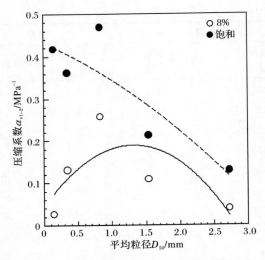

图 4.16　土料平均粒径对压缩系数的影响

粒径 D_{50} 增大呈先增大后减小的抛物线形变化,拟合曲线表达式为式(4.4);而饱和试样的压缩系数 α_{v1-2} 随着平均粒径 D_{50} 增大呈非线性减小变化,拟合曲线表达式为式(4.5)。

$$\alpha_{v1-2} = -0.082D_{50}^2 + 0.218D_{50} + 0.045 \quad (R^2 = 0.513) \tag{4.4}$$

$$\alpha_{v1-2} = -0.016D_{50}^2 - 0.072D_{50} + 0.434 \quad (R^2 = 0.772) \tag{4.5}$$

2) 砾粒含量 G_c

图 4.17 所示为土料砾粒含量 G_c 对压缩系数 α_{v1-2} 的影响。

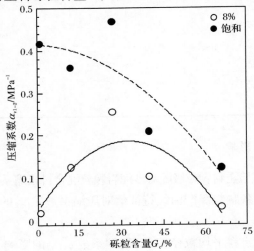

图 4.17　土料砾粒含量对压缩系数的影响

由图 4.17 可知,非饱和试样的压缩系数 α_{v1-2} 随着砾粒含量 G_c 的增大呈先增大后减小的抛物线形变化,拟合曲线表达式为式(4.6);而饱和试样的压缩系数 α_{v1-2} 随着砾粒含量 G_c 增大呈非线性减小变化,拟合曲线表达式为式(4.7)。

$$\alpha_{v1-2} = -1.490G_c^2 + 0.971G_c + 0.033 \quad (R^2 = 0.678) \tag{4.6}$$

$$\alpha_{v1-2} = -0.637G_c^2 - 0.036G_c + 0.416 \quad (R^2 = 0.739) \tag{4.7}$$

3)不均匀系数 C_u

图 4.18 所示为土料不均匀系数 C_u 对压缩系数 α_{v1-2} 的影响。

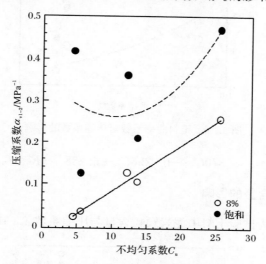

图 4.18 土料不均匀系数对压缩系数的影响

由图 4.18 可知,非饱和试样的压缩系数 α_{v1-2} 随着不均匀系数 C_u 的增大近乎呈线性增大变化,拟合直线表达式为式(4.8);对于饱和试样,压缩系数 α_{v1-2} 与不均匀系数 C_u 关系试验结果数据点较离散,但总体而言,可认为随着不均匀系数 C_u 的增大,压缩系数 α_{v1-2} 近似呈先减小后增大的抛物线形变化,拟合曲线表达式为式(4.9)。

$$\alpha_{v1-2} = 0.010C_u - 0.021 \quad (R^2 = 0.979) \tag{4.8}$$

$$\alpha_{v1-2} = 0.001C_u^2 - 0.019C_u + 0.364 \quad (R^2 = 0.361) \tag{4.9}$$

4)曲率系数 C_c

图 4.19 所示为土料曲率系数 C_c 对压缩系数 α_{v1-2} 的影响。

由图 4.19 可知,非饱和试样的压缩系数 α_{v1-2} 随着曲率系数 C_c 的增大呈非线性减小变化,拟合曲线表达式为式(4.10);而饱和试样的压缩系数 α_{v1-2} 随着曲率系数 C_c 的增大呈先增大后减小的抛物线形变化,拟合曲线表达式为式(4.11)。

$$\alpha_{v1-2} = 0.269C_c^2 - 1.000C_c + 0.974 \quad (R^2 = 0.528) \tag{4.10}$$

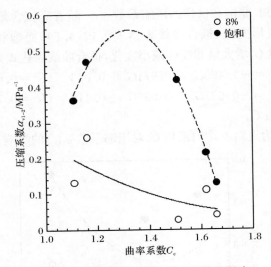

图 4.19　土料曲率系数对压缩系数的影响

$$\alpha_{v1-2} = -3.870C_c^2 + 10.256C_c - 6.238 \quad (R^2 = 0.991) \qquad (4.11)$$

4.4.2　泥岩颗粒含量的影响

图 4.20 所示为试验土料中泥岩颗粒含量与压缩系数 α_{v1-2} 的关系。

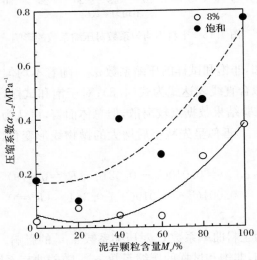

图 4.20　泥岩颗粒含量对压缩系数的影响

由图 4.20 可知,非饱和试样的压缩系数 α_{v1-2} 随着泥岩颗粒含量 M_c 的增大呈先减小后增大的抛物线形变化,拟合曲线表达式为式(4.12);饱和试样的压缩系

数 α_{v1-2} 随着泥岩颗粒含量 M_c 的增大也呈先减小后增大的抛物线形变化,拟合曲线表达式为式(4.13)。

$$\alpha_{v1-2} = 0.599M_c^2 - 0.265M_c + 0.048 \quad (R^2=0.915) \tag{4.12}$$

$$\alpha_{v1-2} = 0.662M_c^2 - 0.107M_c + 0.170 \quad (R^2=0.852) \tag{4.13}$$

4.4.3 试样干密度的影响

图 4.21 所示为试样干密度与压缩系数 α_{v1-2} 的关系。

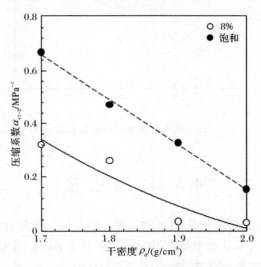

图 4.21　试样干密度对压缩系数的影响

由图 4.21 可知,非饱和试样的压缩系数 α_{v1-2} 随着试样干密度 ρ_d 的增大呈非线性减小变化,拟合曲线表达式为式(4.14);饱和试样的压缩系数 α_{v1-2} 随着试样干密度 ρ_d 的增大呈线性减小变化,拟合直线表达式为式(4.15)。

$$\alpha_{v1-2} = 1.433\rho_d^2 - 6.397\rho_d + 7.072 \quad (R^2=0.891) \tag{4.14}$$

$$\alpha_{v1-2} = -1.686\rho_d + 3.523 \quad (R^2=0.996) \tag{4.15}$$

4.4.4 试样含水率的影响

图 4.22 所示为试样含水率与压缩系数 α_{v1-2} 的关系。

由图 4.22 可知,压缩系数 α_{v1-2} 随着试样含水率 w 的增大呈先减小后增大的抛物线形变化,拟合曲线表达式为

$$\alpha_{v1-2} = 95.935w^2 - 18.700w + 1.061 \quad (R^2=0.670) \tag{4.16}$$

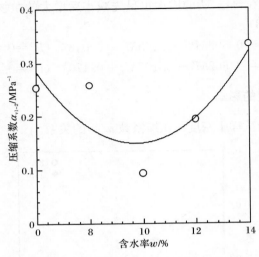

图 4.22　试样含水率对压缩系数的影响

4.5　压 缩 模 量

　　压缩模量 E_s 也是表征土压缩性的重要指标之一,其大小也与所选取的荷载范围有关。在工程中,习惯上采用由 100kPa 和 200kPa 荷载确定的压缩模量 (E_{s1-2})来衡量土的压缩性高低,即

$$E_{s1-2} = \frac{1+e_0}{\alpha_{v1-2}} \qquad (4.17)$$

　　表 4.5 给出了依前述各试验压缩曲线求得的压缩模量 E_{s1-2}。由表 4.5 可知,不同砂泥岩颗粒混合料的压缩模量变化范围为 1.960~66.667MPa;非饱和砂泥岩颗粒混合料的压缩模量变化范围为 4.000~66.667MPa;饱和砂泥岩颗粒混合料的压缩模量变化范围为 1.960~15.075MPa;饱和试样的压缩模量明显小于非饱和试样的压缩模量。

表 4.5　压缩模量 E_{s1-2} 汇总表

序号	试验土料		试样		压缩模量
	颗粒级配曲线编号	泥岩颗粒含量/%	干密度/(g/cm³)	含水率/%	E_{s1-2}/MPa
1	颗粒级配 1	80	1.8	8	37.975
2	颗粒级配 2	80	1.8	8	13.761
3	颗粒级配 3	80	1.8	8	5.825

| 序号 | 试验土料 | | 试样 | | 压缩模量 |
	颗粒级配曲线编号	泥岩颗粒含量/%	干密度/(g/cm³)	含水率/%	E_{s1-2}/MPa
4	颗粒级配 4	80	1.8	8	11.494
5	颗粒级配 5	80	1.8	8	56.604
6	颗粒级配 1	80	1.8	饱和	11.673
7	颗粒级配 2	80	1.8	饱和	7.053
8	颗粒级配 3	80	1.8	饱和	3.205
9	颗粒级配 4	80	1.8	饱和	4.147
10	颗粒级配 5	80	1.8	饱和	3.606
11	颗粒级配 3	0	1.8	8	66.667
12	颗粒级配 3	20	1.8	8	21.277
13	颗粒级配 3	40	1.8	8	35.294
14	颗粒级配 3	60	1.8	8	38.462
15	颗粒级配 3	80	1.8	8	5.825
16	颗粒级配 3	100	1.8	8	4.000
17	颗粒级配 3	0	1.8	饱和	8.451
18	颗粒级配 3	20	1.8	饱和	15.075
19	颗粒级配 3	40	1.8	饱和	3.741
20	颗粒级配 3	60	1.8	饱和	5.597
21	颗粒级配 3	80	1.8	饱和	3.205
22	颗粒级配 3	100	1.8	饱和	1.960
23	颗粒级配 3	80	1.7	8	4.992
24	颗粒级配 3	80	1.8	8	5.825
25	颗粒级配 3	80	1.9	8	42.254
26	颗粒级配 3	80	2.0	8	45.455
27	颗粒级配 3	80	1.7	饱和	2.395
28	颗粒级配 3	80	1.8	饱和	3.205
29	颗粒级配 3	80	1.9	饱和	4.386
30	颗粒级配 3	80	2.0	饱和	8.931
31	颗粒级配 3	80	1.8	6	5.929
32	颗粒级配 3	80	1.8	8	5.825
33	颗粒级配 3	80	1.8	10	16.129
34	颗粒级配 3	80	1.8	12	7.801
35	颗粒级配 3	80	1.8	14	4.517

4.5.1　颗粒级配的影响

为了便于分析试验土料颗粒级配对砂泥岩颗粒混合料压缩模量的影响，图 4.23～图 4.26 分别给出了各颗粒级配曲线特征值对压缩模量 E_{s1-2} 的影响。

1）平均粒径 D_{50}

图 4.23 所示为土料平均粒径 D_{50} 对压缩模量 E_{s1-2} 的影响。

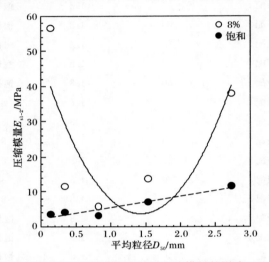

图 4.23　土料平均粒径对压缩模量的影响

由图 4.23 可知，非饱和试样的压缩模量 E_{s1-2} 随着颗粒级配曲线特征值平均粒径 D_{50} 增大呈先减小后增大的抛物线形变化，拟合曲线表达式为式（4.18）；而饱和试样的压缩模量 E_{s1-2} 随着平均粒径 D_{50} 增大近乎呈线性增大变化，拟合直线表达式为式（4.19）。

$$E_{s1-2} = 21.941D_{50}^2 - 63.086D_{50} + 49.018 \quad (R^2 = 0.598) \quad (4.18)$$

$$E_{s1-2} = 3.222D_{50} + 2.327 \quad (R^2 = 0.906) \quad (4.19)$$

2）砾粒含量 G_c

图 4.24 所示为土料砾粒含量 G_c 对压缩模量 E_{s1-2} 的影响。

由图 4.24 可知，非饱和试样的压缩模量 E_{s1-2} 随着砾粒含量 G_c 的增大呈先减小后增大的抛物线形变化，拟合曲线表达式为式（4.20）；而饱和试样的压缩模量 E_{s1-2} 随着砾粒含量 G_c 增大近乎呈线性增大变化，拟合直线表达式为式（4.21）。

$$E_{s1-2} = 380.879G_c^2 - 267.564G_c + 51.233 \quad (R^2 = 0.828) \quad (4.20)$$

$$E_{s1-2} = 12.688G_c + 2.232 \quad (R^2 = 0.822) \quad (4.21)$$

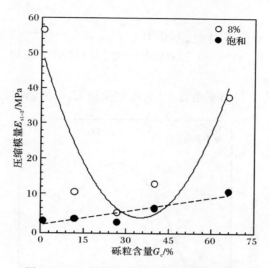

图 4.24　土料砾粒含量对压缩模量的影响

3) 不均匀系数 C_u

图 4.25 所示为土料不均匀系数 C_u 对压缩模量 E_{s1-2} 的影响。

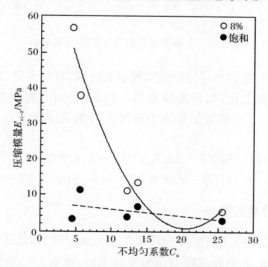

图 4.25　土料不均匀系数对压缩模量的影响

由图 4.25 可知,非饱和试样的压缩模量 E_{s1-2} 随着不均匀系数 C_u 的增大呈先减小后增大的抛物线形变化,拟合曲线表达式为式(4.22);对于饱和试样,压缩模量 E_{s1-2} 与不均匀系数 C_u 关系试验结果数据点较离散,但总体而言,可认为随着不均匀系数 C_u 的增大,压缩模量 E_{s1-2} 近似呈线性减小变化,拟合直线表达式为式(4.23)。

$$E_{sl-2} = 0.197C_{u}^2 - 8.071C_{u} + 83.393 \quad (R^2 = 0.947) \qquad (4.22)$$

$$E_{sl-2} = -0.194C_{u} + 8.321 \quad (R^2 = 0.211) \qquad (4.23)$$

4) 曲率系数 C_c

图 4.26 所示为土料曲率系数 C_c 对压缩模量 E_{sl-2} 的影响。

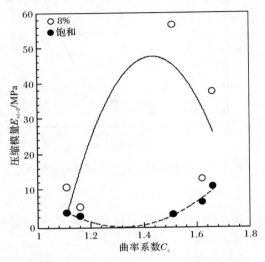

图 4.26　土料曲率系数对压缩模量的影响

由图 4.26 可知,非饱和试样的压缩模量 E_{sl-2} 随着曲率系数 C_c 的增大呈先增大后减小的抛物线形变化,拟合曲线表达式为式(4.24);而饱和试样的压缩模量 E_{sl-2} 随着曲率系数 C_c 的增大呈先减小后增大的抛物线形变化,拟合曲线表达式为式(4.25)。

$$E_{sl-2} = -418.845C_c^2 + 1202.147C_c - 814.689 \quad (R^2 = 0.560) \qquad (4.24)$$

$$E_{sl-2} = 94.337C_c^2 - 250.104C_c + 165.924 \quad (R^2 = 0.940) \qquad (4.25)$$

4.5.2　泥岩颗粒含量的影响

图 4.27 所示为试验土料中泥岩颗粒含量与压缩模量 E_{sl-2} 的关系。

由图 4.27 可知,非饱和试样的压缩模量 E_{sl-2} 随着泥岩颗粒含量 M_c 的增大呈非线性减小变化,拟合曲线表达式为式(4.26);饱和试样的压缩模量 E_{sl-2} 随着泥岩颗粒含量 M_c 的增大几乎呈线性减小变化,拟合直线表达式为式(4.27)。

$$E_{sl-2} = 13.933M_c^2 - 64.864M_c + 55.911 \quad (R^2 = 0.660) \qquad (4.26)$$

$$E_{sl-2} = -9.459M_c + 11.067 \quad (R^2 = 0.535) \qquad (4.27)$$

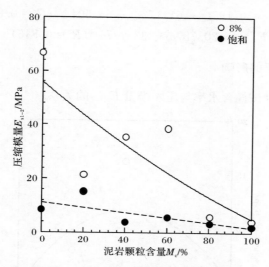

图 4.27　泥岩颗粒含量对压缩模量的影响

4.5.3　试样干密度的影响

图 4.28 所示为试样干密度与压缩模量 E_{s1-2} 的关系。

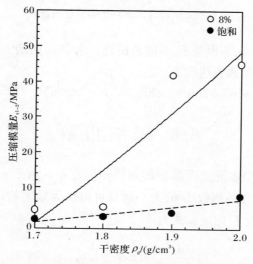

图 4.28　试样干密度对压缩模量的影响

由图 4.28 可知,非饱和试样的压缩模量 E_{s1-2} 随着试样干密度 ρ_d 的增大呈非线性增大变化,拟合曲线表达式为式(4.28);饱和试样的压缩模量 E_{s1-2} 随着试样干密度 ρ_d 的增大近乎呈线性增大变化,拟合直线表达式为式(4.29)。

$$E_{sl-2} = 59.187\rho_d^2 - 61.173\rho_d - 65.504 \quad (R^2 = 0.840) \qquad (4.28)$$
$$E_{sl-2} = 20.787\rho_d - 33.727 \quad (R^2 = 0.846) \qquad (4.29)$$

4.5.4　试样含水率的影响

图 4.29 所示为试样含水率与压缩模量 E_{sl-2} 的关系。

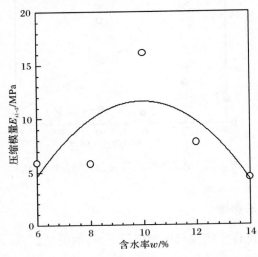

图 4.29　试样含水率对压缩模量的影响

由图 4.29 可知,压缩模量 E_{sl-2} 随着试样含水率 w 的增大呈先增大后减小的抛物线形变化,拟合曲线表达式为

$$E_{sl-2} = -4462.929w^2 + 888.343w - 32.595 \quad (R^2 = 0.512) \qquad (4.30)$$

4.6　压　缩　指　数

压缩指数 I_c 也是表征土压缩性的重要指标之一。由于 $e\text{-}\lg p$ 压缩曲线的后半部分为直线,因此压缩指数 I_c 的大小通常可以认为是常数,而与所选取的荷载范围无关。压缩指数 I_c 的定义式为[53]

$$I_c = \frac{e_i - e_{i+1}}{\lg p_{i+1} - \lg p_i} \qquad (4.31)$$

式中,p_i 为某级荷载值,kPa;e_i 为荷载值 p_i 下的孔隙比。

由于在实际试验中获得的 $e\text{-}\lg p$ 压缩曲线的后半部分并不完全是直线,而是近似直线或者趋近于直线,因此,依式(4.31)计算压缩指数 I_c 时,计算结果会因荷载范围的选取而不同。许多学者[54,55]对此进行了专门研究,对压缩指数 I_c 的数学

求解方法给出了建议。

e-$\lg p$ 压缩曲线可用式(4.32)拟合[11]:

$$e = a + c\,\{1 + \exp[\,b(\lg\sigma - m)\,]\}^{-1} \qquad (4.32)$$

式中:a、b、c 和 m 为拟合曲线的特征参数;σ 为压缩荷载,kPa。

在依据试验得到的 e-$\lg p$ 压缩曲线确定了拟合公式(4.32)后,压缩指数 I_c 可依式(4.33)计算得到[11]

$$I_c = \frac{bc}{4} \qquad (4.33)$$

表 4.6 给出了依式(4.33)确定的压缩指数 I_c 值。由表 4.6 可知,不同砂泥岩颗粒混合料的压缩指数变化范围为 0.206~0.423;非饱和砂泥岩颗粒混合料的压缩指数变化范围为 0.206~0.386;饱和砂泥岩颗粒混合料的压缩指数变化范围为 0.230~0.423;饱和试样的压缩指数略大于非饱和试样的压缩指数。

表 4.6　压缩指数 I_c 汇总表

序号	试验土料		试样		压缩指数 I_c
	颗粒级配曲线编号	泥岩颗粒含量/%	干密度/(g/cm³)	含水率/%	
1	颗粒级配 1	80	1.8	8	0.386
2	颗粒级配 2	80	1.8	8	0.333
3	颗粒级配 3	80	1.8	8	0.258
4	颗粒级配 4	80	1.8	8	0.289
5	颗粒级配 5	80	1.8	8	0.324
6	颗粒级配 1	80	1.8	饱和	0.423
7	颗粒级配 2	80	1.8	饱和	0.377
8	颗粒级配 3	80	1.8	饱和	0.311
9	颗粒级配 4	80	1.8	饱和	0.322
10	颗粒级配 5	80	1.8	饱和	0.360
11	颗粒级配 3	0	1.8	8	0.222
12	颗粒级配 3	20	1.8	8	0.255
13	颗粒级配 3	40	1.8	8	0.258
14	颗粒级配 3	60	1.8	8	0.271
15	颗粒级配 3	80	1.8	8	0.258
16	颗粒级配 3	100	1.8	8	0.244
17	颗粒级配 3	0	1.8	饱和	0.295
18	颗粒级配 3	20	1.8	饱和	0.297

序号	试验土料		试样		压缩指数 I_c
	颗粒级配曲线编号	泥岩颗粒含量/%	干密度/(g/cm³)	含水率/%	
19	颗粒级配 3	40	1.8	饱和	0.326
20	颗粒级配 3	60	1.8	饱和	0.306
21	颗粒级配 3	80	1.8	饱和	0.311
22	颗粒级配 3	100	1.8	饱和	0.335
23	颗粒级配 3	80	1.7	8	0.314
24	颗粒级配 3	80	1.8	8	0.258
25	颗粒级配 3	80	1.9	8	0.250
26	颗粒级配 3	80	2.0	8	0.206
27	颗粒级配 3	80	1.7	饱和	0.342
28	颗粒级配 3	80	1.8	饱和	0.311
29	颗粒级配 3	80	1.9	饱和	0.286
30	颗粒级配 3	80	2.0	饱和	0.230
31	颗粒级配 3	80	1.8	6	0.290
32	颗粒级配 3	80	1.8	8	0.258
33	颗粒级配 3	80	1.8	10	0.285
34	颗粒级配 3	80	1.8	12	0.294
35	颗粒级配 3	80	1.8	14	0.309

4.6.1　颗粒级配的影响

为了便于分析试验土料颗粒级配对砂泥岩颗粒混合料压缩指数的影响,图 4.30~图 4.33 分别给出了各颗粒级配曲线特征值对压缩指数 I_c 的影响。

1) 平均粒径 D_{50}

图 4.30 所示为土料平均粒径 D_{50} 对压缩指数 I_c 的影响。

由图 4.30 可知,非饱和试样的压缩指数 I_c 随着颗粒级配曲线特征值平均粒径 D_{50} 增大呈先减小后增大的抛物线形变化,拟合曲线表达式为式(4.34);饱和试样的压缩指数 I_c 随着平均粒径 D_{50} 的增大也呈先减小后增大的抛物线形变化,拟合曲线表达式为式(4.35)。

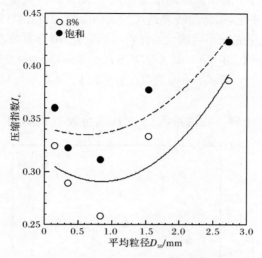

图 4.30　土料平均粒径对压缩指数的影响

$$I_c = 0.028D_{50}^2 - 0.047D_{50} + 0.311 \quad (R^2 = 0.745) \tag{4.34}$$

$$I_c = 0.020D_{50}^2 - 0.024D_{50} + 0.342 \quad (R^2 = 0.769) \tag{4.35}$$

2) 砾粒含量 G_c

图 4.31 所示为土料砾粒含量 G_c 对压缩指数 I_c 的影响。

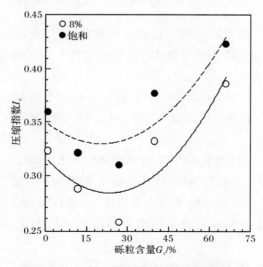

图 4.31　土料砾粒含量对压缩指数的影响

　　由图 4.31 可知,非饱和试样的压缩指数 I_c 随着砾粒含量 G_c 的增大呈先减小后增大的抛物线形变化,拟合曲线表达式为式(4.36);饱和试样的压缩指数 I_c 随着砾粒含量 G_c 增大也呈先减小后增大的抛物线形变化,拟合曲线表达式为式(4.37)。

$$I_c = 0.591G_c^2 - 0.277G_c + 0.318 \quad (R^2 = 0.795) \quad\quad (4.36)$$

$$I_c = 0.478G_c^2 - 0.196G_c + 0.351 \quad (R^2 = 0.805) \quad\quad (4.37)$$

3) 不均匀系数 C_u

图 4.32 所示为土料不均匀系数 C_u 对压缩指数 I_c 的影响。

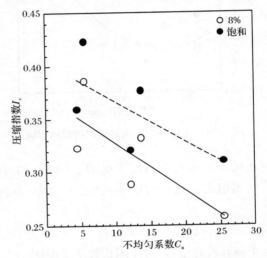

图 4.32　土料不均匀系数对压缩指数的影响

　　由图 4.32 可知,尽管试验结果数据点比较离散,但仍可以看出,随着不均匀系数 C_u 的增大,饱和试样和非饱和试样的压缩指数 I_c 均基本呈线性减小变化,拟合直线表达式分别为

$$I_c = -0.004C_u + 0.373 \quad (R^2 = 0.614) \quad\quad (4.38)$$

$$I_c = -0.004C_u + 0.404 \quad (R^2 = 0.476) \quad\quad (4.39)$$

4) 曲率系数 C_c

图 4.33 所示为土料曲率系数 C_c 对压缩指数 I_c 的影响。

　　由图 4.33 可知,非饱和试样的压缩指数 I_c 随着曲率系数 C_c 的增大呈先减小后增大的抛物线形变化,拟合曲线表达式为式(4.40);饱和试样的压缩指数 I_c 随着曲率系数 C_c 的增大也呈先减小后增大的抛物线形变化,拟合曲线表达式为式(4.41)。

$$I_c = 0.619C_c^2 - 1.542C_c + 1.227 \quad (R^2 = 0.884) \quad\quad (4.40)$$

$$I_c = 0.567C_c^2 - 1.403C_c + 1.179 \quad (R^2 = 0.942) \quad\quad (4.41)$$

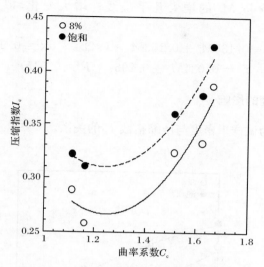

图 4.33　土料曲率系数对压缩指数的影响

4.6.2　泥岩颗粒含量的影响

图 4.34 所示为试验土料中泥岩颗粒含量与压缩指数 I_c 的关系。

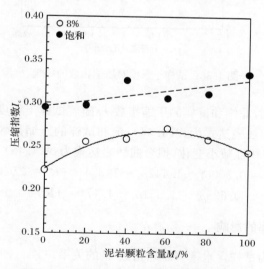

图 4.34　泥岩颗粒含量对压缩指数的影响

由图 4.34 可知,非饱和试样的压缩指数 I_c 随着泥岩颗粒含量 M_c 的增大呈先增大后减小的非线性变化,拟合曲线表达式为式(4.42);而饱和试样的压缩指数

I_c 随着泥岩颗粒含量 M_c 的增大几乎呈线性增大变化,拟合直线表达式为式(4.43)。

$$I_c = -0.135M_c^2 + 0.153M_c + 0.224 \quad (R^2 = 0.941) \tag{4.42}$$

$$I_c = 0.031M_c + 0.296 \quad (R^2 = 0.545) \tag{4.43}$$

4.6.3　试样干密度的影响

图 4.35 所示为试样干密度与压缩指数 I_c 的关系。

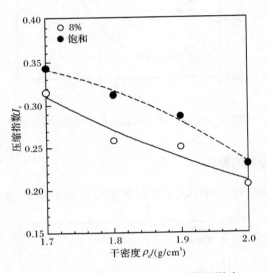

图 4.35　试样干密度对压缩指数的影响

由图 4.35 可知,非饱和试样的压缩指数 I_c 随着试样干密度 ρ_d 的增大呈非线性减小变化,拟合曲线表达式为式(4.44);饱和试样的压缩指数 I_c 随着试样干密度 ρ_d 的增大也呈非线性减小变化,拟合曲线表达式为式(4.45)。

$$I_c = 0.300\rho_d^2 - 1.442\rho_d + 1.894 \quad (R^2 = 0.940) \tag{4.44}$$

$$I_c = -0.625\rho_d^2 + 1.951\rho_d - 1.171 \quad (R^2 = 0.989) \tag{4.45}$$

4.6.4　试样含水率的影响

图 4.36 所示为试样含水率与压缩指数 I_c 的关系。

由图 4.36 可知,压缩指数 I_c 随着试样含水率 w 的增大呈先减小后增大的抛物线形变化,拟合曲线表达式为

$$I_c = 13.571w^2 - 2.344w + 0.375 \quad (R^2 = 0.692) \tag{4.46}$$

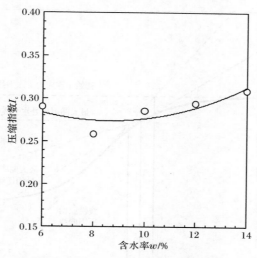

图 4.36　试样含水率对压缩指数的影响

4.7　前期固结应力

前期固结应力是 e-$\lg p$ 压缩曲线的特征点,其表示土体在历史上曾经所承受的最大固结应力。当土体所受的荷载小于前期固结应力时,土体的压缩变形可认为是卸载后的再压缩变形;只有当土体所受的荷载大于前期固结应力时,土体的压缩变形才可认为是压缩变形。由于再压缩曲线和压缩曲线的压缩性指标相差较大,因此,合理确定前期固结应力的大小对于计算评价土体的压缩变形量具有重要意义。

从前期固结应力的相关研究文献可知,有三种方法可以确定前期固结应力的大小,即卡萨格兰德(Casgrande)法(简称 C 法)、初始压缩线截距(virgin-initial intercept)法(简称 V-I 法)和最大曲率(maximum curvature)法(简称 MC 法)[11],如图 4.37 所示。

由图 4.37 可知,不同方法确定的前期固结应力大小不同,V-I 法最小,C 法最大,MC 法居中,本节用 V-I 法确定前期固结应力。

当压缩曲线用式(4.32)拟合时,前期固结应力 σ_p 计算式为

$$\sigma_p = 10^{m - \frac{2}{b}} \tag{4.47}$$

式中:m、b 的意义同式(4.32)。

表 4.7 给出了依式(4.47)确定的前期固结应力 σ_p。由表 4.7 可知,不同砂泥岩颗粒混合料的前期固结应力变化范围为 122.95～569.99kPa;非饱和砂泥岩颗

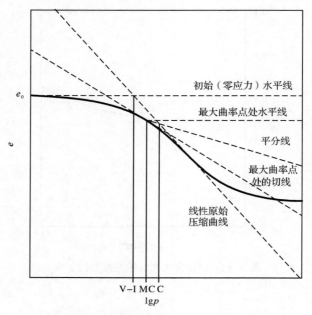

图 4.37　前期固结应力的确定方法

粒混合料的前期固结应力变化范围为 165.42～569.99kPa；饱和砂泥岩颗粒混合料的前期固结应力变化范围为 122.95～431.45kPa；饱和试样的前期固结应力小于非饱和试样的前期固结应力。

表 4.7　前期固结应力 σ_p 汇总表

序号	试验土料		试样		前期固结应力
	颗粒级配曲线编号	泥岩颗粒含量/%	干密度/(g/cm³)	含水率/%	σ_p/kPa
1	颗粒级配 1	80	1.8	8	569.99
2	颗粒级配 2	80	1.8	8	398.46
3	颗粒级配 3	80	1.8	8	206.14
4	颗粒级配 4	80	1.8	8	309.14
5	颗粒级配 5	80	1.8	8	429.85
6	颗粒级配 1	80	1.8	饱和	431.45
7	颗粒级配 2	80	1.8	饱和	321.69
8	颗粒级配 3	80	1.8	饱和	148.71
9	颗粒级配 4	80	1.8	饱和	176.49
10	颗粒级配 5	80	1.8	饱和	229.39

序号	试验土料		试样		前期固结应力 σ_p/kPa
	颗粒级配曲线编号	泥岩颗粒含量/%	干密度/(g/cm³)	含水率/%	
11	颗粒级配 3	0	1.8	8	377.09
12	颗粒级配 3	20	1.8	8	315.39
13	颗粒级配 3	40	1.8	8	268.26
14	颗粒级配 3	60	1.8	8	234.31
15	颗粒级配 3	80	1.8	8	206.41
16	颗粒级配 3	100	1.8	8	165.42
17	颗粒级配 3	0	1.8	饱和	340.26
18	颗粒级配 3	20	1.8	饱和	277.19
19	颗粒级配 3	40	1.8	饱和	235.68
20	颗粒级配 3	60	1.8	饱和	187.26
21	颗粒级配 3	80	1.8	饱和	153.08
22	颗粒级配 3	100	1.8	饱和	132.59
23	颗粒级配 3	80	1.7	8	200.48
24	颗粒级配 3	80	1.8	8	206.14
25	颗粒级配 3	80	1.9	8	314.55
26	颗粒级配 3	80	2.0	8	406.90
27	颗粒级配 3	80	1.7	饱和	122.95
28	颗粒级配 3	80	1.8	饱和	148.71
29	颗粒级配 3	80	1.9	饱和	200.06
30	颗粒级配 3	80	2.0	饱和	241.39
31	颗粒级配 3	80	1.8	6	209.52
32	颗粒级配 3	80	1.8	8	206.14
33	颗粒级配 3	80	1.8	10	325.64
34	颗粒级配 3	80	1.8	12	256.06
35	颗粒级配 3	80	1.8	14	227.22

4.7.1　颗粒级配的影响

为了便于分析试验土料颗粒级配对砂泥岩颗粒混合料前期固结应力的影响,图 4.38～图 4.41 分别给出了各颗粒级配曲线特征值对前期固结应力 σ_p 的影响。

1) 平均粒径 D_{50}

图 4.38 所示为土料平均粒径 D_{50} 对前期固结应力 σ_p 的影响。

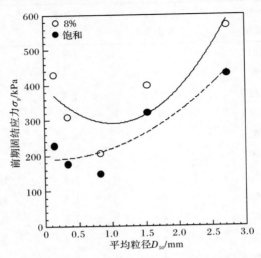

图 4.38　土料平均粒径对前期固结应力的影响

由图 4.38 可知,非饱和试样的前期固结应力 σ_p 随着颗粒级配曲线特征值平均粒径 D_{50} 增大呈先减小后增大的抛物线形变化,拟合曲线表达式为式(4.48);饱和试样的前期固结应力 σ_p 随着平均粒径 D_{50} 的增大也呈先减小后增大的抛物线形变化,拟合曲线表达式为式(4.49)。

$$\sigma_p = 101.865D_{50}^2 - 210.038D_{50} + 400.815 \quad (R^2 = 0.742) \quad (4.48)$$
$$\sigma_p = 35.929D_{50}^2 - 6.232D_{50} + 191.938 \quad (R^2 = 0.837) \quad (4.49)$$

2) 砾粒含量 G_c

图 4.39 所示为土料砾粒含量 G_c 对前期固结应力 σ_p 的影响。

由图 4.39 可知,非饱和试样的前期固结应力 σ_p 随着砾粒含量 G_c 的增大呈先减小后增大的抛物线形变化,拟合曲线表达式为式(4.50);饱和试样的前期固结应力 σ_p 随着砾粒含量 G_c 增大也呈先减小后增大的抛物线形变化,拟合曲线表达式为式(4.51)。

$$\sigma_p = 1959.430G_c^2 - 1036.472G_c + 417.707 \quad (R^2 = 0.822) \quad (4.50)$$
$$\sigma_p = 952.256G_c^2 - 272.665G_c + 211.088 \quad (R^2 = 0.835) \quad (4.51)$$

3) 不均匀系数 C_u

图 4.40 所示为土料不均匀系数 C_u 对前期固结应力 σ_p 的影响。

由图 4.40 可知,尽管试验结果数据点比较离散,但仍可以看出,随着不均匀系数 C_u 的增大,饱和试样和非饱和试样的前期固结应力 σ_p 均基本呈线性减小变

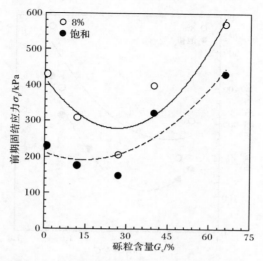

图 4.39　土料砾粒含量对前期固结应力的影响

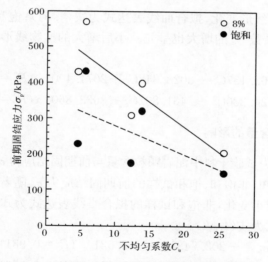

图 4.40　土料不均匀系数对前期固结应力的影响

化,拟合直线表达式分别为

$$\sigma_{p} = -13.892C_{u} + 553.896 \quad (R^2 = 0.737) \tag{4.52}$$

$$\sigma_{p} = -8.095C_{u} + 361.295 \quad (R^2 = 0.347) \tag{4.53}$$

4) 曲率系数 C_c

图 4.41 所示为土料曲率系数 C_c 对前期固结应力 σ_p 的影响。

由图 4.41 可知,非饱和试样的前期固结应力 σ_p 随着曲率系数 C_c 的增大呈先

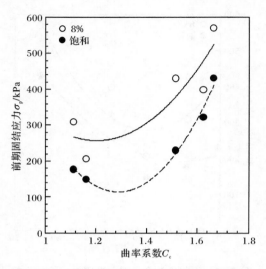

图 4.41 土料曲率系数对前期固结应力的影响

减小后增大的抛物线形变化,拟合曲线表达式为式(4.54);饱和试样的前期固结应力 σ_p 随着曲率系数 C_c 的增大也呈先减小后增大的抛物线形变化,拟合曲线表达式为式(4.55)。

$$\sigma_p = 1262.157C_c^2 - 3028.348C_c + 2074.400 \quad (R^2 = 0.785) \quad (4.54)$$

$$\sigma_p = 2124.380C_c^2 - 5461.832C_c + 3623.860 \quad (R^2 = 0.975) \quad (4.55)$$

4.7.2 泥岩颗粒含量的影响

图 4.42 所示为试验土料中泥岩颗粒含量与前期固结应力 σ_p 的关系。

由图 4.42 可知,非饱和、饱和试样的前期固结应力 σ_p 随着泥岩颗粒含量 M_c 的增大均呈线性减小变化,非饱和试样的拟合直线表达式为式(4.56),饱和试样的拟合直线表达式为式(4.57)。

$$\sigma_p = -202.748M_c + 362.521 \quad (R^2 = 0.981) \quad (4.56)$$

$$\sigma_p = -208.444M_c + 325.233 \quad (R^2 = 0.976) \quad (4.57)$$

4.7.3 试样干密度的影响

图 4.43 所示为试样干密度与前期固结应力 σ_p 的关系。

由图 4.43 可知,非饱和、饱和试样的前期固结应力 σ_p 随着试样干密度 ρ_d 的增大均呈线性增大变化,拟合直线表达式分别为

$$\sigma_p = 727.658\rho_d - 1064.149 \quad (R^2 = 0.911) \quad (4.58)$$

$$\sigma_p = 406.681\rho_d - 574.082 \quad (R^2 = 0.985) \quad (4.59)$$

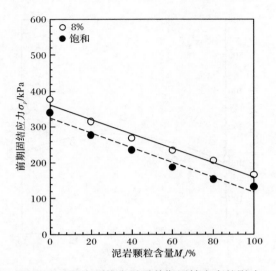

图 4.42　泥岩颗粒含量对前期固结应力的影响

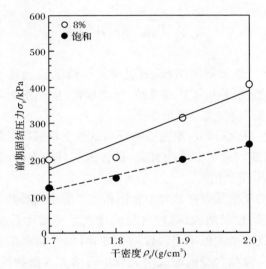

图 4.43　试样干密度对前期固结应力的影响

4.7.4　试样含水率的影响

图 4.44 所示为试样含水率与前期固结应力 σ_p 的关系。

由图 4.44 可知,前期固结应力 σ_p 随着试样含水率 w 的增大总体上呈先增大后减小的抛物线形变化,拟合曲线表达式为

$$\sigma_p = -42855.834 w^2 + 8997.719 w - 192.010 \quad (R^2 = 0.499) \quad (4.60)$$

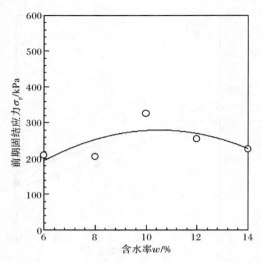

图 4.44　试样含水率对前期固结应力的影响

4.8　本 章 小 结

本章采用 GDS 一维侧限固结仪,通过单向压缩试验研究了砂泥岩颗粒混合料的单向压缩变形特性,分析了压缩系数、压缩模量、压缩指数和前期固结应力等压缩性指标及其影响因素,主要结论如下:

(1) 砂泥岩颗粒混合料的压缩曲线特征与试验土料的颗粒级配和泥岩颗粒含量以及试样的干密度和含水率等均有关,且各因素对非饱和试样、饱和试样压缩性指标的影响规律不完全相同。

(2) 饱和试样的压缩系数明显大于非饱和试样的压缩系数。非饱和试样的压缩系数 a_{v1-2} 随着平均粒径增大、砾粒含量的增大呈先增大后减小的抛物线形变化,随着不均匀系数的增大近乎呈线性增大变化,随着曲率系数的增大呈非线性减小变化,随着泥岩颗粒含量的增大呈先减小后增大的抛物线形变化,随着试样干密度的增大呈非线性减小变化,随着试样含水率的增大呈先减小后增大的抛物线形变化;而饱和试样的压缩系数 a_{v1-2} 随着平均粒径、砾粒含量的增大呈非线性减小变化,随着不均匀系数的增大呈先减小后增大的抛物线形变化,随着曲率系数的增大呈先增大后减小的抛物线形变化,随着泥岩颗粒含量的增大也呈先减小后增大的抛物线形变化,随着试样干密度的增大呈线性减小变化。

(3) 饱和试样的压缩模量明显小于非饱和试样的压缩模量。非饱和试样的压缩模量 E_{s1-2} 随着平均粒径、砾粒含量、不均匀系数的增大呈先减小后增大的抛物线形变化,随着曲率系数的增大呈先增大后减小的抛物线形变化,随着泥岩颗粒含量的增大呈非线性减小变化,随着试样干密度的增大呈非线性增大变化,随着试样含水率的增大呈先增大后减小的抛物线形变化;饱和试样的压缩模量 E_{s1-2} 随着平均粒径、砾粒含量的增大近乎呈线性增大变化,随着不均匀系数的增大近似呈线性减小变化,随着曲率系数的增大呈先减小后增大的抛物线形变化,随着泥岩颗粒含量的增大几乎呈线性减小变化,随着试样干密度的增大近乎呈线性增大变化。

(4) 饱和试样的压缩指数略大于非饱和试样的压缩指数。非饱和试样的压缩指数 I_c 随着平均粒径、砾粒含量的增大呈先减小后增大的抛物线形变化,随着不均匀系数的增大呈线性减小变化,随着曲率系数的增大呈先减小后增大的抛物线形变化,随着泥岩颗粒含量的增大呈先增大后减小的非线性变化,随着试样干密度的增大呈非线性减小变化,随着试样含水率的增大呈先减小后增大的抛物线形变化;饱和试样的压缩指数 I_c 随着平均粒径、砾粒含量的增大呈先减小后增大的抛物线形变化,随着不均匀系数的增大呈线性减小变化,随着曲率系数的增大呈先减小后增大的抛物线形变化,随着泥岩颗粒含量的增大几乎呈线性增大变化,随着试样干密度的增大呈非线性减小变化。

(5) 饱和试样的前期固结应力小于非饱和试样的前期固结应力。前期固结应力 σ_p 随着土料平均粒径、砾粒含量、曲率系数的增大均呈先减小后增大的抛物线形变化,随着不均匀系数的增大呈线性减小变化,随着泥岩颗粒含量的增大呈线性减小变化;随着试样干密度的增大呈线性增大变化,随着试样含水率的增大呈先增大后减小的抛物线形变化。

参 考 文 献

[1] Wang J J, Zhang H P, Liu M W, et al. Compaction behaviour and particle crushing of a crushed sandstone particle mixture[J]. European Journal of Environmental and Civil Engineering, 2014, 18(5): 567—583.

[2] Wang J J, Yang Y, Zhang H P. Effects of particle size distribution on compaction behavior and particle crushing of a mudstone particle mixture[J]. Geotechnical and Geological Engineering, 2014, 32(4): 1159—1164.

[3] Wang J J, Zhang H P, Deng D P. Effects of compaction effort on compaction behavior and particle crushing of a crushed sandstone-mudstone particle mixture[J]. Soil Mechanics and Foundation Engineering, 2014, 51(2): 67—71.

[4] Wang J J, Zhang H P, Deng D P, et al. Effects of mudstone particle content on compaction behavior and particle crushing of a crushed sandstone—mudstone particle mixture[J]. Engineering Geology, 2013, 167: 1—5.

[5] Wang J J,Cheng Y Z,Zhang H P,et al. Effects of particle size on compaction behavior and particle crushing of crushed sandstone-mudstone particle mixture[J]. Environmental Earth Sciences,2015,12(73):8053—8059.

[6] ASTM. Standard test methods for one-dimensional consolidation properties of soils using incremental loading (ASTM D2435M-11)[S]. West Conshohocken,Pennsylvania,2011.

[7] Monkul M M,Önal O A. Visual basic program for analyzing oedometer test results and evaluating intergranular void ratio[J]. Computers & Geosciences,2006,32:696—703.

[8] Alexandrou A,Earl R. The relationship among the pre-compaction stress,volumetric water content and initial dry bulk density of soil[J]. Journal of Agricultural Engineering Research, 1998,71:75—80.

[9] Sánchez-Girón A,Andreu E,Hernanz J L. Response of five types of soil to simulated compaction in the form of confined uniaxial compression tests[J]. Soil & Tillage Research,1998, 48:37—50.

[10] Assouline S. Modeling soil compaction under uniaxial compression[J]. Soil Science Society of America Journal,2002,66:1784—1787.

[11] Gregory A S,Whalley W R,Watts C W,et al. Calculation of the compression index and precompression stress from soil compression test data[J]. Soil & Tillage Research,2006,89: 45—57.

[12] Cavalieri K M V,Arvidsson J D S,et al. Determination of precompression stress from uniaxial compression tests[J]. Soil & Tillage Research,2008,98:17—26.

[13] Tang A M,Cui Y J,Eslami J,et al. Analysing the form of the confined uniaxial compression curve of various soils[J]. Geoderma,2009,148:282—290.

[14] Keller T,Lamandé M,Schjønning P,et al. Analysis of soil compression curves from iniaxial confined compression tests[J]. Geoderma,2011,163:13—23.

[15] Thibodeau S,Alamdari H,Ziegler D P,et al. New insight on the restructuring and breakage of particles during uniaxial confined compression tests on aggregates of petroleum coke[J]. Powder Technology,2014,253:757—768.

[16] An J,Zhang Y,Yu N. Quantifying the effect of soil physical properties on the compressive characteristics of two arable soils using uniaxial compression tests[J]. Soil & Tillage Research,2015,145:216—223.

[17] Wang J J,Lin X. Discussion on determination of critical slip surface in slope analysis[J]. Géotechnique,2007,57(5):481—482.

[18] Wang J J,Liu F C,Ji C L. Influence of drainage condition on Coulomb-type active earth pressure[J]. Soil Mechanics and Foundation Engineering,2008,45(5):161—167.

[19] Wang J J,Zhang H P,Chai H J,et al. Seismic passive resistance with vertical seepage and surcharge[J]. Soil Dynamics and Earthquake Engineering,2008,28(9):728—737.

[20] Yan Z L,Wang J J,Chai H J. Influence of water level fluctuation on phreatic line in silty soil model slope[J]. Engineering Geology,2010,113(1-4):90—98.

[21] Wang J J. Behaviour of an over-length pile in layered soils[J]. Geotechnical Engineering, 2010,163(5):257 —266.

[22] Wang J J. Hydraulic Fracturing in Eearth-rock Fill Dams[M]. Singapore:John Wiley & Sons,and Beijing:China Water & Power Press,2014.

[23] Wang J J,Liu Y X. Hydraulic fracturing in a cubic soil specimen[J]. Soil Mechanics and Foundation Engineering,2010,47(4):136—142.

[24] Wang J J,Zhang H P,Liu M W,et al. Seismic passive earth pressure with seepage for cohesionless soil[J]. Marine Georesources and Geotechnology,2012,30(1):86—101.

[25] Wang J J,Zhang H P,Zhang L,et al. Experimental study on self-healing of crack in clay seepage barrier[J]. Engineering Geology,2013,159:31—35.

[26] Wang J J,Zhao D,Liang Y,et al. Angle of repose of landslide debris deposits induced by 2008 Sichuan Earthquake[J]. Engineering Geology,2013,156:103—110.

[27] Wang J J,Zhu J G,Chiu C F,et al. Experimental study on fracture behavior of a silty clay [J]. Geotechnical Testing Journal,2007,30(4):303—311.

[28] Wang J J,Zhu J G,Chiu C F,et al. Experimental study on fracture toughness and tensile strength of a clay[J]. Engineering Geology,2007,94(1—2):65—75.

[29] Park S. Effect of wetting on unconfined compressive strength of cemented sands[J]. Journal of Geotechnical and Geoenvironmental Engineering,ASCE,2010,136(12):1713—1720.

[30] Wang J J,Zhang H P,Zhang L,et al. Experimental study on heterogeneous slope responses to drawdown[J]. Engineering Geology,2012,147-148:52—56.

[31] Wang J J,Liang Y,Zhang H P,et al. A loess landslide induced by excavation and rainfall [J]. Landslides,2014,11(1):141—152.

[32] Wang J J,Zhang H P,Tang S C,et al. Effects of particle size distribution on shear strength of accumulation soil[J]. Journal of Geotechnical and Geoenvironmental Engineering,ASCE, 2013,139(11):1994—1997.

[33] Wang J J,Zhang H P,Wen H B,et al. Shear strength of an accumulation soil from direct shear test[J]. Marine Georesources & Geotechnology,2015,33(2):183—190.

[34] Ueda T,Matsushima T,Yamada Y. Effect of particle size ratio and volume fraction on shear strength of binary granular mixture[J]. Granular Matter,2011,13:731—742.

[35] Day R W. Relative compaction of fill having oversize particles[J]. Journal of Geotechnical Engineering,ASCE,1989,115(10):1487—1491.

[36] Fakhimi A,Hosseinpour H. Experimental and numerical study of the effect of an oversize particle on the shear strength of mined-rock pile material[J]. Geotechnical Testing Journal, 2011,34:131—138.

[37] Hamidi A,Alizadeh M,Soleimani S M. Effect of particle crushing on shear strength and dilation characteristics of sand-gravel mixtures[J]. International Journal of Civil Engineering,2009,7:61—71.

[38] Jamei M,Guiras H,Chtourou Y,et al. Water retention properties of perlite as a material

with crushable soft particles[J]. Engineering Geology,2011,122(3-4):261—271.

[39] Xiao Y,Liao J. Discussion of "Effects of particle size distribution on shear strength of accumulation soil" by Jun-Jie Wang, Hui-Ping Zhang, Sheng-Chuan Tang, and Yue Liang[J]. Journal of Geotechnical and Geoenvironmental Engineering,ASCE,2015,141(1):07014030.

[40] Wang J J,Zhang H P,Tang S C,et al. Closure to "Effects of particle size distribution on shear strength of accumulation soil" by Jun-Jie Wang,Hui-Ping Zhang,Sheng-Chuan Tang, and Yue Liang[J]. Journal of Geotechnical and Geoenvironmental Engineering, ASCE, 2015,141(1):07014031.

[41] Mesri G, Vardhanabhuti B. Compression of granular materials[J]. Canadian Geotechnical Journal,2009,46:369—392.

[42] Lim Y,Miller G. Wetting-induced compression of compacted Oklahoma soils[J]. Journal of Geotechnical and Geoenvironmental Engineering,ASCE,2004,130(10):1014—1023.

[43] 张芳枝,陈晓平. 反复干湿循环对非饱和土的力学特性影响研究[J]. 岩土工程学报,2010, 32(1):41—46.

[44] 殷宗泽. 高土石坝的应力与变形[J]. 岩土工程学报,2009,31(1):1—14.

[45] 朱文君,张宗亮,袁友仁,等. 粗粒料单向压缩湿化变形试验研究[J]. 水利水运工程学报, 2009(3):99—102.

[46] Jiang M J,Li T,Hu H J,et al. DEM analyses of one-dimensional compression and collapse behaviour of unsaturated structure loess[J]. Computers & Geotechnics,2014,60:47—60.

[47] Fritton D D. An improved empirical equation for uniaxial soil compression for a wide range of applied stresses[J]. Soil Science Society of America Journal,2001,65:678—684.

[48] 徐明,宋二祥. 高填方长期工后沉降研究的综述[J]. 清华大学学报(自然科学版),2009(6): 786—789.

[49] Fritton D D. Fitting uniaxial soil compression using initial dry bulk density,water content, and matric potential[J]. Soil Science Society of America Journal,2006,70:1262—1271.

[50] Rucknagel J,Hofmann B,Paul R,et al. Estimating precompression stress of structured soils on the basis of aggregate density and dry bulk density[J]. Soil & Tillage Research,2007, 92:213—220.

[51] ASTM. Standard practice for classification of soils for engineering purposes (Unified Soil Classification System) (ASTM D2487-1985)[S]. West Conshohocken,Pennsylvania,1985.

[52] 郝建云. 砂泥岩混合料压缩变形特性及 K_0 系数试验研究(硕士学位论文)[D]. 重庆:重庆交通大学,2014.

[53] 中华人民共和国行业标准. 土工试验规程(SL 237-1999)[S]. 中华人民共和国水利部,1999.

[54] Cetin H. Soil-particle and pore orientations during consolidation of cohesive soils[J]. Engineering Geology,2004,73:1—11.

[55] Imhoff S,Silva A P D,Fallow D. Susceptibility to compaction,load support capability, and soil compressibility of Hapludox[J]. Soil Science Society of America Journal,2004,68:17—24.

第5章　三轴强度变形特性

第3、4章研究了砂泥岩颗粒混合料的压实特性和单向压缩变形特性,对于填筑在实际工程中的砂泥岩颗粒混合料而言,尚需要研究其力学特性。土体的强度、变形特性是土体工程特性的重要内容。本章采用室内三轴压缩试验,研究砂泥岩颗粒混合料的强度、变形特性。

5.1　概　　述

研究土体强度、变形特性的试验方法总体上分为现场试验和室内试验两类。对于粗粒土,特别是原状粗粒土的强度、变形特性,不少学者建议用现场的剪切试验测得[1~7]。室内测试土体强度、变形特性的试验方法主要有直接剪切试验[8~16]和三轴压缩试验[17~25]两种。研究表明,土体的强度、变形特性受多种因素影响,如土体的类型[26]、密度[5,27,28]、含水率[29~31]、颗粒级配[32~36]、超径颗粒[37,38]、颗粒形状[39,40]、试验方法[41~45]、颗粒破碎[46~57]、试验尺寸[58,59]、应力状态[60,61]等,因此,不少学者致力于土体力学特性的研究[11,62]。当土体处于临水环境中时,土体的饱和状态可能会因水环境的变化发生变化[63~70],土体可能发生湿化[71~74]、周期性饱水或干湿循环[75~84]等,对土体的力学特性具有较大影响。

本章通过室内三轴试验,研究试验土料的颗粒级配和泥岩颗粒含量以及试样的干密度和含水率等因素对砂泥岩颗粒混合料三轴强度变形特性的影响。

5.2　试验方法及试验方案

5.2.1　试验仪器

试验仪器为英国 GDS 公司研制的三轴试验系统。该系统连接计算机通过 GDSLAB 软件控制试验进行并自动记录数据,具有快捷及精度高等特点。GDS 三轴试验系统由压力室、周围压力系统、反压力系统、信号调节装置、孔隙水压力量测系统、轴向变形量测系统和电脑组成。试验前将试样固定在压力室底座后,罩上压力室罩,打开外界注水阀门,向压力室内注水。待水充满压力室后,水充当围压的传递媒介,由围压控制器对压力室中的水加压,由水将围压传给试样。试验中通过控制压力室底座使试样以一定的速率匀速向上移动,达到剪切的目的。

试验中所有数据均由计算机自动采集。试验装置如图 5.1 所示。

图 5.1　GDS 三轴试验系统

5.2.2　试验方法

1. 试样制备及安装方法

试样为直径 101mm、高 200mm 的圆柱形体,试样制备及安装步骤如下:

步骤 1:把试验土料风干,按试验设计级配和泥岩颗粒含量配料,加入一定量的水(由设计含水率确定),均匀拌合,密封放置 24h,使土料含水均匀。

步骤 2:根据不同的干密度,称取相应质量的土料,将土料等分 5 份后放在三瓣模击实器(见图 5.2)内击实,控制每层土料质量相等,每层击实至要求高度后,然后加上层土料,直至最后一层。层间均应刮毛,并保证所称的土料全部击入击实器内。另外在最上面一层时,应高出击实器 0.5~1mm 的距离,最后在加上滤纸和透水石时将其压平。

步骤 3:乳胶膜套到内径 103mm 的承膜筒上,两端外翻,同时用吸球吸出膜与筒间空气,使膜紧贴承膜筒内壁。

步骤 4:在压力室底座上分别放上透水石和滤纸,将击实的试样放在压力室底座上,拆除三瓣模。在试样顶部同样放置滤纸和透水石。把承膜筒从试样的顶部向下套到合适的高度,然后把外翻的下部乳胶膜慢慢套到压力室底座上,上部采用同样的方法套到试样顶部。

步骤 5:橡皮膜套好后,拿出承膜筒,在承膜筒一端边缘上装上橡皮筋,尽量靠边缘。然后再次将承膜筒套在试样上,翻下橡皮筋扎紧底座上的乳胶膜。取下承膜筒,用毛刷刷试样,用于排出试样与乳胶膜之间,以及透水石与乳胶膜之间的空气。

步骤 6:在试样顶部放上保护试样的试样帽,按步骤 5 的方法用橡皮筋把乳胶薄膜绑扎在试样帽上,拿出保护筒套,装样结束。

步骤 7:安装上压力室罩,拧紧螺栓,把整个压力室放置到试验机对应位置,打开外部进水阀门,向压力室注水。

图 5.2　试样击实器

2. 三轴试验方法

采用三轴固结排水剪切试验方法,具体的操作方法如下:

(1)试样在非饱和状态下的三轴剪切试验。

加围压前,将 GDS 三轴试验系统的围压、轴压、反压、位移等清零。利用计算机控制围压控制系统施加围压进行各向等压固结,待固结稳定后,通过计算机控制使压力室底座以 0.1mm/min 的速度上升。上述完成后开始进行三轴排气剪切试验,数据采集系统自动记录试验开始后的轴向力和轴向应力、轴向位移和轴向应变、体积变形和体积应变、围压、试验时间。

(2)试样在饱和状态下的三轴剪切试验。

饱和状态下试样三轴剪切试验比非饱和状态的三轴剪切试验多了一个浸水饱和的过程,即试验前先对试样进行饱水。本试验采用真空抽气饱和的方法进行饱和。为防止饱水过程中土体颗粒的流失,饱水过程中应将土体试样套上乳胶薄膜,然后再用三瓣膜箍紧。

(3)试验结束后,应及时拆除试样,并尽量不要损失试样土料,用托盘盛好后放入烘箱内烘干。将烘干的试样用橡胶锤敲碎,以避免颗粒黏在一起,用塑料袋密封保存,做好标记,以备后期进行颗粒破碎分析试验。

5.2.3　试验方案

试验土料为砂泥岩颗粒混合料,试验土料的制备方法同第 3 章,在此不再赘述。为便于研究土料颗粒级配对砂泥岩颗粒混合料的强度、变形特性的影响,试验土料的颗粒分布仍考虑如第 3 章图 3.2 所示的 5 种颗粒级配曲线;为便于研究土料中泥岩颗粒含量的影响,仍考虑 0%(纯砂岩颗粒料)、20%、40%、60%、80% 和 100%(纯泥岩颗粒料)的 6 种泥岩颗粒含量的砂泥岩颗粒混合料;为便于分析试样干密度对试验结果的影响,考虑 1.8g/cm³、1.9g/cm³、2.0g/cm³ 和 2.1g/cm³ 的 4 种试样干密度;为便于研究试样含水率的影响,考虑 4%、5%、6%、8% 和 9% 的 5 种试样含水率;为便于研究应力状态的影响,试验中的围压分别为 100kPa、200kPa、300kPa 和 400kPa。具体的试验方案见表 5.1。

表 5.1　砂泥岩颗粒混合料三轴试验方案

序号	试验土料		试样		试验围压 /kPa	试验研究目的
	颗粒级配 曲线编号	泥岩颗粒 含量/%	干密度 /(g/cm³)	含水率 /%		
1	颗粒级配 1、颗粒 级配 2、颗粒级 配 3、颗粒级配 4、颗 粒级配 5	20	1.9	6	100,200, 300,400	颗粒级配曲线特 征对砂泥岩颗粒 混合料强度变形 特性的影响
2	颗粒级配 3	0,20,40, 60,80,100	1.9	6,饱和	100,200, 300,400	泥岩颗粒含量对 砂泥岩颗粒混合 料强度变形特性 的影响
3	颗粒级配 3	20	1.8,1.9, 2.0,2.1	6,饱和	100,200, 300,400	试样密度对砂泥 岩颗粒混合料强 度变形特性的 影响
4	颗粒级配 3	20	2.1	4,5,6, 8,9	200	试样含水率对砂 泥岩颗粒混合料 强度变形特性的 影响

5.3　颗粒级配的影响

表 5.1 中的方案 1 用于研究试验土料的颗粒级配对砂泥岩颗粒混合料三轴强度变形特性的影响,试验土料为泥岩颗粒含量为 20% 的砂泥岩颗粒混合料。本节从应力-应变关系曲线、强度指标等方面分析颗粒级配的影响。

5.3.1　应力-应变关系

图 5.3～图 5.7 分别为 5 种颗粒级配试验土料试样在不同围压下的应力-应变关系曲线。

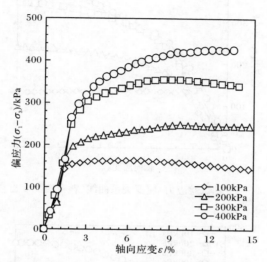

图 5.3　三轴试验应力-应变关系曲线(颗粒级配 1 土料)

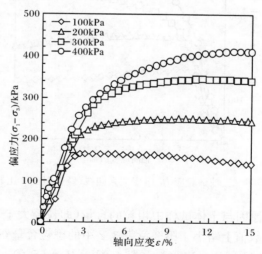

图 5.4　三轴试验应力-应变关系曲线(颗粒级配 2 土料)

由图 5.3～图 5.7 可知,除颗粒级配 3 土料(见图 5.5)外,其他颗粒级配土料试样的应力-应变曲线均表现为弱应变软化现象,即应力-应变曲线出现了峰值。

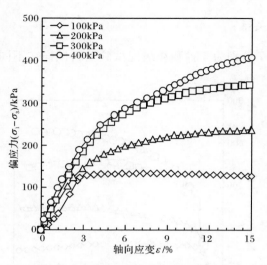

图 5.5　三轴试验应力-应变关系曲线(颗粒级配 3 土料)

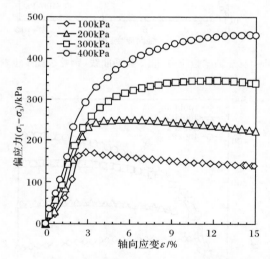

图 5.6　三轴试验应力-应变关系曲线(颗粒级配 4 土料)

出现此现象的主要原因与土体试样中粗粒的含量(即粒径大于 5mm 的颗粒含量,以下用 P_5 表示,其数值上略小于第 3 章表 3.2 中的砾粒含量 G_c)有关。当粗粒含量较大时,如颗粒级配 1($P_5 = 80\%$)、颗粒级配 2($P_5 = 55\%$),土体试样中因细颗粒含量较小,主要由粗粒组成,大颗粒构成了砂泥岩颗粒混合料的骨架,粗颗粒之间的接触容易形成"锁合结构"。试验加载初期粗颗粒承担主要作用力,应力-应变曲线形态主要取决于粗粒;随着轴压的增加,颗粒要发生翻滚或移动,粗颗粒的

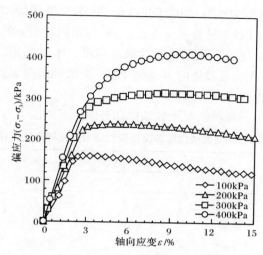

图 5.7　三轴试验应力-应变关系曲线(颗粒级配 5 土料)

移动势必会导致土体骨架结构变得疏松。粗颗粒骨架的存在使得试样抗剪强度增强,但当"锁合结构"被破坏时,试样偏应力强度达到最大,又因为部分粗粒在剪切破坏中会发生颗粒破碎,颗粒破碎导致颗粒的重新排列。随着应变的继续增加,一部分粗粒因破碎而变为细颗粒后与粗粒相互填充,使得颗粒间孔隙变小;另一部分粗颗粒会重新接触形成新的"锁合结构"。因此偏应力变化程度不大,应力-应变曲线表现为弱应变软化现象。当粗粒含量较小时,如颗粒级配 4($P_5 =$ 19%)、颗粒级配 5($P_5 = 7\%$),这时应力-应变曲线的形态主要取决于细粒。由于细粒之间的填充较为密实,颗粒间孔隙也较小,因此在达到偏应力峰值时,其变化程度也不大,应力-应变曲线表现弱软化型。当粗粒含量适中时,如颗粒级配 3(P_5 = 37%),应力-应变曲线的形态取决于粗、细粒共同作用,加载初期试样的压缩变形主要源于小颗粒位置调整而引起的颗粒重新排列。颗粒之间的重新排列减小了颗粒间孔隙,使得粗粒与细粒相互填充较好,排列紧密,在试样剪切破坏过程中,由于少量粗粒的破碎,导致粗粒与细粒之间的进一步相互填充,颗粒间的重新排列逐渐增加,颗粒间摩擦特性增强,咬合力也逐渐增大,所以随着轴向应变的增加,偏应力也逐渐增加,在应力-应变曲线上表现为应变硬化型。

5.3.2　偏应力峰值

一般来说,对应力-应变曲线中出现明显峰值的试验,土体峰值强度即可认为是土体的破坏强度,如应力-应变曲线中无明显峰值的土体,峰值强度取决于破坏标准。目前在工程实践中常用的确定三轴试验强度破坏值或峰值剪应力的方法,除由应力-应变曲线上取峰值外,还有两种常用的方法:一是取一定的应变量(或变形量)时的强度值作为试样的破坏强度值,对于三轴试验,常用轴向应变 $\varepsilon =$ 15%～20%时的强度值;二是有效应力比 σ_1'/σ_3' 与轴向应变 ε 的关系曲线,取其峰值应力比所对应的应变值和强度值作为破坏标准。本章选用第一种方法来确定强度破坏值,即对于无明显峰值应力-应变曲线,选取轴向应变为 15% 所对应的偏应力作为峰值偏应力。

表 5.2 给出了不同颗粒级配土料试样在各围压下的偏应力峰值。

表 5.2　不同颗粒级配砂泥岩颗粒混合料试样偏应力峰值

试验土料	偏应力峰值$(\sigma_1-\sigma_3)_{max}$/kPa			
	$\sigma_3=100$kPa	$\sigma_3=200$kPa	$\sigma_3=300$kPa	$\sigma_3=400$kPa
颗粒级配 1	163.82	250.50	355.67	426.65
颗粒级配 2	166.21	252.33	346.90	412.29
颗粒级配 3	135.00	239.00	343.86	407.94
颗粒级配 4	173.74	250.89	346.74	458.03
颗粒级配 5	160.81	240.74	315.82	411.40

1. 颗粒级配对偏应力峰值的影响($\sigma_3=100$kPa)

1)平均粒径 D_{50}

图 5.8 为偏应力峰值$(\sigma_1-\sigma_3)_{max}$与试验土料平均粒径 D_{50} 的关系。由图 5.8 可知,尽管试验结果数据点相当离散,但仍可以看出,随着平均粒径 D_{50} 的增大,偏应力峰值$(\sigma_1-\sigma_3)_{max}$总体上呈先减小后增大的抛物线形变化,拟合曲线表达式为

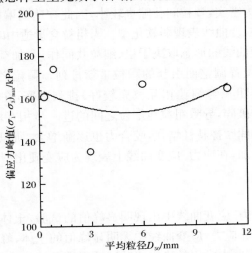

图 5.8　平均粒径 D_{50} 对偏应力峰值$(\sigma_1-\sigma_3)_{max}$的影响($\sigma_3=100$kPa)

$$(\sigma_1-\sigma_3)_{\max}=0.414D_{50}^2-4.370D_{50}+164.659 \quad (\sigma_3=100\text{kPa},R^2=0.135)$$

(5.1)

2) 砾粒含量 G_c

图 5.9 所示为砾粒含量 G_c 对偏应力峰值 $(\sigma_1-\sigma_3)_{\max}$ 的影响。由图 5.9 可知，尽管试验结果数据点相当离散，但仍可以看出，随着砾粒含量 G_c 的增大，偏应力峰值 $(\sigma_1-\sigma_3)_{\max}$ 总体上也呈先减小后增大的抛物线形变化，拟合曲线表达式为

$$(\sigma_1-\sigma_3)_{\max}=92.537G_c^2-80.331G_c+170.991 \quad (\sigma_3=100\text{kPa},R^2=0.154)$$

(5.2)

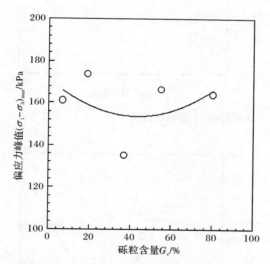

图 5.9　砾粒含量 G_c 对偏应力峰值 $(\sigma_1-\sigma_3)_{\max}$ 的影响 $(\sigma_3=100\text{kPa})$

3) 不均匀系数 C_u

图 5.10 所示为不均匀系数 C_u 对偏应力峰值 $(\sigma_1-\sigma_3)_{\max}$ 的影响。由图 5.10 可知，随着不均匀系数 C_u 的增大，偏应力峰值 $(\sigma_1-\sigma_3)_{\max}$ 呈先增大后减小的抛物线形变化，拟合曲线表达式为

$$(\sigma_1-\sigma_3)_{\max}=-0.182C_u^2+4.221C_u+145.852 \quad (\sigma_3=100\text{kPa},R^2=0.973)$$

(5.3)

4) 曲率系数 C_c

图 5.11 所示为偏应力峰值 $(\sigma_1-\sigma_3)_{\max}$ 随着曲率系数 C_c 的变化规律。由图 5.11 可知，随着曲率系数 C_c 的增大，偏应力峰值 $(\sigma_1-\sigma_3)_{\max}$ 呈先减小后增大的抛物线形变化，拟合曲线表达式为

$$(\sigma_1-\sigma_3)_{\max}=100.626C_c^2-234.199C_c+275.918 \quad (\sigma_3=100\text{kPa},R^2=0.807)$$

(5.4)

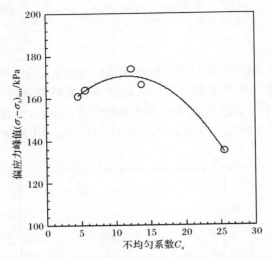

图 5.10　不均匀系数 C_u 对偏应力峰值 $(\sigma_1-\sigma_3)_{max}$ 的影响 $(\sigma_3=100kPa)$

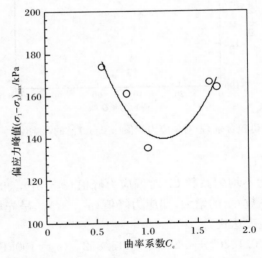

图 5.11　曲率系数 C_c 对偏应力峰值 $(\sigma_1-\sigma_3)_{max}$ 的影响 $(\sigma_3=100kPa)$

2. 颗粒级配对偏应力峰值的影响 $(\sigma_3=200kPa)$

1) 平均粒径 D_{50}

图 5.12 所示为偏应力峰值 $(\sigma_1-\sigma_3)_{max}$ 与试验土料平均粒径 D_{50} 的关系。由图 5.12 可知,尽管试验结果数据点相当离散,但总体上可以看出,偏应力峰值

$(\sigma_1-\sigma_3)_{max}$ 随着平均粒径 D_{50} 的增大呈线性增大变化,拟合直线表达式为

$$(\sigma_1-\sigma_3)_{max}=0.715D_{50}+243.684 \quad (\sigma_3=200\mathrm{kPa},R^2=0.245) \quad (5.5)$$

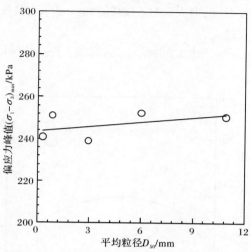

图 5.12 平均粒径 D_{50} 对偏应力峰值 $(\sigma_1-\sigma_3)_{max}$ 的影响 $(\sigma_3=200\mathrm{kPa})$

2) 砾粒含量 G_c

图 5.13 所示为砾粒含量 G_c 对偏应力峰值 $(\sigma_1-\sigma_3)_{max}$ 的影响。由图 5.13 可知,尽管试验结果数据点相当离散,但总体上可以看出,偏应力峰值 $(\sigma_1-\sigma_3)_{max}$ 随着砾粒含量 G_c 的增大也呈线性增大变化,拟合直线表达式为

$$(\sigma_1-\sigma_3)_{max}=10.949G_c+242.356 \quad (\sigma_3=200\mathrm{kPa},R^2=0.254) \quad (5.6)$$

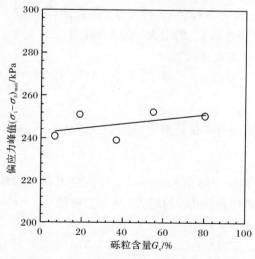

图 5.13 砾粒含量 G_c 对偏应力峰值 $(\sigma_1-\sigma_3)_{max}$ 的影响 $(\sigma_3=200\mathrm{kPa})$

3) 不均匀系数 C_u

图 5.14 所示为不均匀系数 C_u 对偏应力峰值 $(\sigma_1 - \sigma_3)_{max}$ 的影响。由图 5.14 可知,随着不均匀系数 C_u 的增大,偏应力峰值 $(\sigma_1 - \sigma_3)_{max}$ 呈先增大后减小的抛物线形变化,拟合曲线表达式为

$$(\sigma_1 - \sigma_3)_{max} = -0.094C_u^2 + 2.564C_u + 234.662 \quad (\sigma_3 = 200\text{kPa}, R^2 = 0.788)$$
$$(5.7)$$

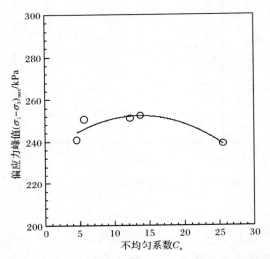

图 5.14 不均匀系数 C_u 对偏应力峰值 $(\sigma_1 - \sigma_3)_{max}$ 的影响 $(\sigma_3 = 200\text{kPa})$

4) 曲率系数 C_c

图 5.15 所示为偏应力峰值 $(\sigma_1 - \sigma_3)_{max}$ 随着曲率系数 C_c 的变化规律。由图 5.15 可知,随着曲率系数 C_c 的增大,偏应力峰值 $(\sigma_1 - \sigma_3)_{max}$ 呈先减小后增大的抛物线形变化,拟合曲线表达式为

$$(\sigma_1 - \sigma_3)_{max} = 40.567C_c^2 - 89.084C_c + 287.391 \quad (\sigma_3 = 200\text{kPa}, R^2 = 0.901)$$
$$(5.8)$$

3. 颗粒级配对偏应力峰值的影响 $(\sigma_3 = 300\text{kPa})$

1) 平均粒径 D_{50}

图 5.16 所示为偏应力峰值 $(\sigma_1 - \sigma_3)_{max}$ 与试验土料平均粒径 D_{50} 的关系。由图 5.16 可知,随着平均粒径 D_{50} 的增大,偏应力峰值 $(\sigma_1 - \sigma_3)_{max}$ 呈非线性增大变化,拟合曲线表达式为

$$(\sigma_1 - \sigma_3)_{max} = -0.303D_{50}^2 + 5.804D_{50} + 327.378 \quad (\sigma_3 = 300\text{kPa}, R^2 = 0.549)$$
$$(5.9)$$

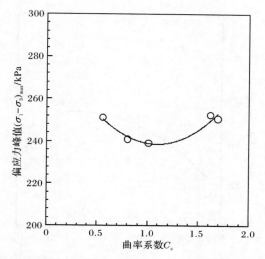

图 5.15　曲率系数 C_c 对偏应力峰值 $(\sigma_1 - \sigma_3)_{max}$ 的影响 $(\sigma_3 = 200\text{kPa})$

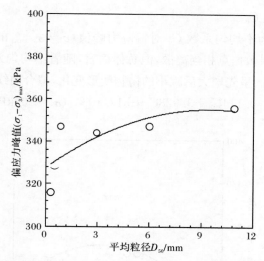

图 5.16　平均粒径 D_{50} 对偏应力峰值 $(\sigma_1 - \sigma_3)_{max}$ 的影响 $(\sigma_3 = 300\text{kPa})$

2）砾粒含量 G_c

图 5.17 所示为砾粒含量 G_c 对偏应力峰值 $(\sigma_1 - \sigma_3)_{max}$ 的影响。由图 5.17 可知，随着砾粒含量 G_c 的增大，偏应力峰值 $(\sigma_1 - \sigma_3)_{max}$ 也呈非线性增大变化，拟合曲线表达式为

$$(\sigma_1 - \sigma_3)_{max} = -79.178 G_c^2 + 109.868 G_c + 316.033 \quad (\sigma_3 = 300\text{kPa}, R^2 = 0.719)$$

$$(5.10)$$

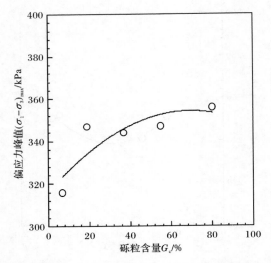

图 5.17　砾粒含量 G_c 对偏应力峰值$(\sigma_1-\sigma_3)_{\max}$的影响$(\sigma_3=300\mathrm{kPa})$

3) 不均匀系数 C_u

图 5.18 所示为不均匀系数 C_u 对偏应力峰值$(\sigma_1-\sigma_3)_{\max}$的影响。由图 5.18 可知,尽管试验结果数据点相当离散,但总体而言,随着不均匀系数 C_u 的增大,偏应力峰值$(\sigma_1-\sigma_3)_{\max}$呈先增大后减小的抛物线形变化,拟合曲线表达式为

$$(\sigma_1-\sigma_3)_{\max}=-0.114C_u^2+3.928C_u+317.103 \quad (\sigma_3=300\mathrm{kPa},R^2=0.247)$$

(5.11)

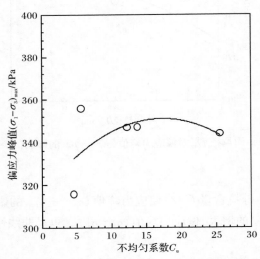

图 5.18　不均匀系数 C_u 对偏应力峰值$(\sigma_1-\sigma_3)_{\max}$的影响$(\sigma_3=300\mathrm{kPa})$

4) 曲率系数 C_c

图 5.19 所示为偏应力峰值 $(\sigma_1-\sigma_3)_{max}$ 随着曲率系数 C_c 的变化规律。由图 5.19可知,尽管试验结果数据点比较离散,但总体而言,随着曲率系数 C_c 的增大,偏应力峰值 $(\sigma_1-\sigma_3)_{max}$ 呈先减小后增大的抛物线形变化,拟合曲线表达式为

$$(\sigma_1-\sigma_3)_{max}=49.048C_c^2-98.479C_c+380.506 \quad (\sigma_3=300\text{kPa},R^2=0.450)$$

$$(5.12)$$

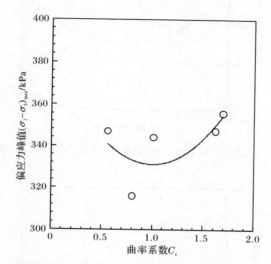

图 5.19　曲率系数 C_c 对偏应力峰值 $(\sigma_1-\sigma_3)_{max}$ 的影响 $(\sigma_3=300\text{kPa})$

4. 颗粒级配对偏应力峰值的影响 $(\sigma_3=400\text{kPa})$

1) 平均粒径 D_{50}

图 5.20 所示为偏应力峰值 $(\sigma_1-\sigma_3)_{max}$ 与试验土料平均粒径 D_{50} 的关系。由图 5.20 可知,试验结果数据点相当离散,但仍可以看出,随着平均粒径 D_{50} 的增大,偏应力峰值 $(\sigma_1-\sigma_3)_{max}$ 呈先减小后增大的抛物线形变化,拟合曲线表达式为

$$(\sigma_1-\sigma_3)_{max}=0.660D_{50}^2-7.986D_{50}+435.137 \quad (\sigma_3=400\text{kPa},R^2=0.184)$$

$$(5.13)$$

2) 砾粒含量 G_c

图 5.21 所示为砾粒含量 G_c 对偏应力峰值 $(\sigma_1-\sigma_3)_{max}$ 的影响。由图 5.21 可知,试验结果数据点很离散,尚不能确定砾粒含量 G_c 增大时偏应力峰值 $(\sigma_1-\sigma_3)_{max}$ 如何变化。

3) 不均匀系数 C_u

图 5.22 所示为不均匀系数 C_u 对偏应力峰值 $(\sigma_1-\sigma_3)_{max}$ 的影响。由图 5.22

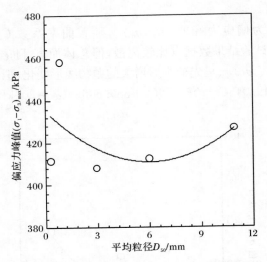

图 5.20　平均粒径 D_{50} 对偏应力峰值$(\sigma_1-\sigma_3)_{max}$的影响$(\sigma_3=400\mathrm{kPa})$

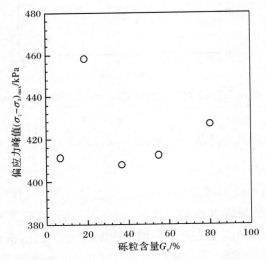

图 5.21　砾粒含量 G_c 对偏应力峰值$(\sigma_1-\sigma_3)_{max}$的影响$(\sigma_3=400\mathrm{kPa})$

可知,随着不均匀系数 C_u 的增大,偏应力峰值$(\sigma_1-\sigma_3)_{max}$总体上呈先增大后减小的抛物线形变化,拟合曲线表达式为

$$(\sigma_1-\sigma_3)_{max}=-0.204C_u^2+5.600C_u+396.773 \quad (\sigma_3=400\mathrm{kPa}, R^2=0.338)$$

$$(5.14)$$

4) 曲率系数 C_c

图 5.23 所示为偏应力峰值$(\sigma_1-\sigma_3)_{max}$随着曲率系数 C_c 的变化规律。由

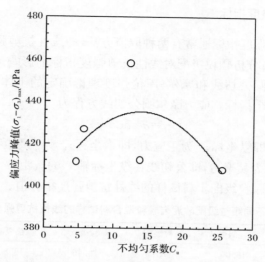

图 5.22　不均匀系数 C_u 对偏应力峰值 $(\sigma_1-\sigma_3)_{max}$ 的影响 $(\sigma_3=400\text{kPa})$

图 5.23可知,随着曲率系数 C_c 的增大,偏应力峰值 $(\sigma_1-\sigma_3)_{max}$ 呈先减小后增大的抛物线形变化,拟合曲线表达式为

$$(\sigma_1-\sigma_3)_{max}=135.750C_c^2-333.557C_c+599.788 \quad (\sigma_3=400\text{kPa}, R^2=0.921)$$

$$(5.15)$$

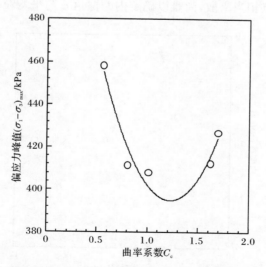

图 5.23　曲率系数 C_c 对偏应力峰值 $(\sigma_1-\sigma_3)_{max}$ 的影响 $(\sigma_3=400\text{kPa})$

5.3.3　线性抗剪强度指标

粗粒土的抗剪强度指标通常有两种取值方法,即线性抗剪强度指标和非线性抗剪强度指标,本节分析颗粒级配对线性抗剪强度指标的影响。线性抗剪强度指标是依据应力摩尔圆公切线和摩尔-库伦强度理论确定的土体强度指标,包括内摩擦角和黏聚力两个指标。应力摩尔圆公切线方程为

$$\tau_f = \sigma \tan\varphi + c \tag{5.16}$$

式中:τ_f 为剪应力,即纵坐标;σ 为正应力,即横坐标;φ 为内摩擦角,即公切线与横坐标轴 σ 的夹角;c 为黏聚力,即公切线在纵坐标轴 τ_f 的截距。

表 5.3 为不同颗粒级配土料试样的线性抗剪强度指标值。

表 5.3　不同颗粒级配砂泥岩颗粒混合料试样的线性抗剪强度指标值

线性抗剪强度指标	颗粒级配 1	颗粒级配 2	颗粒级配 3	颗粒级配 4	颗粒级配 5
$\varphi/(°)$	18.00	17.11	18.46	18.80	17.02
c/kPa	27.39	31.72	17.90	24.94	27.86

1. 颗粒级配对内摩擦角的影响

1) 平均粒径 D_{50}

图 5.24 所示为内摩擦角 φ 与试验土料平均粒径 D_{50} 的关系。由图 5.24 可知,试验结果数据点相当离散,尚难以确定内摩擦角 φ 与平均粒径 D_{50} 的关系。

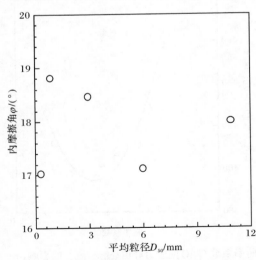

图 5.24　平均粒径 D_{50} 对内摩擦角 φ 的影响

2）砾粒含量 G_c

图 5.25 所示为砾粒含量 G_c 对内摩擦角 φ 的影响。由图 5.25 可知，试验结果数据点很离散，尚不能确定砾粒含量 G_c 增大时内摩擦角 φ 如何变化。

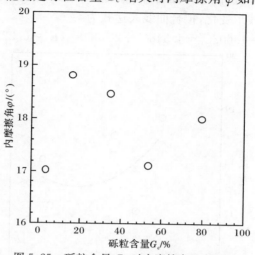

图 5.25 砾粒含量 G_c 对内摩擦角 φ 的影响

3）不均匀系数 C_u

图 5.26 所示为不均匀系数 C_u 对内摩擦角 φ 的影响。由图 5.26 可知，尽管试验结果数据点相当离散，但仍可以看出，随着不均匀系数 C_u 的增大，内摩擦角 φ 总体上呈增大变化，拟合直线表达式为

$$\varphi = 0.044C_u + 17.338 \quad (R^2 = 0.215) \tag{5.17}$$

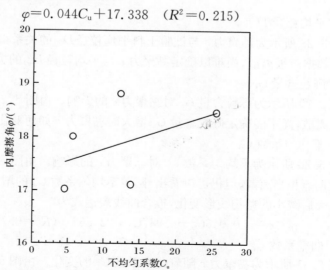

图 5.26 不均匀系数 C_u 对内摩擦角 φ 的影响

4）曲率系数 C_c

图 5.27 所示为内摩擦角 φ 随着曲率系数 C_c 的变化。由图 5.27 可知,尽管试验结果数据点相当离散,但总体而言,随着曲率系数 C_c 的增大,内摩擦角 φ 呈先减小后增大的抛物线形变化,拟合曲线表达式为

$$\varphi = 1.602C_c^2 - 4.348C_c + 20.430 \quad (R^2 = 0.222) \tag{5.18}$$

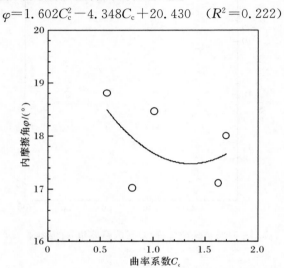

图 5.27　曲率系数 C_c 对内摩擦角 φ 的影响

2. 颗粒级配对黏聚力的影响

1）平均粒径 D_{50}

图 5.28 所示为黏聚力 c 与试验土料平均粒径 D_{50} 的关系。由图 5.28 可知,试验结果数据点很离散,尚难以确定黏聚力 c 与平均粒径 D_{50} 的关系。

2）砾粒含量 G_c

图 5.29 所示为砾粒含量 G_c 对黏聚力 c 的影响。由图 5.29 可知,试验结果数据点很离散,尚不能确定砾粒含量 G_c 增大时黏聚力 c 如何变化。

3）不均匀系数 C_u

图 5.30 所示为不均匀系数 C_u 对黏聚力 c 的影响。由图 5.30 可知,尽管试验结果数据点相当离散,但仍可以看出,随着不均匀系数 C_u 的增大,黏聚力 c 总体上呈先增大后减小的抛物线形变化,拟合曲线表达式为

$$c = -0.046C_u^2 + 0.947C_u + 23.862 \quad (R^2 = 0.751) \tag{5.19}$$

4）曲率系数 C_c

图 5.31 所示为黏聚力 c 随着曲率系数 C_c 的变化。由图 5.31 可知,尽管试验结果数据点相当离散,但总体而言,随着曲率系数 C_c 的增大,黏聚力 c 呈先减小后

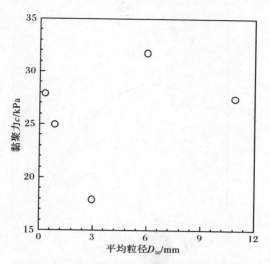

图 5.28　平均粒径 D_{50} 对黏聚力 c 的影响

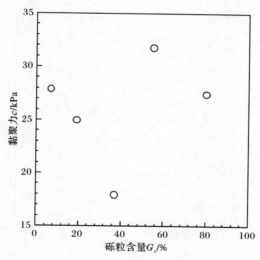

图 5.29　砾粒含量 G_c 对内黏聚力 c 的影响

增大的抛物线形变化,拟合曲线表达式为

$$c = 18.594 C_c^2 - 38.762 C_c + 42.261 \quad (R^2 = 0.425) \tag{5.20}$$

5.3.4　非线性抗剪强度指标

若不考虑黏聚力,抗剪强度可用抗剪角 φ_r 表示。此时,抗剪角 φ_r 被定义为在剪应力-正应力坐标系中,与应力摩尔圆相切且经过坐标原点直线的倾角,即

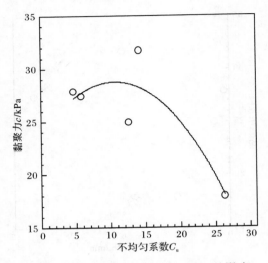

图 5.30　不均匀系数 C_u 对黏聚力 c 的影响

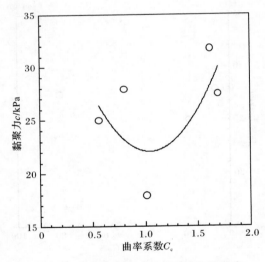

图 5.31　曲率系数 C_c 对黏聚力 c 的影响

$$\varphi_r = \sin^{-1}\left(\frac{\sigma_{1f} - \sigma_{3f}}{\sigma_{1f} + \sigma_{3f}}\right) \tag{5.21}$$

式中：σ_{1f} 和 σ_{3f} 分别为临界（即剪应力峰值时）大、小主应力。

由于不同围压下的剪应力峰值不同，因此，由式（5.21）计算得到的抗剪角 φ_r 大小与围压值有关。为了消除应力状态对抗剪角 φ_r 的影响，有学者[85]建议采用下式拟合：

$$\varphi_r = \varphi_0 - \varphi_d \lg \frac{\sigma_{3f}}{p_a} \qquad (5.22)$$

式中：p_a 为大气压强；φ_0 为初始抗剪角，即 $\sigma_{3f} = p_a$ 时的抗剪角 φ_r；φ_d 为抗剪角增量。

式(5.22)中，初始抗剪角 φ_0 和抗剪角增量 φ_d 合称为非线性抗剪强度指标。图 5.32 所示为不同颗粒级配土料的抗剪角 φ_r，图中横坐标为 $\lg \frac{\sigma_{3f}}{p_a}$，纵坐标为抗剪角 φ_r，拟合直线方程为式(5.22)。

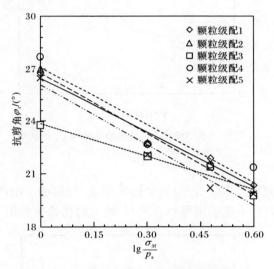

图 5.32　不同颗粒级配土料的抗剪角 φ_r

表 5.4 给出了不同颗粒级配土料试样的非线性抗剪强度指标值，同时也给出了试验数据点按式(5.22)拟合时的相关系数 R^2。由表 5.4 可知，相关系数 R^2 值均不小于 0.906，表明用式(5.22)拟合抗剪角 φ_r 是合适的。

表 5.4　不同颗粒级配砂泥岩颗粒混合料试样的非线性抗剪强度指标值

非线性抗剪强度指标	颗粒级配 1	颗粒级配 2	颗粒级配 3	颗粒级配 4	颗粒级配 5
$\varphi_0/(°)$	26.47	26.77	23.85	27.06	26.08
$\varphi_d/(°)$	10.34	11.57	6.223	10.91	11.43
R^2	0.969	0.985	0.954	0.906	0.960

1. 颗粒级配对初始抗剪角的影响

1) 平均粒径 D_{50}

图 5.33 所示为初始抗剪角 φ_0 与试验土料平均粒径 D_{50} 的关系。由图 5.33 可

知,试验结果数据点相当离散,尚难以确定初始抗剪角 φ_0 与平均粒径 D_{50} 的关系。

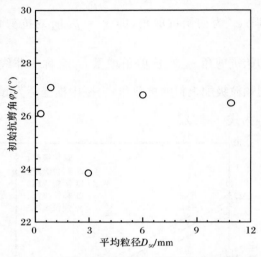

图 5.33　平均粒径 D_{50} 对初始抗剪角 φ_0 的影响

2) 砾粒含量 G_c

图 5.34 所示为砾粒含量 G_c 对初始抗剪角 φ_0 的影响。由图 5.34 可知,试验结果数据点很离散,尚不能确定砾粒含量 G_c 增大时初始抗剪角 φ_0 如何变化。

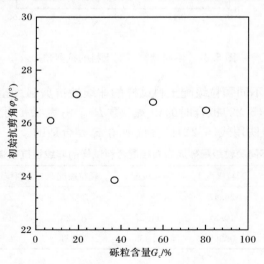

图 5.34　砾粒含量 G_c 对初始抗剪角 φ_0 的影响

3) 不均匀系数 C_u

图 5.35 所示为不均匀系数 C_u 对初始抗剪角 φ_0 的影响。由图 5.35 可知,随

着不均匀系数 C_u 的增大，初始抗剪角 φ_0 呈先增大后减小的抛物线形变化，拟合曲线表达式为

$$\varphi_0 = -0.016C_u^2 + 0.370C_u + 24.815 \quad (R^2 = 0.994) \tag{5.23}$$

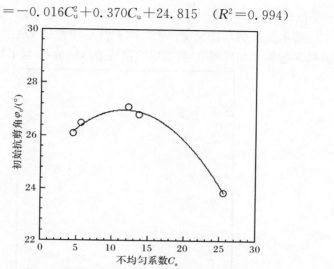

图 5.35　不均匀系数 C_u 对初始抗剪角 φ_0 的影响

4）曲率系数 C_c

图 5.36 所示为初始抗剪角 φ_0 随着曲率系数 C_c 的变化。由图 5.36 可知，随着曲率系数 C_c 的增大，初始抗剪角 φ_0 呈先减小后增大的抛物线形变化，拟合曲线表达式为

$$\varphi_0 = 8.543C_c^2 - 19.625C_c + 35.600 \quad (R^2 = 0.781) \tag{5.24}$$

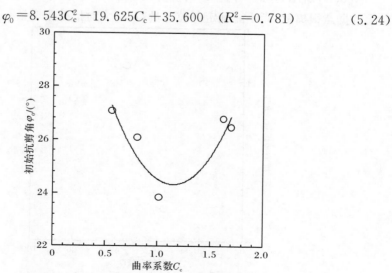

图 5.36　曲率系数 C_c 对初始抗剪角 φ_0 的影响

2. 颗粒级配对抗剪角增量的影响

1) 平均粒径 D_{50}

图 5.37 所示为抗剪角增量 φ_d 与试验土料平均粒径 D_{50} 的关系。由图 5.37 可知,试验结果数据点相当离散,尚难以确定抗剪角增量 φ_d 与平均粒径 D_{50} 的关系。

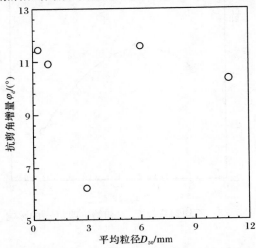

图 5.37　平均粒径 D_{50} 对抗剪角增量 φ_d 的影响

2) 砾粒含量 G_c

图 5.38 所示为砾粒含量 G_c 对抗剪角增量 φ_d 的影响。由图 5.38 可知,试验结果数据点很离散,尚不能确定砾粒含量 G_c 增大时抗剪角增量 φ_d 如何变化。

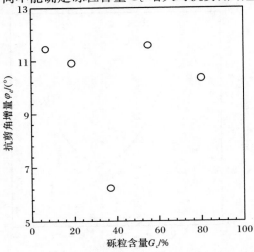

图 5.38　砾粒含量 G_c 对抗剪角增量 φ_d 的影响

3) 不均匀系数 C_u

图 5.39 所示为不均匀系数 C_u 对抗剪角增量 φ_d 的影响。由图 5.39 可知,随着不均匀系数 C_u 的增大,抗剪角增量 φ_d 呈先增大后减小的抛物线形变化,拟合曲线表达式为

$$\varphi_d = -0.021C_u^2 + 0.407C_u + 9.399 \quad (R^2 = 0.938) \tag{5.25}$$

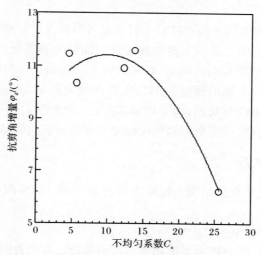

图 5.39 不均匀系数 C_u 对抗剪角增量 φ_d 的影响

4) 曲率系数 C_c

图 5.40 所示为抗剪角增量 φ_d 随着曲率系数 C_c 的变化。由图 5.40 可知,随

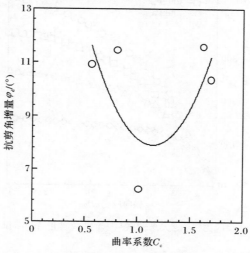

图 5.40 曲率系数 C_c 对抗剪角增量 φ_d 的影响

着曲率系数 C_c 的增大,抗剪角增量 φ_d 呈先减小后增大的抛物线形变化,拟合曲线表达式为

$$\varphi_d = 10.931 C_c^2 - 25.032 C_c + 22.230 \quad (R^2 = 0.429) \tag{5.26}$$

5.4　泥岩颗粒含量的影响

表 5.1 中的方案 2 用于研究试验土料中泥岩颗粒含量对砂泥岩颗粒混合料三轴强度变形特性的影响。试验土料的颗粒级配曲线为颗粒级配 3,泥岩颗粒含量分别为 0%(即纯砂岩颗粒料)、20%、40%、60%、80% 和 100%(即纯泥岩颗粒料)。另外,众所周知,水对土体的强度变形特性存在较大影响,为便于分析水的影响,试样的含水情况考虑两种状态,即非饱和状态(取含水率 6%)和饱和状态。本节从应力-应变关系曲线、强度指标和颗粒破碎等方面分析泥岩颗粒含量的影响。

5.4.1　应力-应变关系

为节约篇幅,这里仅给出泥岩颗粒含量为 40% 和 100% 两种试验土料的试验结果。

1) 泥岩颗粒含量 40%

图 5.41 和图 5.42 分别为非饱和状态和饱和状态砂泥岩颗粒混合料试样在不同围压下的应力-应变关系曲线。

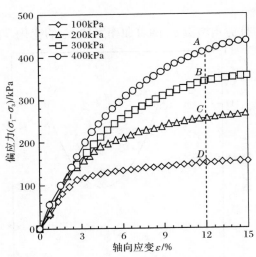

图 5.41　三轴试验应力-应变关系曲线(泥岩颗粒含量 40%,试样含水率 6%)

由图 5.41 和图 5.42 可知,无论试样处于非饱和状态(见图 5.41)还是饱和状

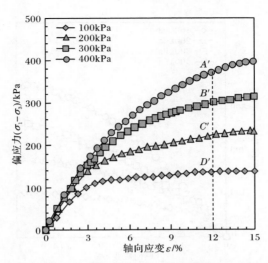

图 5.42　三轴试验应力-应变关系曲线（泥岩颗粒含量 40%，饱和试样）

态（见图 5.42），由围压为 100kPa、200kPa、300kPa 和 400kPa 的三轴试验得到的
应力-应变关系曲线均没有出现明显的软化现象。比较图 5.41 和图 5.42 容易发
现，当轴向应变相同时，饱和状态的偏应力明显小于非饱和状态的偏应力。比如，
轴向应变为 12% 时，图 5.41（非饱和状态）中 A 点（$\sigma_3 = 400$kPa）、B 点（$\sigma_3 =$
300kPa）、C 点（$\sigma_3 = 200$kPa）和 D 点（$\sigma_3 = 100$kPa）的偏应力（$\sigma_1 - \sigma_3$）分别为
406.7kPa、342.3kPa、256.0kPa 和 151.5kPa，而图 5.42（饱和状态）中与之对应的
A' 点、B' 点、C' 点和 D' 点的偏应力分别为 371.1kPa、299.5kPa、223.7kPa 和
137.4kPa，饱和状态的偏应力较非饱和状态下降了 8.8%~12.6%。

　　2）泥岩颗粒含量 100%

　　图 5.43 和图 5.44 分别为非饱和状态和饱和状态纯泥岩颗粒料试样在不同围
压下的应力-应变关系曲线。

　　由图 5.43 和图 5.44 可知，无论试样处于非饱和状态（见图 5.43）还是饱和状
态（见图 5.44），由围压为 100kPa、200kPa、300kPa 和 400kPa 的三轴试验得到的
应力-应变关系曲线均没有出现明显的软化现象。比较图 5.43 和图 5.44 容易发
现，当偏应力（$\sigma_1 - \sigma_3$）相同时，饱和状态的轴向应变明显大于非饱和状态的轴向应
变值。比如，当围压 $\sigma_3 = 100$kPa 且（$\sigma_1 - \sigma_3$）$= 70$kPa 时，非饱和状态试样的轴向应变
ε 为 4.26%（图 5.43 中 A 点），而饱和状态试样的轴向应变 ε 为 6.18%（图 5.44 中
A' 点）；当围压 $\sigma_3 = 200$kPa 且（$\sigma_1 - \sigma_3$）$= 130$kPa 时，非饱和状态试样的轴向应变 ε
为 6.37%（图 5.43 中 B 点），而饱和状态试样的轴向应变 ε 为 8.09%（图 5.44 中
B' 点）；当围压 $\sigma_3 = 300$kPa 且（$\sigma_1 - \sigma_3$）$= 200$kPa 时，非饱和状态试样的轴向应变 ε

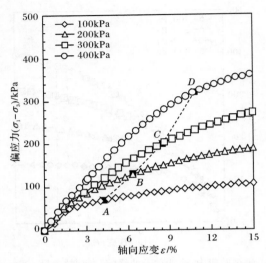

图 5.43　三轴试验应力-应变关系曲线(泥岩颗粒含量 100%,试样含水率 6%)

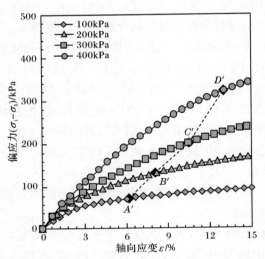

图 5.44　三轴试验应力-应变关系曲线(泥岩颗粒含量 100%,饱和试样)

为 8.49%(图 5.43 中 C 点),而饱和状态试样的轴向应变 ε 为 10.54%(图 5.44 中 C' 点);当围压 $\sigma_3 = 400\text{kPa}$ 且 $(\sigma_1 - \sigma_3) = 320\text{kPa}$ 时,非饱和状态试样的轴向应变 ε 为 10.84%(图 5.43 中 D 点),而饱和状态试样的轴向应变 ε 为 13.00%(图 5.44 中 D' 点)。可见,在应力状态相同时,饱和状态纯泥岩颗粒料的轴向应变较非饱和状态的轴向应变大约 2.0%。

5.4.2　线性抗剪强度指标

表 5.5 给出了不同泥岩颗粒含量土料试样的线性抗剪强度指标值。

表 5.5　不同泥岩颗粒含量砂泥岩颗粒混合料试样的线性抗剪强度指标值

试样状态	线性抗剪强度指标	试验土料中的泥岩颗粒含量/%					
		0	20	40	60	80	100
非饱和状态	$\varphi/(°)$	19.46	19.02	18.59	17.97	17.42	17.07
	c/kPa	22.36	25.03	25.10	22.30	18.44	12.22
饱和状态	$\varphi/(°)$	18.79	18.14	17.38	16.67	16.24	15.69
	c/kPa	19.95	21.70	21.06	17.48	13.46	8.46

1）泥岩颗粒含量对内摩擦角的影响

图 5.45 所示为内摩擦角 φ 随着泥岩颗粒含量 M_c 的变化特点。由图 5.45 可知,无论非饱和试样还是饱和试样,随着泥岩颗粒含量 M_c 的增大,内摩擦角 φ 均呈线性减小变化。非饱和状态试样的拟合直线表达式为

$$\varphi = -2.482M_c + 19.497 \quad (R^2 = 0.995) \tag{5.27}$$

饱和状态试样的拟合直线表达式为

$$\varphi = -3.128M_c + 18.717 \quad (R^2 = 0.992) \tag{5.28}$$

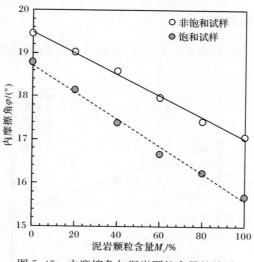

图 5.45　内摩擦角与泥岩颗粒含量的关系

2）泥岩颗粒含量对黏聚力的影响

图 5.46 所示为黏聚力 c 随着泥岩颗粒含量 M_c 的变化特点。由图 5.46 可知,无论非饱和试样还是饱和试样,随着泥岩颗粒含量 M_c 的增大,黏聚力 c 均呈

先增大后减小的抛物线形变化。非饱和状态试样的拟合曲线表达式为

$$c=-26.861M_c^2+16.391M_c+22.563 \quad (R^2=0.997) \tag{5.29}$$

饱和状态试样的拟合曲线表达式为

$$c=-21.094M_c^2+8.846M_c+20.330 \quad (R^2=0.990) \tag{5.30}$$

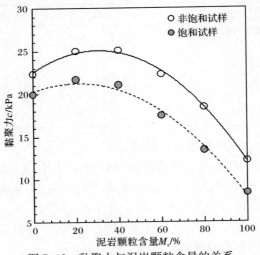

图 5.46　黏聚力与泥岩颗粒含量的关系

5.4.3　非线性抗剪强度指标

图 5.47 所示为非饱和状态不同泥岩颗粒含量土料试样的抗剪角 φ_r，图中拟合直线方程为式(5.22)。

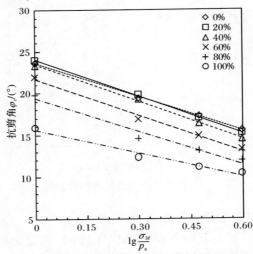

图 5.47　不同泥岩颗粒含量土料的抗剪角 φ_r（非饱和试样）

图 5.48 所示为饱和状态不同泥岩颗粒含量土料试样的抗剪角 φ_r。

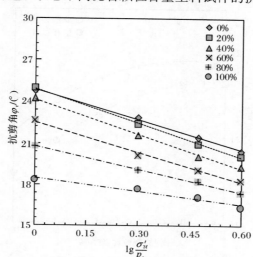

图 5.48　不同泥岩颗粒含量土料的抗剪角 φ_r（饱和试样）

表 5.6 给出了不同泥岩颗粒含量土料试样的非线性抗剪强度指标值。

表 5.6　不同泥岩颗粒含量砂泥岩颗粒混合料试样的非线性抗剪强度指标值

试样状态	非线性抗剪强度指标	试验土料中的泥岩颗粒含量/%					
		0	20	40	60	80	100
非饱和状态	$\varphi_0/(°)$	26.15	26.42	26.05	25.02	23.61	21.37
	$\varphi_d/(°)$	8.03	8.74	8.79	8.62	7.83	5.49
饱和状态	$\varphi_0/(°)$	24.82	24.91	24.13	22.51	20.77	18.48
	$\varphi_d/(°)$	7.13	8.18	8.22	7.20	5.47	3.18

1）泥岩颗粒含量对初始抗剪角的影响

图 5.49 所示为初始抗剪角 φ_0 随着泥岩颗粒含量 M_c 的变化特点。由图 5.49 可知，无论非饱和试样还是饱和试样，随着泥岩颗粒含量 M_c 的增大，初始抗剪角 φ_0 均呈先增大后减小的抛物线形变化。非饱和状态试样的拟合曲线表达式为

$$\varphi_0 = -7.460M_c^2 + 2.694M_c + 26.158 \quad (R^2 = 0.999) \quad (5.31)$$

饱和状态试样的拟合曲线表达式为

$$\varphi_0 = -7.027M_c^2 + 0.493M_c + 24.934 \quad (R^2 = 0.997) \quad (5.32)$$

2）泥岩颗粒含量对抗剪角增量的影响

图 5.50 所示为抗剪角增量 φ_d 随着泥岩颗粒含量 M_c 的变化特点。由图 5.50 可知，无论非饱和试样还是饱和试样，随着泥岩颗粒含量 M_c 的增大，抗剪角增量

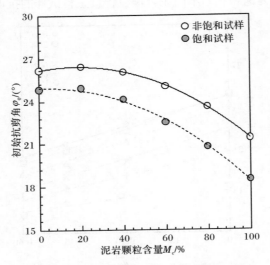

图 5.49　初始抗剪角与泥岩颗粒含量的关系

φ_d 均呈先增大后减小的抛物线形变化。非饱和状态试样的拟合曲线表达式为

$$\varphi_d = -8.308M_c^2 + 6.079M_c + 7.923 \quad (R^2 = 0.969) \tag{5.33}$$

饱和状态试样的拟合曲线表达式为

$$\varphi_d = -10.616M_c^2 + 6.488M_c + 7.212 \quad (R^2 = 0.997) \tag{5.34}$$

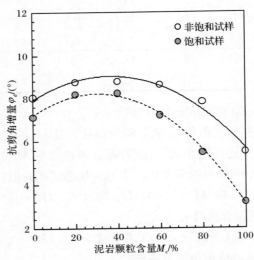

图 5.50　抗剪角增量与泥岩颗粒含量的关系

5.4.4　颗粒破碎

砂泥岩颗粒混合料在受荷过程中,其砂岩颗粒和泥岩颗粒均可能发生破碎[86~91]。第 3 章中,研究了砂泥岩颗粒混合料在击实过程中的颗粒破碎问题。本节关注在三轴剪切及湿化过程中的颗粒破碎问题。实际上,土体颗粒破碎问题[92~100]及颗粒破碎对土体力学特性的影响问题[101,102]是岩土力学与工程领域研究的热点问题,已有相当多的研究成果。本节仍从试验前后试样土体的颗粒级配曲线变化入手,利用 Hardin 提出的相对破碎率概念,研究砂泥岩颗粒混合料在三轴剪切及湿化过程中的颗粒破碎问题。影响颗粒破碎的因素很多,如土体类型、物质组成、受力状态、颗粒形状等[103~106],本节仅研究围压、泥岩颗粒含量和湿化三个因素。

1. 颗粒级配曲线

为节约篇幅,此处仅给出泥岩颗粒含量为 40% 和 100% 两种试验土料的初始颗粒级配曲线、制样完成后的颗粒级配曲线和三轴试验结束后的颗粒级配曲线。

1) 泥岩颗粒含量 40%

图 5.51 和图 5.52 分别为非饱和状态和饱和状态试样不同试验阶段的颗粒级配曲线。图中“制样前”表示试验土料的颗粒级配曲线,即颗粒级配 3;“制样后”表示试样制备完成后的颗粒级配曲线;“100kPa”、“200kPa”、“300kPa”和“400kPa”分别表示围压为 100kPa、200kPa、300kPa 和 400kPa 的三轴试验完成后的颗粒级配曲线。

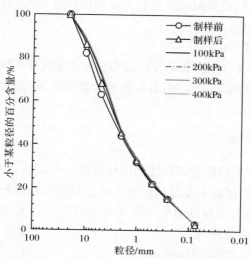

图 5.51　试验前后土料的颗粒级配曲线(泥岩颗粒含量 40%,试样含水率 6%)

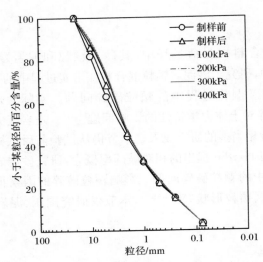

图 5.52　试验前后土料的颗粒级配曲线(泥岩颗粒含量 40％,饱和试样)

由图 5.51 和图 5.52 可知,相比"制样前"颗粒级配曲线,"制样后"颗粒级配曲线明显向右上方位移,表明试样制备过程中出现了颗粒破碎现象,此与第 3 章中击实过程中的颗粒破碎现象类似,在此不再赘述;相比"制样后"颗粒级配曲线,三轴剪切试验完成后的颗粒级配曲线向右上方位移,表明在三轴试验过程中也出现了颗粒破碎现象;分别比较图 5.51 和图 5.52 中"100kPa"、"200kPa"、"300kPa"和"400kPa"颗粒级配曲线,可以发现饱和状态试样(见图 5.52)三轴试验后的颗粒级配曲线相对"制样后"颗粒级配曲线向右上方的位移量更大,表明湿化作用也导致了颗粒破碎现象的发生。

2) 泥岩颗粒含量 100％

图 5.53 和图 5.54 分别为非饱和状态和饱和状态试样不同试验阶段的颗粒级配曲线。由图 5.53 和图 5.54 可知,各阶段颗粒级配曲线特征与图 5.51 和图 5.52 中相似,在此不再赘述。

2. 相对颗粒破碎率

三轴剪切试验中的颗粒破碎程度仍用相对破碎率反映,为便于分析制样引起的颗粒破碎问题,相对破碎率是以制样前试验土料的颗粒级配曲线为初始曲线得到的。相对破碎率的大小与试验中试样所处的应力状态和试验土料中泥岩颗粒含量均有关,下面分别分析。

1) 应力状态对相对破碎率的影响

为节约篇幅,此处仅给出泥岩颗粒含量为 40％和 100％两种试验土料的相对

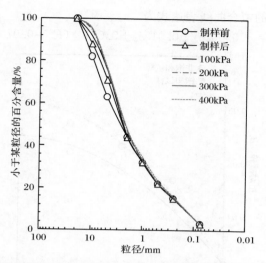

图 5.53　试验前后土料的颗粒级配曲线（泥岩颗粒含量 100％，试样含水率 6％）

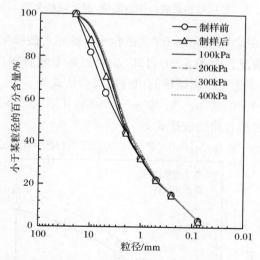

图 5.54　试验前后土料的颗粒级配曲线（泥岩颗粒含量 100％，饱和试样）

破碎率。

图 5.55 所示为泥岩颗粒含量 40％试验土料的相对破碎率 B_r 随着三轴试验中围压增大的变化情况。由图 5.55 可知，相同围压下，饱和试样的相对破碎率大于非饱和试样的相对破碎率，两者均随着围压的增大呈非线性增大变化。非饱和状态试样的拟合曲线表达式为

$$B_r = -0.001\sigma_3^2 + 0.012\sigma_3 + 0.031 \quad (R^2 = 0.986) \tag{5.35}$$

饱和状态试样的拟合曲线表达式为

$$B_r = -0.002\sigma_3^2 + 0.015\sigma_3 + 0.031 \quad (R^2 = 0.979) \tag{5.36}$$

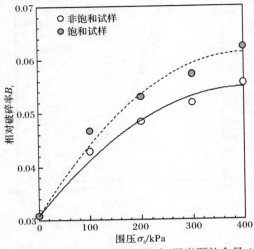

图 5.55　围压对相对破碎率的影响(泥岩颗粒含量 40%)

图 5.56 所示为泥岩颗粒含量 100% 试验土料的相对破碎率 B_r 随着三轴试验中围压增大的变化情况。由图 5.56 可知,相对破碎率随着围压增大的变化特点与图 5.55 中相似。非饱和状态试样的拟合曲线表达式为

$$B_r = -0.002\sigma_3^2 + 0.020\sigma_3 + 0.033 \quad (R^2 = 0.991) \tag{5.37}$$

饱和状态试样的拟合曲线表达式为

$$B_r = -0.002\sigma_3^2 + 0.025\sigma_3 + 0.033 \quad (R^2 = 0.963) \tag{5.38}$$

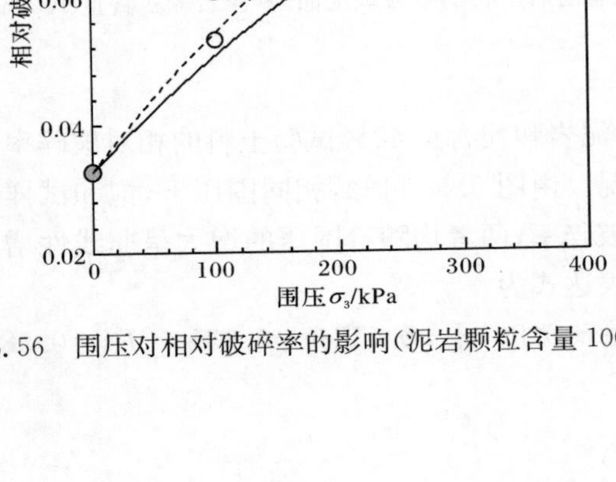

图 5.56　围压对相对破碎率的影响(泥岩颗粒含量 100%)

2) 泥岩颗粒含量对相对破碎率的影响

图 5.57 所示为非饱和试样的相对破碎率 B_r 随着泥岩颗粒含量增大的变化情况,为便于分析,图中也给出了制样引起的相对破碎率,即图中围压为"0kPa"的曲线。

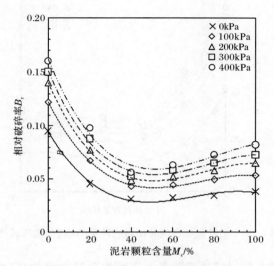

图 5.57　泥岩颗粒含量对相对破碎率的影响(试样含水率 6%)

由图 5.57 可知,不同围压下的相对破碎率变化曲线形态相似;纯砂岩颗粒料(即泥岩颗粒含量为 0%)的相对破碎率是最大的;随着泥岩颗粒含量的增大,相对破碎率迅速减小;当泥岩颗粒含量为 40% 左右时,相对破碎率达最小值;随着泥岩颗粒含量的进一步增大,相对破碎率缓慢增大变化。

各围压下非饱和试样的相对破碎率随着泥岩颗粒含量变化的拟合曲线表达式为

围压 $\sigma_3 = 0\text{kPa}$:

$$B_r = -0.247M_c^3 + 0.520M_c^2 - 0.330M_c + 0.094 \quad (R^2 = 0.994) \quad (5.39)$$

围压 $\sigma_3 = 100\text{kPa}$:

$$B_r = -0.257M_c^3 + 0.570M_c^2 - 0.382M_c + 0.122 \quad (R^2 = 0.999) \quad (5.40)$$

围压 $\sigma_3 = 200\text{kPa}$:

$$B_r = -0.290M_c^3 + 0.653M_c^2 - 0.439M_c + 0.140 \quad (R^2 = 0.998) \quad (5.41)$$

围压 $\sigma_3 = 300\text{kPa}$:

$$B_r = -0.286M_c^3 + 0.662M_c^2 - 0.454M_c + 0.151 \quad (R^2 = 0.993) \quad (5.42)$$

围压 $\sigma_3 = 400\text{kPa}$:

$$B_r = -0.276M_c^3 + 0.668M_c^2 - 0.470M_c + 0.162 \quad (R^2 = 0.987) \quad (5.43)$$

图 5.58 所示为饱和试样的相对破碎率 B_r 随着泥岩颗粒含量增大的变化情况。

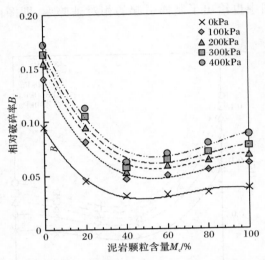

图 5.58　泥岩颗粒含量对相对破碎率的影响(饱和试样)

由图 5.58 可知,相对破碎率随着泥岩颗粒含量增大的变化特点与图 5.57 中类似,在此不再赘述。各围压下饱和试样的相对破碎率随着泥岩颗粒含量变化的拟合曲线表达式为

围压 $\sigma_3 = 100\text{kPa}$：
$$B_r = -0.263M_c^3 + 0.609M_c^2 - 0.426M_c + 0.141 \quad (R^2 = 0.994) \quad (5.44)$$

围压 $\sigma_3 = 200\text{kPa}$：
$$B_r = -0.278M_c^3 + 0.645M_c^2 - 0.454M_c + 0.157 \quad (R^2 = 0.987) \quad (5.45)$$

围压 $\sigma_3 = 300\text{kPa}$：
$$B_r = -0.257M_c^3 + 0.625M_c^2 - 0.455M_c + 0.165 \quad (R^2 = 0.978) \quad (5.46)$$

围压 $\sigma_3 = 400\text{kPa}$：
$$B_r = -0.254M_c^3 + 0.639M_c^2 - 0.470M_c + 0.175 \quad (R^2 = 0.976) \quad (5.47)$$

5.5　试样干密度的影响

表 5.1 中的方案 3 用于研究试样干密度对砂泥岩颗粒混合料三轴强度变形特性的影响。试验土料为颗粒级配 3、泥岩颗粒含量为 20% 的砂泥岩颗粒混合料,试样干密度分别为 1.8g/cm^3、1.9g/cm^3、2.0g/cm^3 和 2.1g/cm^3,试样的含水情况为非饱和状态(取含水率 6%)和饱和状态两种。

5.5.1　应力-应变关系曲线

图 5.59 所示为围压 100kPa 和 300kPa、干密度 2.1g/cm³ 的非饱和试样和饱和试样的应力-应变关系曲线,图中"USAT-100kPa"表示非饱和试样、围压 100kPa 的应力-应变关系曲线;"SAT-100kPa"表示饱和试样、围压 100kPa 的应力-应变关系曲线。

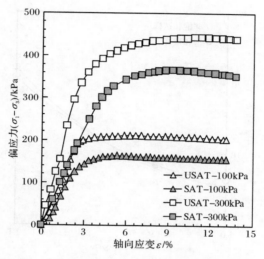

图 5.59　应力-应变关系曲线(试样干密度 2.1g/cm³)

由图 5.59 可知,饱和状态的应力-应变关系曲线明显低于相同围压的非饱和状态应力-应变关系曲线,表明湿化的影响是显著的。

5.5.2　线性抗剪强度指标

表 5.7 给出了不同干密度试样的线性抗剪强度指标值。

表 5.7　不同干密度试样的线性抗剪强度指标值

试样状态	线性抗剪强度指标	试样干密度/(g/cm³)			
		1.8	1.9	2.0	2.1
非饱和状态	$\varphi/(°)$	17.10	17.68	18.59	20.44
	c/kPa	21.72	25.52	31.62	39.89
饱和状态	$\varphi/(°)$	17.28	17.70	18.61	20.16
	c/kPa	15.01	17.74	20.92	28.38

1)试样干密度对内摩擦角的影响

图 5.60 给出了内摩擦角 φ 随着试样干密度 ρ_d 的变化特点。由图 5.60 可知,

湿化对内摩擦角 φ 的影响不大；无论非饱和试样还是饱和试样，随着试样干密度 ρ_d 的增大，内摩擦角 φ 均呈非线性增大变化。非饱和状态试样的拟合曲线表达式为

$$\varphi=31.549\rho_d^2-112.090\rho_d+116.669 \quad (R^2=0.997) \tag{5.48}$$

饱和状态试样的拟合曲线表达式为

$$\varphi=28.368\rho_d^2-101.092\rho_d+107.344 \quad (R^2=0.999) \tag{5.49}$$

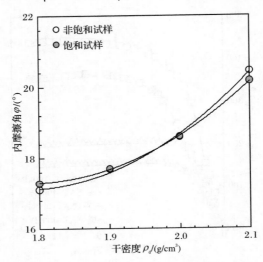

图 5.60　内摩擦角与试样干密度的关系

2）试样干密度对黏聚力的影响

图 5.61 给出了黏聚力 c 随着试样干密度 ρ_d 的变化特点。由图 5.61 可知，湿化作用使得饱和试样的黏聚力明显小于非饱和试样的黏聚力；无论非饱和试样还是饱和试样，随着试样干密度 ρ_d 的增大，黏聚力 c 均呈非线性增大变化。非饱和状态试样的拟合曲线表达式为

$$c=111.999\rho_d^2-376.202\rho_d+336.006 \quad (R^2=0.999) \tag{5.50}$$

饱和状态试样的拟合曲线表达式为

$$c=118.164\rho_d^2-417.554\rho_d+383.946 \quad (R^2=0.999) \tag{5.51}$$

5.5.3　非线性抗剪强度指标

图 5.62 所示为非饱和状态不同干密度试样的抗剪角 φ_r，图中拟合直线方程为式(5.22)。

表 5.8 给出了不同干密度试样的非线性抗剪强度指标值。

图 5.63 所示为饱和状态不同干密度试样的抗剪角 φ_r。

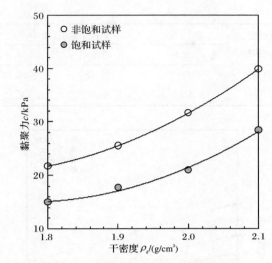

图 5.61　黏聚力与试样干密度的关系

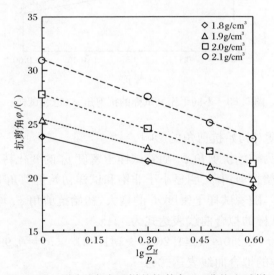

图 5.62　不同干密度试样的抗剪角 φ_r（非饱和试样）

表 5.8　不同干密度试样的非线性抗剪强度指标值

试样状态	非线性抗剪强度指标	试样干密度/(g/cm^3)			
		1.8	1.9	2.0	2.1
非饱和状态	$\varphi_0/(°)$	23.93	25.45	27.78	30.99
	$\varphi_d/(°)$	8.14	9.21	10.86	12.17

试样状态	非线性抗剪强度指标	试样干密度/(g/cm³)			
		1.8	1.9	2.0	2.1
饱和状态	φ_0/(°)	22.21	23.42	25.25	28.20
	φ_d/(°)	6.00	6.97	8.25	9.50

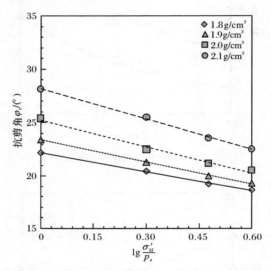

图 5.63　不同干密度试样的抗剪角 φ_r（饱和试样）

1）试样干密度对初始抗剪角的影响

图 5.64 所示为初始抗剪角 φ_0 随着试样干密度 ρ_d 的变化特点。由图 5.64 可知,饱和试样的初始抗剪角 φ_0 明显小于非饱和试样初始抗剪角 φ_0 值;无论非饱和试样还是饱和试样,随着试样干密度 ρ_d 的增大,初始抗剪角 φ_0 均呈非线性增大变化。非饱和状态试样的拟合曲线表达式为

$$\varphi_0 = 42.250\rho_d^2 - 141.265\rho_d + 141.321 \quad (R^2 = 0.999) \tag{5.52}$$

饱和状态试样的拟合曲线表达式为

$$\varphi_0 = 43.500\rho_d^2 - 149.850\rho_d + 151.025 \quad (R^2 = 0.999) \tag{5.53}$$

2）试样干密度对抗剪角增量的影响

图 5.65 所示为抗剪角增量 φ_d 随着试样干密度 ρ_d 的变化特点。由图 5.65 可知,湿化作用使得饱和试样的抗剪角增量 φ_d 明显小于非饱和试样抗剪角增量 φ_d;无论非饱和试样还是饱和试样,随着试样干密度 ρ_d 的增大,抗剪角增量 φ_d 均呈线性增大变化。非饱和状态试样的拟合直线表达式为

$$\varphi_d = 13.744\rho_d - 16.706 \quad (R^2 = 0.994) \tag{5.54}$$

饱和状态试样的拟合曲线表达式为

$$\varphi_d = 11.771\rho_d - 15.271 \quad (R^2 = 0.996) \tag{5.55}$$

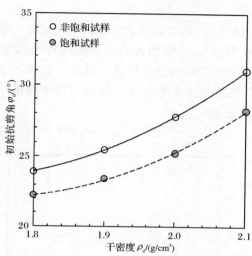

图 5.64 初始抗剪角与试样干密度的关系

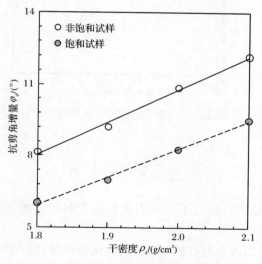

图 5.65 抗剪角增量与试样干密度的关系

5.6 试样含水率的影响

表 5.1 中的方案 4 用于研究试样含水率对砂泥岩颗粒混合料三轴强度变形特

性的影响。试验土料为颗粒级配 3、泥岩颗粒含量为 20％的砂泥岩颗粒混合料,试样干密度为 2.1g/cm³,试样含水率分别为 4％、5％、6％、8％和 9％。试验围压仅考虑 200kPa 一种情况。

图 5.66 所示为抗剪角 φ_r 随着试样含水率的变化情况。由图 5.66 可知,随着试样含水率的增大,抗剪角 φ_r 呈先增大后减小的抛物线形变化。由第 3 章可知图 5.66 中抗剪角 φ_r 峰值位置的含水率接近于最优含水率,由此可知,在实际工程中控制填料的含水率在最优含水率附近对提高填后土体的抗剪强度是有益的。图 5.66 中拟合曲线的表达式为

$$\varphi_r = -7055.355w^2 + 925.123w - 3.288 \quad (R^2 = 0.918) \tag{5.56}$$

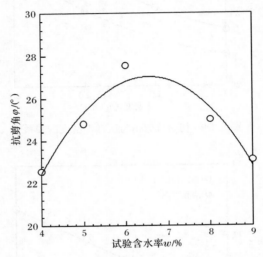

图 5.66　抗剪角与试样含水率的关系

5.7　本章小结

通过室内三轴试验,研究了砂泥岩颗粒混合料的强度变形特性及其影响因素,主要结论如下:

(1)应力-应变曲线形态有硬化型和弱软化型两种,没有出现明显的应变软化现象。

(2)土料中的颗粒粒径、砾粒含量及颗粒级配曲线特征等对不同围压偏应力峰值、线性抗剪强度指标、非线性抗剪强度指标等均存在影响。

(3)土料中的泥岩颗粒含量及湿化作用对不同围压偏应力峰值、线性抗剪强度指标、非线性抗剪强度指标等均存在影响。相比非饱和状态试样,相同围压下

饱和状态试样的偏应力明显减小,或相同应力状态下饱和状态试样的轴向应变有所增大;随着泥岩颗粒含量的增大,线性抗剪强度指标内摩擦角呈线性减小变化,黏聚力呈先增大后减小的抛物线形变化;非线性抗剪强度指标初始抗剪角和抗剪角增量均呈先增大后减小的抛物线形变化。

(4)试样干密度对线性抗剪强度指标、非线性抗剪强度指标等均存在显著影响。随着试样干密度的增大,线性抗剪强度指标内摩擦角和黏聚力均呈非线性增大变化;非线性抗剪强度指标初始抗剪角呈非线性增大变化,抗剪角增量呈线性增大变化。

(5)随着试样含水率的增大,抗剪角呈先增大后减小的抛物线形变化,当含水率接近最优含水率时,抗剪角接近其最大值。

参 考 文 献

[1] Bradford J M, Grossman R B. In-site measurement of near-surface soil strength by fall-cone device[J]. Soil Science Society of America Journal, 1982, 46(4): 685—688.

[2] Zimbone S M, Vickers A, Morgan R P C, et al. Field investigations of different techniques for measuring surface soil shear strength[J]. Soil Technology, 1996, 9(1-2): 101—111.

[3] Matsuoka H, Liu S. Simplified direct shear test on granular materials and its application to rockfill materials[J]. Soils and Foundations, 1998, 38(4): 275—284.

[4] Matsuoka H, Liu S H, Sun D, et al. Development of a new *in-situ* direct shear test[J]. Geotechnical Testing Journal, 2001, 24(1): 92—101.

[5] Fannin R J, Eliadorani A, Wilkinson J M T. Shear strength of cohesionless soils at low stress [J]. Géotechnique, 2005, 55(6): 467—478.

[6] Xu W J, Hu R L, Tan R J. Some geomechanical properties of soil-rock mixtures in Hutiao Gorge Area, China[J]. Géotechnique, 2007, 57(3): 255—264.

[7] Xu W J, Xu Q, Hu R L. Study on the shear strength of soil-rock mixture by large scale direct shear test[J]. International Journal of Rock Mechanics & Mining Science, 2011, 48(8): 1235—1247.

[8] Jewell R A, Wroth C P. Direct shear tests on reinforced soil[J]. Géotechnique, 1987, 37(1): 53—68.

[9] Shibuya T, Mitachi T, Tamate S. Interpretation of direct shear box testing of sands as quasi-simple shear[J]. Géotechnique, 1997, 47(4): 769—790.

[10] Huat B B K, Ali F H, Hashim S. Modified shear box test apparatus for measuring shear strength of unsaturated residual soil[J]. American Journal of Applied Sciences, 2005, 2(9): 1283—1289.

[11] Nam S, Gutierrez M, Diplas P, et al. Determination of the shear strength of unsaturated soils using the multistage direct shear test[J]. Engineering Geology, 2011, 122(3-4): 272—280.

[12] ASTM. Standard test method for direct shear test of soils under consolidated drained conditions（ASTM D3080—90）[S]. West Conshohocken,Pennsylvania,1990.

[13] Bolton M. A Guide to Soil Mechanics[M]. London:Macmillan Education,1987.

[14] Wilkinson J M T. Landslide initiation:A unified geostatistical and probabilistic modeling technique for terrain stability assessment[D]. Master of Applied Science Thesis. Vancouver:University of British Columbia,1996.

[15] 李维树,丁秀丽,邬爱清,等. 蓄水对三峡库区土石混合体直剪强度参数的弱化程度研究[J]. 岩土力学,2007,28(7):1338—1342.

[16] 温辉波. 库岸松散堆积体抗剪强度试验研究（硕士学位论文）[D]. 重庆:重庆交通大学,2012.

[17] Charles J A,Watts K S. The influence of confining pressure on the shear strength of compacted rockfill[J]. Géotechnique,1980,30(4):353—367.

[18] Guo Y,Wang Y X. Experimental study about the influence of initial water content in wet tamping method on static triaxial test results of silt[J]. Electronic Journal of Geotechnical Engineering,2009,14:1—13.

[19] Araei A A,Soroush A,Rayhani M. Large-scale triaxial testing and numerical modeling of rounded and angular rockfill materials[J]. Scientia Iranica Transaction A-Civil Engineering,2009,17(3):169—183.

[20] Dine B S E,Dupla J C,Frank R,et al. Mechanical characterization of matrix coarse-grained soils with a large-sized triaxial device[J]. Canadian Geotechnical Journal,2010,47(4):425—438.

[21] Shi W C,Zhu J G,Chiu C F,et al. Strength and deformation behavior of coarse-grained soil by true triaxial tests[J]. Journal of Central South University of Technology,2010,17:1095—1102.

[22] 魏松,朱俊高. 粗粒料三轴湿化颗粒破碎试验研究[J]. 岩石力学与工程学报,2006,25(6):1252—1258.

[23] 魏松,朱俊高,钱七虎,等. 粗粒料颗粒破碎三轴试验研究[J]. 岩土工程学报,2009,31(4):533—538.

[24] 高玉峰,张兵,刘伟,等. 堆石料颗粒破碎特征的大型三轴试验研究[J]. 岩土力学,2009,30(5):1237—1240,1246.

[25] 邓文杰. 砂泥岩混合料强度变形特性三轴试验研究（硕士学位论文）[D]. 重庆:重庆交通大学,2013.

[26] Wang J J. Hydraulic Fracturing in Earth-rock Fill Dams[M]. Singapore:John Wiley & Sons,and Beijing:China Water & Power Press,2014.

[27] Vallejo L E,Mawby R. Porosity influence on shear strength of granular material-clay mixtures[J]. Engineering Geology,2000,58(2):125—136.

[28] Wang J J,Zhao D,Liang Y,et al. Angle of repose of landslide debris deposits induced by 2008 Sichuan Earthquake[J]. Engineering Geology,2013,156:103—110.

[29] Wang J J, Zhang H P, Wen H B, et al. Shear strength of an accumulation soil from direct shear test[J]. Marine Georesources & Geotechnology, 2015, 33(2): 183—190.

[30] Wang J J, Liang Y, Zhang H P, et al. A loess landslide induced by excavation and rainfall [J]. Landslides, 2014, 11(1): 141—152.

[31] Wang J J, Qiu Z F, Deng W J. Shear strength of a crushed sandstone-mudstone particle mixture[J]. International Journal of Architectural Engineering Technology, 2014, 1: 33—37.

[32] Antony S J, Kruyt N P. Role of interparticle friction and particle-scale elasticity in the shear-strength mechanism of three-dimensional granular media[J]. Physical Review E, 2009, 79: 031308.

[33] Ueda T, Matsushima T, Yamada Y. Effect of particle size ratio and volume fraction on shear strength of binary granular mixture[J]. Granular Matter, 2011, 13: 731—742.

[34] Wang J J, Zhang H P, Tang S C, et al. Effects of particle size distribution on shear strength of accumulation soil[J]. Journal of Geotechnical and Geoenvironmental Engineering, ASCE, 2013, 139(11): 1994—1997.

[35] Wang J J, Zhang H P, Tang S C, et al. Closure to "Effects of particle size distribution on shear strength of accumulation soil" by Jun-Jie Wang, Hui-Ping Zhang, Sheng-Chuan Tang, and Yue Liang[J]. Journal of Geotechnical and Geoenvironmental Engineering, ASCE, 2015, 141(1): 07014031.

[36] Xiao Y, Liu H, Chen Y, et al. Particle size effects in granular soils under true triaxial conditions[J]. Géotechnique, 2014, 64(8): 667—672.

[37] Day R W. Relative compaction of fill having oversize particles[J]. Journal of Geotechnical Engineering, ASCE, 1989. 115(10): 1487—1491.

[38] Fakhimi A, Hosseinpour H. Experimental and numerical study of the effect of an oversize particle on the shear strength of mined-rock pile material[J]. Geotechnical Testing Journal, 2011, 34: 131—138.

[39] Cho G C, Dodds J, Santamarina J C. Particle shape effects on packing density, stiffness, and strength: Natural and crushed sands[J]. Journal of Geotechnical and Geoenvironmental Engineering, ASCE, 2006, 132(5): 591—602.

[40] Azéma E, Estrada N, Radjaï F. Nonlinear effects of particle shape angularity in sheared granular media[J]. Physical Review E, 2012, 86: 041301.

[41] Xiao Y, Liu H, Desai C S. New method for improvement of rockfill material with polyurethane foam adhesive[J]. Journal of Geotechnical and Geoenvironmental Engineering, ASCE, 2015, 141(1): 2814003.

[42] Xiao Y, Liu H, Chen Y, et al. Strength and dilatancy of silty sand[J]. Journal of Geotechnical and Geoenvironmental Engineering, ASCE, 2014, 140(7): 06014007.

[43] Xiao Y, Liu H, Chen Y, et al. Strength and deformation of rockfill material based on large-scale triaxial compression tests—Part I: Influences of density and pressure[J]. Journal of

Geotechnical and Geoenvironmental Engineering, ASCE, 2014, 140(12): 04014070.

[44] Xiao Y, Liu H, Chen Y, et al. Strength and deformation of rockfill material based on large-scale triaxial compression tests—Part II: Influence of particle breakage[J]. Journal of Geotechnical and Geoenvironmental Engineering, ASCE, 2014, 140(12): 04014071.

[45] Xiao Y, Liu H, Chen Y, et al. Influence of intermediate principal stress on the strength and dilatancy behavior of rockfill material[J]. Journal of Geotechnical and Geoenvironmental Engineering, ASCE, 2014, 140(11): 04014064.

[46] Coop M R, Sorensen K K, Freitas B T. Particle breakage during shearing of a carbonate sand[J]. Géotechnique, 2004, 54(3): 157—163.

[47] Sun D A, Huang W X, Sheng D. An elastoplastic model for granular materials exhibiting particle crushing[J]. Key Engineering Materials, 2007, 340/341(2): 1273—1278.

[48] Yao Y P, Yamamoto H, Wang N D. Constitutive model considering sand crushing[J]. Soils and Foundations, 2008, 48(4): 601—608.

[49] Hamidi A, Alizadeh M, Soleimani S M. Effect of particle crushing on shear strength and dilation characteristics of sand-gravel mixtures[J]. International Journal of Civil Engineering, 2009, 7: 61—71.

[50] Lade P V, Nam J, Liggio C. Effects of particle crushing in stress drop-relaxation experiments on crushed coral sand[J]. Journal of Geotechnical and Geoenvironmental Engineering, ASCE, 2010, 136(3): 500—509.

[51] 孙海忠, 黄茂松. 考虑颗粒破碎的粗粒土临界状态弹塑性本构模型[J]. 岩土工程学报, 2010, 32(8): 1284—1290.

[52] Karimpour H, Lade P V. Time effects relate to crushing in sand[J]. Journal of Geotechnical and Geoenvironmental Engineering, ASCE, 2010, 136(9): 1209—1219.

[53] Jamei M, Guiras H, Chtourou Y. Water retention properties of perlite as a material with crushable soft particles[J]. Engineering Geology, 2011, 122: 261—271.

[54] Casini F, Viggiani G M B. Experimental investigation of the evolution of grading of an artificial material with crushable grains under different loading conditions[C]// Proceedings of the 5th International Symposium on Deformation Characteristics of Geomaterials. Seoul, Korea. 2011: 957—964.

[55] Chen X B, Zhang J S. Grain crushing and its Effects on rheological behavior of weathered granular soil[J]. Journal of Central South University of Technology, 2012, 19: 2022—2028.

[56] Casini F, Viggiani G M B, Springman S M. Breakage of an artificial crushable material under loading[J]. Granular Matter, 2013, 15(5): 661—673.

[57] 王光进, 杨春和, 张超, 等. 粗粒含量对散体岩土颗粒破碎及强度特性试验研究[J]. 岩土力学, 2009, 30(12): 3649—3654.

[58] Vucetic M, Lacasse S. Specimen size effect in simple shear test[J]. Journal of the Geotechnical Engineering Division, ASCE, 1982, 108(12): 1567—1585.

[59] Cerato A B, Lutenegger A J. Specimen size and scale effects of direct shear box tests of

sands[J]. Geotechnical Testing Journal,2006,29:507—516.

[60] Xiao Y,Liao J. Discussion of "Effects of particle size distribution on shear strength of accu-mulation soil" by Jun-Jie Wang, Hui-Ping Zhang, Sheng-Chuan Tang, and Yue Liang[J]. Journal of Geotechnical and Geoenvironmental Engineering, ASCE, 2015, 141 (1):07014030.

[61] Zhao D,Qiu Z F. Discussion of "Shear strength of an accumulation soil from direct shear test" by J. Wang,H. Zhang,H. Wen,and Y. Liang[J]. Marine Georesources & Geotechno-logy,DOI:10. 1080/1064119X. 2014. 987892. Online Publication Date:18 Dec 2014.

[62] Asadzadeh M,Soroush A. Direct shear testing on a rockfill material[J]. The Arabian Jour-nal for Science and Engineering,2009,34(2):378—396.

[63] Yan Z L,Wang J J,Chai H J. Influence of water level fluctuation on phreatic line in silty soil model slope[J]. Engineering Geology,2010,113(1-4):90—98.

[64] Wang J J,Zhang H P,Zhang L,et al. Experimental study on heterogeneous slope responses to drawdown[J]. Engineering Geology,2012,147-148:52—56.

[65] Liu X R,Zhang L,Wang J J. Model test study on the calculation of the phreatic line of the homogeneous bank slope under rising condition [J]. Disaster Advances, 2012, 5 (4): 299—305.

[66] Zhang L,Liu X R,Wang J J,et al. Investigation of phreatic line in layered slope under draw-down condition[J]. International Journal of Earth Sciences and Engineering,2012,5(5): 1249—1256.

[67] Wang J J,Zhang H P,Liu T. Determine to slip surface in waterfront soil slope analysis[J]. Advanced Materials Research,2012,378-379:466—469.

[68] Wang J J,Zhang H P,Zhang L,et al. Experimental study on self-healing of crack in clay seepage barrier[J]. Engineering Geology,2013,159:31—35.

[69] Jia G W,Zhan T L T,Chen Y M. Performance of a large-scale slope model subjected to rising and lowering water levels[J]. Engineering Geology,2009,106:92—103.

[70] Lane P A,Griffiths D V. Assessment of stability of slopes under drawdown conditions[J]. Journal of Geotechnical and Geoenvironmental Engineering, ASCE, 2000, 126 (5): 443—450.

[71] 岑威钧,Erich B,Sendy F T. 考虑湿化效应的堆石料 Gudehus-Bauer 亚塑性模型应用研究 [J]. 岩土力学,2009,30(12):3808—3812.

[72] Sun W J,Sun D A. Coupled modeling of hydro-mechanical behaviour of unsaturated com-pacted expansive soils[J]. International Journal for Numerical and Analytical Methods in Geomechanics,2012,36(8):1002—1022.

[73] Wang M W,Li J,Ge S. Moisture migration tests on unsaturated expansive clays in Hefei, China[J]. Applied Clay Science,2013,79:30—35.

[74] Madhusudhan B N, Kumar J. Damping of sands for varying saturation[J]. Journal of Geotechnical and Geoenvironmental Engineering,ASCE,2013,139(9):1625—1630.

[75] Lim Y, Miller G. Wetting-induced compression of compacted Oklahoma soils[J]. Journal of Geotechnical and Geoenvironmental Engineering, ASCE, 2004, 130(10):1014—1023.

[76] Park S. Effect of wetting on unconfined compressive strength of cemented sands[J]. Journal of Geotechnical and Geoenvironmental Engineering, ASCE, 2010, 136(12):1713—1720.

[77] 张芳枝, 陈晓平. 反复干湿循环对非饱和土的力学特性影响研究[J]. 岩土工程学报, 2010 (01):41—46.

[78] 张丙印, 孙国亮, 张宗亮. 堆石料的劣化变形和本构模型[J]. 岩土工程学报, 2010(1): 98—103.

[79] 张家俊, 龚壁卫, 胡波, 等. 干湿循环作用下膨胀土裂隙演化规律试验研究[J]. 岩土力学, 2011, 32(9):2729—2734.

[80] 唐朝生, 施斌. 干湿循环过程中膨胀土的胀缩变形特征[J]. 岩土工程学报, 2011, 33(9): 1376—1384.

[81] 王海俊, 殷宗泽. 干湿循环作用对堆石长期变形影响的试验研究[J]. 防灾减灾工程学报, 2012, 32(4):488—493.

[82] Araei A A, Tabatabaei S H, Razeghi H R. Cyclic and post-cyclic monotonic behavior of crushed conglomerate rockfill material under dry and saturated conditions[J]. Scientia Iranica, 2012, 19(1):64—76.

[83] Liang Y, Wang J J, Liu M W, et al. Simulations and researches on pore-water pressure change inducing deformation in expansive soils[C]// International Symposium on Geotechnical Engineering for High-speed Transportation Infrastructure. Hangzhou, China. 2012: 115—119.

[84] Wang J J, Liu M W, Zhang H P, et al. Effects of wetting on mechanical behavior and particle crushing of a mudstone particle mixture[C]// The 6th International Conference on Unsaturated Soils. Sydney, Australia. 2014:233—238.

[85] Barton N, Kjaernsli B. Shear strength of rockfill[J]. Journal of the Geotechnical Engineering Division, ASCE, 1981, 107(7):873—891.

[86] Wang J J, Zhu J G, Chiu C F, et al. Experimental study on fracture behavior of a silty clay [J]. Geotechnical Testing Journal, 2007, 30(4):303—311.

[87] Wang J J, Zhu J G, Chiu C F, et al. Experimental study on fracture toughness and tensile strength of a clay[J]. Engineering Geology, 2007, 94(1-2):65—75.

[88] Wang J J, Zhang H P, Liu M W, et al. Compaction behaviour and particle crushing of a crushed sandstone particle mixture[J]. European Journal of Environmental and Civil Engineering, 2014, 18(5):567—583.

[89] Wang J J, Zhang H P, Deng D P. Effects of compaction effort on compaction behavior and particle crushing of a crushed sandstone-mudstone particle mixture[J]. Soil Mechanics and Foundation Engineering, 2014, 51(2):67—71.

[90] Wang J J, Zhang H P, Deng D P, et al. Effects of mudstone particle content on compaction behavior and particle crushing of a crushed sandstone-mudstone particle mixture[J].

Engineering Geology,2013,167:1—5.

[91] Wang J J,Yang Y,Zhang H P. Effects of particle size distribution on compaction behavior and particle crushing of a mudstone particle mixture[J]. Geotechnical and Geological Engineering,2014,32(4):1159—1164.

[92] 孔德志. 堆石料的颗粒破碎应变及其数学模拟(博士学位论文)[D]. 北京:清华大学,2008.

[93] 刘汉龙,孙逸飞,杨贵,等. 粗粒料颗粒破碎特性研究述评[J]. 河海大学学报(自然科学版),2012,40(4):361—369.

[94] 孔宪京,刘京茂,邹德高,等. 紫坪铺面板坝堆石料颗粒破碎试验研究[J]. 岩土力学,2014,35(1):35—40.

[95] 杨光,张丙印,于玉贞,等. 不同应力路径下粗粒土的颗粒破碎试验研究[J]. 水利学报,2010,41(3):338—342.

[96] Hardin B O. Crushing of soil particles[J]. Journal of Geotechnical Engineering,ASCE,1985,111(10):1177—1192.

[97] Lade P V,Yamamuro J A,Bopp P A. Significance of particle crushing in granular materials[J]. Journal of Geotechnical Engineering,ASCE,1996,122(4):309—316.

[98] Lawton E C,Fragaszy R J,Hardcastle J H. Collapse of compacted clayey sand[J]. Journal of Geotechnical Engineering,ASCE,1989,115(9):1252—1267.

[99] Lobo-Guerrero S,Vallejo L E. Discrete element method evaluation of granular crushing under direct shear test conditions[J]. Journal of Geotechnical and Geoenvironmental Engineering,ASCE,2005,131(10):1295—1300.

[100] Valdes J R,Koprulu E. Characterization of fines produced by sand crushing[J]. Journal of Geotechnical and Geoenvironmental Engineering,ASCE,2007,133(12):1626—1630.

[101] 贾宇峰. 考虑颗粒破碎的粗粒土本构关系研究(博士学位论文)[D]. 大连:大连理工大学,2008.

[102] 胡波. 三轴条件下钙质砂颗粒破碎力学性质与本构模型研究(博士学位论文)[D]. 武汉:中国科学院研究生院(武汉岩土学研究所),2008.

[103] Bowman E T,Soga K,Drummnond W. Particle shape characterization using Fourier descriptor analysis[J]. Géotechnique,2001,51(6):545—554.

[104] Cho G C,Dodds J,Santamarina J C. Particle shape effects on packing density,stiffness,and strength:natural and crushed sands[J]. Journal of Geotechnical and Geoenvironmental Engineering,ASCE,2006,132(5):591—602.

[105] Nouguier-Lehon C,Cambou B,Vincens E. Influence of particle shape and angularity on the behaviour of granular materials:A numerical analysis[J]. International Journal for Numerical and Analytical Methods in Geomechanics,2003,27:1207—1226.

[106] Lim Y,Miller G. Wetting-induced compression of compacted Oklahoma soils[J]. Journal of Geotechnical and Geoenvironmental Engineering,ASCE,2004,130(10):1014—1023.

第6章 静止侧压力系数

在各类土工结构中,土体侧压力的大小是设计人员关心且对工程安全具有重要意义的问题。静止侧压力的大小因受多种因素影响而不易准确确定,至今仍只能依靠经验及半经验方法估计。本章采用室内试验,研究砂泥岩颗粒混合料的静止侧压力系数大小及其影响因素。

6.1 概　　述

计算和评价土体水平应力的大小和分布是许多岩土工程中的难点问题,比如边坡或滑坡[1~15]、挡土墙及挡土结构物[16~31]、桩基[32~37]、隧道[38]、堤坝[39~48]等,均涉及水平应力的计算分析问题。在土力学中,有三种典型的水平应力或土压力,即主动土压力、被动土压力和静止土压力。有关主动土压力和被动土压力的计算方法被国内外学者长期关注[49~64]。静止侧压力系数 K_0 被定义为土体不发生水平位移条件下土体中的有效水平应力(σ_h')和有效竖直应力(σ_v')的比值[65~69],即

$$K_0 = \frac{\sigma_h'}{\sigma_v'} \tag{6.1}$$

有效竖直应力的计算比较简单,而有效水平应力的计算并非易事,因为静止侧压力系数 K_0 的大小不仅与地质条件有关,也与应力历史相关[70]。关于静止侧压力系数 K_0 的确定方法,尽管有经验公式法[71,72]、室内试验法[73~75]、现场原位试验法[76~78]等,但当前计算静止侧压力系数 K_0 的方法仍然是以经验为主[79]。虽然已有多种静止侧压力系数 K_0 的计算公式被提出[80~83],但时至今日,被学者广泛接受和大量应用的计算式[84]为

$$K_0 = 1 - \sin\varphi' \tag{6.2}$$

式中,φ' 为土体有效内摩擦角。

众所周知,土体有效内摩擦角 φ' 和其他力学参数一样,受许多因素影响,如土体类型[85~89]、颗粒级配[90~92]、密度[93]、含水率[94]和应力状态[95~97],因此,静止侧压力系数 K_0 的大小也应该受多种因素影响。从已有相关文献可知,影响静止侧压力系数 K_0 的重要因素至少包括土体类型[98~101]、固结状态[102~104]、孔隙比[105]和应力状态[106]等。

砂泥岩颗粒混合料是常用的建筑填料,尤其是在砂岩、泥岩互层结构地层厚

度达 2294~6440m 的重庆地区[107],其作为建筑填料的用途更为广泛。作为建筑填料的砂泥岩颗粒混合料,其压实特性[87,108~111]、单向压缩变形特性、三轴强度变形特性[112~114]等已在第 3~5 章中进行了研究,本章通过室内试验,研究其静止侧压力系数 K_0 的特性,及其受试验土料和试样特性等的影响特点。

6.2　试验方法及试验方案

6.2.1　试验方法

在岩土工程中,静止侧压力系数 K_0 的大小被许多不确定性的因素(如土体的力学特性和静止侧压力系数的计算方法等)影响[32],因此,试验研究仍然是确定静止侧压力系数 K_0 的有效可靠方法。从现有文献来看,确定土体静止侧压力系数 K_0 的室内方法可以分为两种,即三轴试验和单向固结试验。在三轴试验方法中,试样始终处于排水状态,监测孔隙水压力,调整轴压和围压使试样应力状态保持一维压缩状态[65,115,116]。在单向固结试验中,试样被约束在不锈钢环刀内,测量试验中的轴向应力和侧向应力[65,116,117]。

在本章的研究中,用单向固结试验[65]测试砂泥岩颗粒混合料的静止侧压力系数 K_0。圆柱形试样的直径为 61.8mm、高为 40mm。试验前,试样需要先行饱和;试验中,试样自由排水。四个分级竖向荷载,即 50kPa、100kPa、200kPa 和 400kPa,在试验中逐级施加。在每级荷载施加后,记录试样的侧向应力和竖向位移,直至 1h 内的竖向位移小于 0.01mm,此时的侧向应力和轴向应力可用于计算静止侧压力系数 K_0 的值。这种试验方法是依据我国水利部《土工试验规程》(SL 237－1999)[118]中的静止侧压力系数试验(SL 237-028－1999),并参照 ASTM 标准 D2435M-11[119]确定的。

6.2.2　试验仪器

采用 GJY 型 K_0 固结仪(见图 6.1)进行砂泥岩颗粒混合料的静止侧压力系数试验。竖向应力通过 WG 型单杠杆固结仪三联(高压)来施加,水平应力采用 TYC-1 型孔隙压力测量仪连接孔隙压力传感器来进行测量,竖向变形通过百分表来测读。

GJY 型 K_0 固结仪的原理是:当试样受到轴向荷载作用,不仅轴向上要产生位移,同时侧向上也会产生相应的变形,此时如果假定橡胶膜以及压力腔中的液体为不可压缩的(实际上会有少量的变形),就会限制了试样的侧向变形。通过将橡胶膜与液体作为传压介质,就会有侧向应力传到测量装置上,则试样在各级轴向荷载作用下固结完成后(可以用底部的孔隙压力值或者轴向位移值作为判断依

图 6.1　GJY 型 K_0 固结仪

据)的有效侧向应力 σ_3' 与有效竖向应力 σ_1' 的比值即为静止侧压力系数 K_0。

6.2.3　试验步骤

(1) 试验前检查。目的是检查试验仪器各项指标稳定性,例如 K_0 固结仪的泄漏问题、孔隙压力测量仪的精度问题以及乳胶膜的密封性与老化问题等。

(2) 制备试样。根据试样要求的含水率、干密度,将拌好的湿土倒入事先装好环刀(环刀尺寸:高度为 40mm,直径为 61.8mm)的压样器内,拂平试样的表面,用静压力将土料压入环刀内。取出压样器,称量环刀与试样的总质量。

(3) 饱和试样。将带着环刀的试样装进框架式饱和器里进行饱和,要求饱和度达到 95% 以上。

(4) 安装试样。在安装试样之前,要先将 K_0 固结仪的液压腔内注入无气水,并使得液压腔内的空气与残余气泡可以通过循环的无气水来排净,接着打开进水阀,然后抽出液压腔中的部分水,使得橡胶膜凹进。同时将装有试样的环刀放置在 K_0 固结仪的定位槽内,再将传压板置于环刀顶部,慢慢施加竖向荷载,使得试样从环刀内进入到液压腔内。此时再将抽出的水压回液压腔内,使得橡胶膜紧贴试样周围,关闭进水阀。

(5) 初步设置。将 K_0 固结仪放置于加载的框架下,调整杠杆使其达到平衡,并测记液压腔为零时的孔隙压力测量仪读数与百分表读数。

(6) 开始试验。按照 50kPa—100kPa—200kPa—400kPa 分级施加竖向荷载。

施加每级竖向荷载后,按照 0.5min、1min、4min、9min、16min、25min、36min、49min……测记孔隙压力测量仪读数与百分表读数,直到变形稳定为止。试样变形稳定的标准是每小时的变形量不大于 0.01mm,再施加下一级的竖向荷载。

(7)试验结束。关掉侧应力阀门,卸去竖向荷载,拆卸试样,清洗 K_0 固结仪。

6.2.4 试验方案

试验土料的颗粒级配曲线同第 4 章中图 4.1 和表 4.1、表 4.2 所示。为了便于分析试验土料的颗粒级配和泥岩颗粒含量,以及试样制备时的含水率和干密度等因素对砂泥岩颗粒混合料静止侧压力系数 K_0 的影响,设计如表 6.1 所示的 4 种试验方案,各试验方案的研究目的也列于表中。

表 6.1 静止侧压力系数试验方案

| 序号 | 试验土料 | | 试样 | | 试验研究目的 |
	颗粒级配曲线编号	泥岩颗粒含量/%	干密度/(g/cm³)	含水率/%	
1	颗粒级配 1、颗粒级配 2、颗粒级配 3、颗粒级配 4、颗粒级配 5	80	1.8	8	颗粒级配曲线特征对砂泥岩颗粒混合料静止侧压力系数的影响
2	颗粒级配 3	0,20,40,60,80,100	1.8	8	泥岩颗粒含量对砂泥岩颗粒混合料静止侧压力系数的影响
3	颗粒级配 3	80	1.7,1.8,1.9,2.0	8	试样密度对砂泥岩颗粒混合料静止侧压力系数的影响
4	颗粒级配 3	80	1.8	6,8,10,12,14	试样含水率对砂泥岩颗粒混合料静止侧压力系数的影响

6.3 试验结果

试验中,施加于试样的有效竖向应力(σ'_v)和试样压缩变形稳定(即 1h 内的竖向压缩变形小于 0.01mm)时的有效水平应力(σ'_h)将用于确定静止侧压力系数 K_0,因此,本节给出不同试验方案的有效竖向应力(σ'_v)和有效水平应力(σ'_h)。

6.3.1 方案 1 试验结果

表 6.1 中的试验方案 1 用于研究试验土料的颗粒级配曲线特征对砂泥岩颗粒

混合料静止侧压力系数 K_0 的影响。所用试验土料为泥岩颗粒含量 80% 的砂泥岩颗粒混合料,其颗粒级配有 5 种,即第 4 章中图 4.1 和表 4.1,各颗粒级配曲线的特征值如表 4.2 所示。试样制备时的干密度为 1.8g/cm³,含水率为 8%。

图 6.2 所示为试验测得的有效水平应力和有效竖向应力的关系。由图 6.2 可知,随着有效竖向应力 (σ'_v) 的增大,有效水平应力 (σ'_h) 也呈增大变化;相同有效竖向应力 (σ'_v) 时,不同颗粒级配土料的有效水平应力 (σ'_h) 是不同的;相比之下,颗粒级配 4 的有效水平应力 (σ'_h) 最大,而颗粒级配 1 的有效水平应力 (σ'_h) 最小。

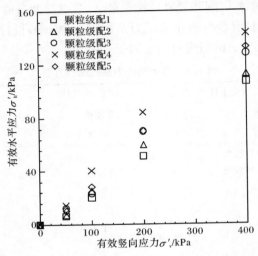

图 6.2　有效水平应力 σ'_h 与有效竖向应力 σ'_v 关系(方案 1)

6.3.2　方案 2 试验结果

表 6.1 中的试验方案 2 用于研究试验土料中泥岩颗粒含量对砂泥岩颗粒混合料静止侧压力系数 K_0 的影响。所用试验土料的颗粒级配曲线为颗粒级配 3,泥岩颗粒含量分别为 0%(即纯砂岩颗粒料)、20%、40%、60%、80% 和 100%(即纯泥岩颗粒料)。试样制备时的干密度为 1.8g/cm³,含水率为 8%。

图 6.3 所示为试验测得的有效水平应力和有效竖向应力的关系。由图 6.3 可知,当有效竖向应力 (σ'_v) 分别为 50kPa 和 100kPa 时,不同泥岩颗粒含量土料的有效水平应力 (σ'_h) 相差不大,最大值与最小值的差值仅分别为 3.9kPa 和 4.1kPa;当有效竖向应力 (σ'_v) 分别为 200kPa 和 400kPa 时,不同泥岩颗粒含量土料的有效水平应力 (σ'_h) 相差明显增大,最大值与最小值的差值分别达 19.9kPa 和 20.0kPa;另外,当有效竖向应力 (σ'_v) 为 200kPa 和 400kPa 时,泥岩颗粒含量为 80% 的有效水平应力 (σ'_h) 最大,泥岩颗粒含量为 20% 的有效水平应力 (σ'_h) 最小。

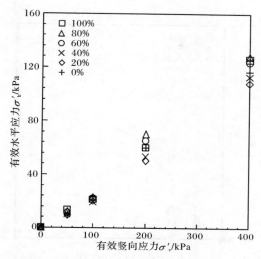

图 6.3　有效水平应力 σ_h' 与有效竖向应力 σ_v' 关系(方案 2)

6.3.3　方案 3 试验结果

表 6.1 中的试验方案 3 用于研究试样制备时干密度对砂泥岩颗粒混合料静止侧压力系数 K_0 的影响。所用试验土料为泥岩颗粒含量 80% 的砂泥岩颗粒混合料，其颗粒级配曲线为颗粒级配 3。试样制备时的含水率为 8%，干密度有 1.7g/cm³、1.8g/cm³、1.9g/cm³ 和 2.0g/cm³ 共 4 种。

图 6.4 所示为试验测得的有效水平应力和有效竖向应力的关系。由图 6.4 可知，当有效竖向应力(σ_v')相同时，随着干密度 ρ_d 的增大，有效水平应力(σ_h')在减小；随着有效竖向应力(σ_v')的增大，有效水平应力(σ_h')最大值与最小值的差值也在增大。当有效竖向应力(σ_v')分别为 50kPa、100kPa、200kPa 和 400kPa 时，有效水平应力(σ_h')最大值与最小值的差值分别为 8.9kPa、15.1kPa、30.3kPa 和 47.8kPa。

6.3.4　方案 4 试验结果

表 6.1 中的试验方案 4 用于研究试样制备时的含水率对砂泥岩颗粒混合料静止侧压力系数 K_0 的影响。所用试验土料为泥岩颗粒含量 80% 的砂泥岩颗粒混合料，其颗粒级配曲线为颗粒级配 3。试样制备时的干密度为 1.8g/cm³，含水率分别为 6%、8%、10%、12% 和 14%。

图 6.5 所示为试验测得的有效水平应力和有效竖向应力的关系。由图 6.5 可知，当有效竖向应力(σ_v')为 50kPa 时，有效水平应力(σ_h')最大值与最小值的差值很

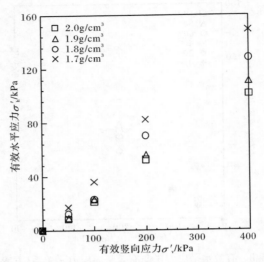

图 6.4　有效水平应力 σ'_h 与有效竖向应力 σ'_v 关系(方案 3)

小,仅为 2.1kPa;而当有效竖向应力(σ'_v)分别为 100kPa、200kPa 和 400kPa 时,有效水平应力(σ'_h)最大值与最小值的差值明显增大,分别为 15.8kPa、12.7kPa 和 13.1kPa。

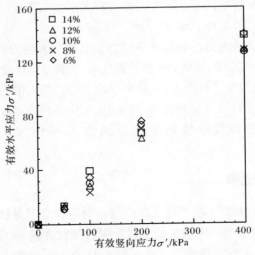

图 6.5　有效水平应力 σ'_h 与有效竖向应力 σ'_v 关系(方案 4)

6.4　静止侧压力系数

从图 6.2～图 6.5 所示的试验结果中容易发现,随着有效竖向应力(σ'_v)的增大,不同条件下的有效水平应力(σ'_h)总体上呈线性增大变化,而各拟合直线的斜率因试验土料的颗粒级配曲线和泥岩颗粒含量的不同而异(见图 6.2 和图 6.3),也因试样制备时的干密度和含水率不同而不同(见图 6.4 和图 6.5)。拟合直线的表达式与式(6.1)相同,即

$$\sigma'_h = K_0 \sigma'_v \tag{6.3}$$

拟合直线的斜率即为静止侧压力系数 K_0。表 6.2 列出了各试验方案的静止侧压力系数 K_0 值及拟合直线的 R^2 值。由表 6.2 可知,静止侧压力系数 K_0 为 0.250～0.378,相关系数 R^2 为 0.987～0.997。

表 6.2　静止侧压力系数 K_0 及拟合直线相关系数 R^2

序号	试验土料		试样		K_0	R^2
	颗粒级配曲线编号	泥岩颗粒含量/%	干密度/(g/cm³)	含水率/%		
1	颗粒级配 1	80	1.8	8	0.260	0.987
	颗粒级配 2	80	1.8	8	0.282	0.991
	颗粒级配 3	80	1.8	8	0.320	0.988
	颗粒级配 4	80	1.8	8	0.370	0.988
	颗粒级配 5	80	1.8	8	0.331	0.993
2	颗粒级配 3	0	1.8	8	0.289	0.993
	颗粒级配 3	20	1.8	8	0.261	0.990
	颗粒级配 3	40	1.8	8	0.273	0.988
	颗粒级配 3	60	1.8	8	0.307	0.989
	颗粒级配 3	80	1.8	8	0.320	0.988
	颗粒级配 3	100	1.8	8	0.306	0.989
3	颗粒级配 3	80	1.7	8	0.378	0.996
	颗粒级配 3	80	1.8	8	0.320	0.988
	颗粒级配 3	80	1.9	8	0.274	0.994
	颗粒级配 3	80	2.0	8	0.250	0.993

续表

序号	试验土料		试样		K_0	R^2
	颗粒级配 曲线编号	泥岩颗粒 含量/%	干密度 /(g/cm³)	含水率/%		
4	颗粒级配 3	80	1.8	6	0.353	0.994
	颗粒级配 3	80	1.8	8	0.320	0.988
	颗粒级配 3	80	1.8	10	0.324	0.990
	颗粒级配 3	80	1.8	12	0.318	0.997
	颗粒级配 3	80	1.8	14	0.346	0.996

　　下面分析试验土料的颗粒级配特征及泥岩颗粒含量、试样制备时的干密度及含水率等因素对静止侧压力系数 K_0 的影响。

6.4.1　颗粒级配对静止侧压力系数的影响

　　图 6.6 所示为试验方案 1 测得的静止侧压力系数 K_0。由图 6.6 可知,颗粒级配 4 土料的静止侧压力系数 K_0 最大,颗粒级配 1 土料的静止侧压力系数 K_0 最小。

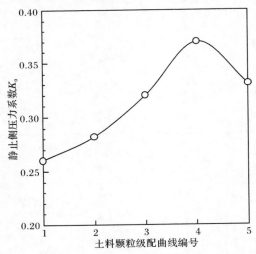

图 6.6　不同颗粒级配土料的静止侧压力系数 K_0

　　1) 平均粒径 D_{50}

　　图 6.7 所示为静止侧压力系数 K_0 与平均粒径 D_{50} 的关系。由图 6.7 可知,随着平均粒径 D_{50} 的增大,静止侧压力系数 K_0 值基本呈线性减小变化。拟合直线表达式为

$$K_0 = -0.036D_{50} + 0.354 \quad (R^2 = 0.807) \tag{6.4}$$

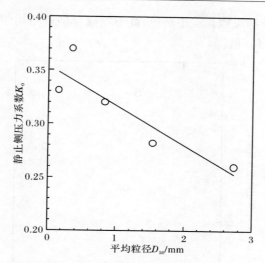

图 6.7　静止侧压力系数 K_0 与平均粒径 D_{50} 关系

2) 砾粒含量 G_c

图 6.8 所示为静止侧压力系数 K_0 与砾粒含量 G_c 的关系。由图 6.8 可知,随着砾粒含量 G_c 的增大,静止侧压力系数 K_0 也基本呈线性减小变化。拟合直线表达式为

$$K_0 = -0.148G_c + 0.356 \quad (R^2 = 0.757) \tag{6.5}$$

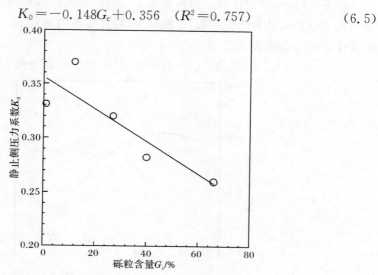

图 6.8　静止侧压力系数 K_0 与砾粒含量 G_c 关系

3) 不均匀系数 C_u

图 6.9 所示为静止侧压力系数 K_0 与颗粒级配曲线的不均匀系数 C_u 的关系。

由图 6.9 可知,试验结果数据点很离散,尚不能确定随着不均匀系数 C_u 将如何影响静止侧压力系数 K_0 值。

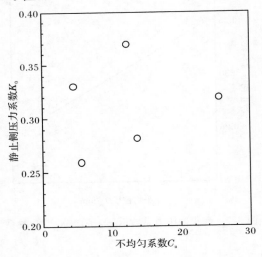

图 6.9　静止侧压力系数 K_0 与不均匀系数 C_u 关系

4) 曲率系数 C_c

图 6.10 所示为静止侧压力系数 K_0 与颗粒级配曲线的曲率系数 C_c 的关系。由图 6.10 可知,随着曲率系数 C_c 的增大,静止侧压力系数 K_0 总体上呈非线性减小变化。拟合曲线表达式为

$$K_0 = -0.447C_c^2 + 1.093C_c - 0.316 \quad (R^2 = 0.757) \tag{6.6}$$

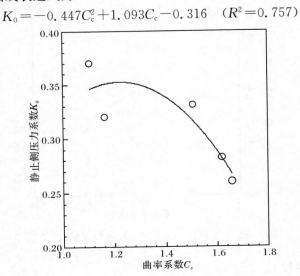

图 6.10　静止侧压力系数 K_0 与曲率系数 C_c 关系

6.4.2　泥岩颗粒含量对静止侧压力系数的影响

图 6.11 所示为静止侧压力系数 K_0 与泥岩颗粒含量 M_c 的关系。由图 6.11 可知,随着泥岩颗粒含量 M_c 的增大,静止侧压力系数 K_0 呈先减小再增大然后再减小的变化特点。当泥岩颗粒含量 M_c 为 20% 左右时,静止侧压力系数 K_0 最小,而当泥岩颗粒含量 M_c 为 80% 左右时,静止侧压力系数 K_0 最大。拟合曲线表达式为

$$K_0 = -0.537M_c^3 + 0.839M_c^2 - 0.285M_c + 0.289 \quad (R^2 = 0.992) \quad (6.7)$$

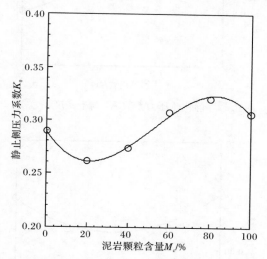

图 6.11　静止侧压力系数 K_0 与泥岩颗粒含量 M_c 关系

6.4.3　干密度对静止侧压力系数的影响

图 6.12 所示为静止侧压力系数 K_0 与试样干密度 ρ_d 的关系。由图 6.12 可知,随着干密度 ρ_d 的增大,静止侧压力系数 K_0 呈非线性减小变化。拟合曲线表达式为

$$K_0 = 0.850\rho_d^2 - 3.575\rho_d + 3.999 \quad (R^2 = 0.999) \quad (6.8)$$

6.4.4　含水率对静止侧压力系数的影响

图 6.13 所示为静止侧压力系数 K_0 与含水率 w 的关系。由图 6.13 可知,随着含水率 w 的增大,静止侧压力系数 K_0 呈先减小后增大的抛物线形变化。拟合曲线表达式为

$$K_0 = 20w^2 - 4.080w + 0.524 \quad (R^2 = 0.885) \quad (6.9)$$

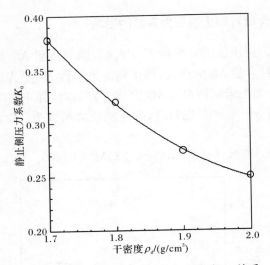

图 6.12　静止侧压力系数 K_0 与干密度 ρ_d 关系

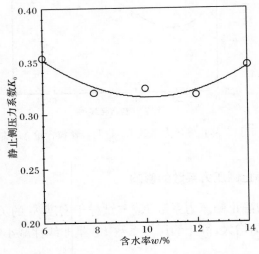

图 6.13　静止侧压力系数 K_0 与含水率 w 关系

6.5　本章小结

通过室内静止侧压力系数试验,研究了砂泥岩颗粒混合料的静止侧压力系数及其影响因素,主要结论如下:

(1)试验结果表明,不同颗粒级配、泥岩颗粒含量的砂泥岩颗粒混合料,制备不同干密度、含水率试样后测得的静止侧压力系数 K_0 为 0.250～0.378。

（2）试验土料的颗粒级配曲线特征对静止侧压力系数 K_0 存在影响。静止侧压力系数随着平均粒径、砾粒含量的增大基本呈线性减小变化，随着曲率系数的增大呈非线性减小变化。

（3）试验土料中的泥岩颗粒含量对静止侧压力系数 K_0 也存在影响。随着泥岩颗粒含量的增大，静止侧压力系数 K_0 呈先减小再增大然后再减小的变化特点。当泥岩颗粒含量为 20% 左右时，静止侧压力系数 K_0 最小，而当泥岩颗粒含量为 80% 左右时，静止侧压力系数 K_0 最大。

（4）试样制备时的干密度对静止侧压力系数 K_0 存在影响。随着干密度的增大，静止侧压力系数 K_0 呈非线性减小变化。

（5）试样制备时的含水率对静止侧压力系数 K_0 也存在影响。随着含水率的增大，静止侧压力系数 K_0 呈先减小后增大的抛物线型变化。

参 考 文 献

[1] Sarma S K, Tan D. Determination of critical slip surface in slope analysis[J]. Géotechnique, 2006,56(8):539—550.

[2] Wang J J, Lin X. Discussion on determination of critical slip surface in slope analysis[J]. Géotechnique,2007,57(5):481—482.

[3] Yan Z L, Wang J J, Chai H J. Influence of water level fluctuation on phreatic line in silty soil model slope[J]. Engineering Geology,2010,113(1-4):90—98.

[4] Wang J J, Zhang H P, Zhang L, et al. Experimental study on heterogeneous slope responses to drawdown[J]. Engineering Geology,2012,147-148:52—56.

[5] Wang J J, Liang Y, Zhang H P, et al. A loess landslide induced by excavation and rainfall[J]. Landslides,2014,11(1):141—152.

[6] Wang J J, Zhang H P, Liu T. Determine to slip surface in waterfront soil slope analysis[J]. Advanced Materials Research,2012,378-379:466—469.

[7] Wang J J, Zhang H P, Liu T. A new method to analyze seismic stability of cut soil slope[J]. Applied Mechanics and Materials,2011,90-93:48—51.

[8] Wang J J, Chai H J, Li H P, et al. Factors resulting in the instability of a 57.5m high cut slope[C] // The 10th International Symposium on Landslides and Engineered Slopes. Xi'an, China. 2008:1799—1804.

[9] 王俊杰,陈锦璐. 阶梯型均质土坡的稳定性分析[J]. 水电能源科学,2011,29(1):72—75.

[10] 王俊杰,张梁,阎宗岭. 水库初次蓄水中均质库岸塌岸现象试验研究[J]. 岩土工程学报, 2011,33(8):1284—1289.

[11] 王俊杰,刘元雪. 库水位等速上升中均质库岸塌岸现象及浸润线试验研究[J]. 岩土力学, 2011,32(11):3231—3236.

[12] 陈锦璐,王俊杰,唐胜传.有限元网格和边界条件对土坡稳定性计算的影响[J].水电能源科学,2011,29(11):135－137,216.

[13] 刘涛,王俊杰.基于正交设计的土坡稳定影响因素敏感性分析[J].水电能源科学,2010,28(3):88－90,107.

[14] 王俊杰,张梁,阎宗岭.库水位等速下降中均质库岸塌岸现象试验研究[J].重庆交通大学学报(自然科学版),2011,30(1):115－119.

[15] 张梁,王俊杰,阎宗岭.山区库岸塌岸预测方法综述[J].重庆交通大学学报(自然科学版),2010,29(2):227－232.

[16] Simpson B. Retaining structures:displacement and design[J]. Géotechnique,1992,42(4):501－576.

[17] Wang J J,Liu F C,Ji C L. Influence of drainage condition on Coulomb-type active earth pressure[J]. Soil Mechanics and Foundation Engineering,2008,45(5):161－167.

[18] Ahmad S M. Pseudodynamic approach for computation of seismic passive earth resistance including seepage[J]. Ocean Engineering,2013,63:63－71.

[19] 王俊杰,柴贺军.车辆荷载下饱和路基挡墙主动土压力计算[J].岩土工程学报,2008,30(3):372－378.

[20] 王俊杰,柴贺军,林新,等.饱和填土稳定渗流条件下动主动土压力计算[J].土木建筑与环境工程,2011,33(4):100－105.

[21] Wang J J,Chai H J,Zhu J G,et al. Static and seismic passive resistance in saturated backfill [C] // The 12th International Symposium on Water-Rock Interaction. Kunming,China. 2007,Vol.2:1411－1415.

[22] Wang J J,Chai H J,Lin X,et al. Coulomb-type solutions for passive earth pressure with steady seepage[J]. Frontiers of Architecture and Civil Engineering in China,2008,2(1):56－66.

[23] 王俊杰,柴贺军.饱和填土 Rankine 被动土压力计算[J].重庆交通大学学报(自然科学版),2008,27(2):259－263.

[24] Wang J J,Zhang H P,Zhang C L,et al. Static and seismic active earth pressure by saturated backfill with surcharge[C] // The 9th International Symposium on Environmental Geotechnology and Global Sustainable Development. Hong Kong,China. 2008:442－451.

[25] Chai H J,Wang J J,Li H P. Seismic active earth pressure with vertical seepage[C] // Proceedings of the 9th International Symposium on Environmental Geotechnology and Global Sustainable Development. Hong Kong,China. 2008:508－516.

[26] 童第科,陈铭,王俊杰.土质库岸路基内孔隙水压力的计算方法[J].公路交通技术,2010(2):1－4.

[27] 王俊杰,张丽娟,柴贺军,等.车辆荷载对沿河路肩挡墙主动土压力的影响[A] // 交通部西部交通建设科技项目管理中心.交通资源节约和环境保护新技术研讨会论文集.北京:人民交通出版社:92－99.

[28] 王俊杰,柴贺军,蒋崇军,等.稳定渗流条件下 Rankine 主动土压力计算[C] // 中国土木工

程学会第十届土力学及岩土工程学术会议. 重庆:重庆大学出版社. 2007:505—510.

[29] Zhang L J,Chai H J,Wang J J,et al. Influence of surcharge on active earth pressure with seepage[C] // Proceedings of Intenational Symposium on Geo-Environmental Engineering for Sustainable Development. Xuzhou,China. 2007:40—43.

[30] 王俊杰,朱俊高,魏松. 刚性挡土墙被动土压力的计算及影响分析[J]. 哈尔滨工业大学学报,2004,36(11):1483—1486.

[31] 赵晓中,潘东兴,刘福臣,等. 刚性挡土墙主动土压力的计算通式及影响因素分析[J]. 山东农业大学学报,2003,34(4):548—552.

[32] Orr T L L,Cherubini C. Use of the ranking distance as an index for assessing the accuracy and precision of equations for the bearing capacity of piles and at-rest earth pressure coefficient[J]. Canadian Geotechnical Journal,2003,40:1200—1207.

[33] Orr T L L,Cherubini C. Response to the comment by Burland and Federico on:"Use of the ranking distance as an index for assessing the accuracy and precision of equations for the bearing capacity of piles and at-rest earth pressure coefficient"[J]. Canadian Geotechnical Journal,2005,42:1720—1722.

[34] Burland J B,Federico A. Comment on "Use of the ranking distance as an index for assessing the accuracy and precision of equations for the bearing capacity of piles and at-rest earth pressure coefficient"[J]. Canadian Geotechnical Journal,2005,42:1718—1719.

[35] Wang J J. Behaviour of an over-length pile in layered soils[J]. Geotechnical Engineering, 2010,163(5):257—266.

[36] 王俊杰,朱俊高,吴寿昌. 大规模超长群桩基础工作性能的数值模拟[J]. 岩土力学,2008, 29(3):701—706.

[37] 王俊杰,朱俊高,魏松. 不同桩底地层超长桩工作性能的数值模拟[J]. 岩土力学,2005, 26(2):328—331.

[38] Franzius J N,Potts D M,Burland J B. The influence of soil anisotropy and K_0 on ground surface movements resulting from tunnel excavation[J]. Géotechnique, 2005, 55 (3): 189—199.

[39] Wang J J,Liu Y X. Hydraulic fracturing in a cubic soil specimen[J]. Soil Mechanics and Foundation Engineering,2010,47(4):136—142.

[40] Wang J J,Zhang H P,Zhang L,et al. Experimental study on self-healing of crack in clay seepage barrier[J]. Engineering Geology,2013,159:31—35.

[41] Wang J J. Hydraulic Fracturing in Earth-rock Fill Dams[M]. Singapore:John Wiley & Sons,and Beijing:China Water & Power Press,2014.

[42] Wang J J,Zhu J G. Numerical study on hydraulic fracturing in the core of an earth rockfill dam[J]. Dam Engineering,2007,XVII(4):271—293.

[43] Wang J J,Zhu J G,Mroueh H,et al. Hydraulic fracturing of rock-fill dam[J]. International Journal of Multiphysics,2007,1(2):199—219.

[44] Zhu J G,Wang J J. Investigation to arcing action and hydraulic fracturing of core rock-fill

dam[C] // The 4th International Conference on Dam Engineering-New Developments in Dam Engineering. Nanjing,China. 2004:1171—1180.

[45] 王俊杰,朱俊高. 堆石坝心墙抗水力劈裂性能研究[J]. 岩石力学与工程学报,2007,26(z1): 2880—2886.

[46] 王俊杰,朱俊高. 土石坝心墙水力劈裂影响因素分析[J]. 水利水电科技进展,2007,27(5): 42—46.

[47] 朱俊高,王俊杰. 土石坝心墙水力劈裂机制研究[J]. 岩土力学,2007,28(3):487—492.

[48] 王俊杰,朱俊高,张辉. 关于土石坝心墙水力劈裂研究的一些思考[J]. 岩石力学与工程学报,2005,24(z2):5664—5668.

[49] Davies T G,Richards R,Chen K H. Passive pressure during seismic loading[J]. Journal of Geotechnical Engineering,ASCE,1986,112(4):479—484.

[50] Steedman R S,Zeng X. The influence of phase on the calculation of pseudo-static earth pressure on a retaining wall[J]. Géotechnique,1990,40(3):417—431.

[51] Ebeling R M,Morrison E E J. The seismic design of waterfront retaining structures[M]. US Army Technical Report ITL-92-11 and US Navy Technical Report NCEL TR-939, 1992.

[52] Soubra A H,Kastner R,Benmansour A. Passive earth pressures in the presence of hydraulic gradients[J]. Géotechnique,1999,49(3):319—330.

[53] Soubra A H. Static and seismic passive earth pressure coefficients on rigid retaining structures[J]. Canadian Geotechnical Journal,2000,37:463—478.

[54] Rao K S S,Choudhury D. Seismic passive earth pressure in soils[J]. Journal of Geotechnical and Geoenvironmental Engineering,ASCE,2005,131(1):131—135.

[55] Choudhury D,Nimbalkar S. Seismic passive resistance by pseudo-dynamic method[J]. Géotechnique,2005,55(9):699—702.

[56] Barros P L A. A Coulomb-type solution for active earth thrust with seepage[J]. Géotechnique,2006,56(3):159—164.

[57] Benmebarek N,Benmebarek S,Kastner R,et al. Passive and active earth pressure in the presence of groundwater flow[J]. Géotechnique,2006,56(3):149—158.

[58] Choudhury D,Ahmad S M. Stability of waterfront retaining wall subjected to pseudo-static earthquake forces[J]. Ocean Engineering,2007,34(14-15):1947—1954.

[59] Choudhury D,Ahmad S M. Stability of waterfront retaining wall subjected to pseudo-dynamic earthquake forces[J]. Journal of Waterway,Port,Coastal and Ocean Engineering, ASCE,2008,134(4):252—260.

[60] Dakoulas P,Gazetas G. Insight into seismic earth and water pressures against caisson quay walls[J]. Géotechnique,2008,58(2):95—111.

[61] Wang J J,Zhang H P,Chai H J,et al. Seismic passive resistance with vertical seepage and surcharge[J]. Soil Dynamics and Earthquake Engineering,2008,28(9):728—737.

[62] Ahmad S M,Choudhury D. Seismic design factor for sliding of waterfront retaining wall

[J]. Geotechnical Engineering,2009,162(GE5):269—276.

[63] Ahmad S M,Choudhury D. Seismic rotational stability of waterfront retaining wall using pseudo-dynamic method[J]. International Journal of Geomechanics, ASCE, 2010, 10(1): 45—52.

[64] Wang J J,Zhang H P,Liu M W,et al. Seismic passive earth pressure with seepage for cohesionless soil[J]. Marine Georesources and Geotechnology,2012,30(1):86—101.

[65] Mesri G,Hayat T M. The coefficient of earth pressure at rest[J]. Canadian Geotechnical Journal,1993. 30:647—666.

[66] Mesri G,Vardhanabhuti B. Coefficient of earth pressure at rest for sands subjected to vibration[J]. Canadian Geotechnical Journal,2007,44:1424—1263.

[67] 王俊杰,郝建云. 土体静止侧压力系数定义及其确定方法综述[J]. 水电能源科学,2013, 31(7):111—114.

[68] 李作勤. 影响粘土静止侧压力的一些问题[J]. 岩土力学,1995,16(1):9—16.

[69] 姜安龙,张少钦,曹慧兰. 静止侧压力系数及其试验方法[J]. 南昌航空工业学院学报, 2004,18(4):57—61.

[70] Federico A,Elia G,Murianni A. The at-rest earth pressure coefficient prediction using simple elasto-plastic constitutive models[J]. Computers and Geotechnics,2009,36:187—198.

[71] 姜安龙,郭云英,高大钊. 静止土压力系数研究[J]. 岩土工程技术,2003,(6):354—359.

[72] Schmidt B. Discussion on "Earth pressure at rest related to stress history"[J]. Canadian Geotechnical Journal,1996,3(4):239—242.

[73] 李晓萍,赵亚品. 静止侧压力系数及其试验方法的探讨[J]. 铁道工程学报,2007(8): 20—22.

[74] 董孝璧. 确定土侧应力系数 K_0 的方法研究[J]. 地质灾害与环境保护,1998,9(4):27—31.

[75] 郝建云. 砂泥岩混合料压缩变形特性及 K_0 系数试验研究(硕士学位论文)[D]. 重庆:重庆 交通大学,2014.

[76] Marchetti S. In-situ tests by fiat dilatometer[J]. Journal of the Geotechnical Engineering Division,ASCE,1980,106(3):299—321.

[77] 孟高头. 土体原位测试机理、方法及其工程应用[M]. 北京:地质出版社,1997:161—195.

[78] 钱家欢,殷宗泽. 土工原理与计算(第二版)[M]. 北京:中国水利水电出版社,1996.

[79] Sivakumar V,Doran I G,Graham J,et al. Relationship between K_0 and overconsolidation ratio:A theoretical approach[J]. Géotechnique,2002,52(3):225—230.

[80] Fioravante V,Jamiolkowski M,Lo Presti D C F,et al. Assessment of the coefficient of the earth pressure at rest from shear wave velocity measurements[J]. Géotechnique, 1998, 48(5):657—666.

[81] Michalowski R L. Coefficient of earth pressure at rest[J]. Journal of Geotechnical and Geoenvironmental Engineering,ASCE,2005,131(11):1429—1433.

[82] Federico A,Elia G,Germano V. A short note on the earth pressure and mobilized angle of internal friction in one-dimensional compression of soils[J]. Journal of GeoEngineering,

2008,3(1):41—46.

[83] Tong L,Liu L,Cai G,et al. Assessing the coefficient of the earth pressure at rest from shear wave velocity and electrical resistivity measurements[J]. Engineering Geology,2013,163: 122—131.

[84] Mayne P W,Kulhawy F H. $K_{0\text{-OCR}}$ relationship in clay[J]. Journal of Geotechnical Engineering Division,ASCE,1982,108(GT6):851—870.

[85] Wang J J,Zhu J G,Chiu C F,et al. Experimental study on fracture behavior of a silty clay [J]. Geotechnical Testing Journal,2007,30(4):303—311.

[86] Wang J J,Zhu J G,Chiu C F,et al. Experimental study on fracture toughness and tensile strength of a clay[J]. Engineering Geology,2007,94(1-2):65—75.

[87] Wang J J,Zhang H P,Liu M W,et al. Compaction behaviour and particle crushing of a crushed sandstone particle mixture[J]. European Journal of Environmental and Civil Engineering,2014,18(5):567—583.

[88] Xiao Y,Liu H,Chen Y,et al. Strength and deformation of rockfill material based on large-scale triaxial compression tests:Part I—Influences of density and pressure[J]. Journal of Geotechnical and Geoenvironmental Engineering,ASCE,2014,140(12):04014070.

[89] Xiao Y,Liu H,Chen Y,et al. Strength and deformation of rockfill material based on large-scale triaxial compression tests:Part II—Influence of particle breakage[J]. Journal of Geotechnical and Geoenvironmental Engineering,ASCE,2014,140(12):04014071.

[90] Wang J J,Zhang H P,Tang S C,et al. Effects of particle size distribution on shear strength of accumulation soil[J]. Journal of Geotechnical and Geoenvironmental Engineering,ASCE, 2013,139(11):1994—1997.

[91] Wang J J,Zhang H P,Tang S C,et al. Closure to "Effects of particle size distribution on shear strength of accumulation soil" by Jun-Jie Wang,Hui-Ping Zhang,Sheng-Chuan Tang, and Yue Liang[J]. Journal of Geotechnical and Geoenvironmental Engineering,ASCE, 2015,141(1):07014031.

[92] Xiao Y,Liu H,Chen Y,et al. Particle size effects in granular soils under true triaxial conditions[J]. Géotechnique,2014,64(8):667—672.

[93] Wang J J,Zhang H P,Wen H B.,et al. Shear strength of an accumulation soil from direct shear test[J]. Marine Georesources & Geotechnology,2015,33(2):183—190.

[94] Wang J J,Zhao D,Liang Y,et al. Angle of repose of landslide debris deposits induced by 2008 Sichuan Earthquake[J]. Engineering Geology,2013,156:103—110.

[95] Zhao D,Qiu Z F. Discussion of "Shear strength of an accumulation soil from direct shear test" by J. Wang,H. Zhang,H. Wen,and Y. Liang[J]. Marine Georesources & Geotechnology,DOI:10. 1080/1064119X. 2014. 987892. Online Publication Date:18 Dec 2014.

[96] Xiao Y,Liu H,Chen Y,et al. Influence of intermediate principal stress on the strength and dilatancy behavior of rockfill material[J]. Journal of Geotechnical and Geoenvironmental Engineering,ASCE,2014,140(11):04014064.

[97] Xiao Y, Liao J. Discussion of "Effects of particle size distribution on shear strength of accumulation soil" by Jun-Jie Wang, Hui-Ping Zhang, Sheng-Chuan Tang, and Yue Liang[J]. Journal of Geotechnical and Geoenvironmental Engineering, 2015, ASCE 141(1):07014030.

[98] Landva A O, Valsangkar A J, Pelkey S G. Lateral earth pressure at rest and compressibility of municipal solid waste[J]. Canadian Geotechnical Journal, 2000, 37:1157—1165.

[99] Zhao X, Zhou G, Tian Q, et al. Coefficient of earth pressure at rest for normal, consolidated soils[J]. Mining Science and Technology, 2010, 20:406—410.

[100] Talesnick M L. A different approach and result to the measurement of K_0 of granular soils [J]. Géotechnique, 2012, 62(11):1041—1045.

[101] Levenberg E, Garg N. Estimating the coefficient of at-rest earth pressure in granular pavement layers[J]. Transportation Geotechnics, 2014, 1(1):21—30.

[102] Mayne P W, Kulhawy F H. Discussion on relationship between K_0 and overconsolidation ratio: a theoretical approach[J]. Géotechnique, 2003, 53(4):450—454.

[103] Hanna A, Al-Romhein R. At-rest earth pressure of overconsolidated cohesionless soil[J]. Journal of Geotechnical and Geoenvironmental Engineering, ASCE, 2008, 134(3): 408—412.

[104] Hayashi H, Yamazoe N, Mitachi T, et al. Coefficient of earth pressure at rest for normally and overconsolidated peat ground in Hokkaido area[J]. Soils and Foundations, 2012, 52(2):299—311.

[105] Chu J, Gan C L. Effect of void ratio on K_0 of loose sand[J]. Géotechnique, 2004, 54(4): 285—288.

[106] Tian Q, Xu Z, Zhou G, et al. Coefficients of earth pressure at rest in thick and deep soils [J]. Mining Science and Technology, 2009, 19:252—255.

[107] 重庆市地质矿产勘查开发总公司. (比例尺 1:500 000)[M]. 重庆长江地图印刷厂印制, 2002 年.

[108] Wang J J, Zhang H P, Deng D P, et al. Effects of mudstone particle content on compaction behavior and particle crushing of a crushed sandstone-mudstone particle mixture[J]. Engineering Geology, 2013, 167:1—5.

[109] Wang J J, Yang Y, Zhang H P. Effects of particle size distribution on compaction behavior and particle crushing of a mudstone particle mixture[J]. Geotechnical and Geological Engineering, 2014, 32(4):1159—1164.

[110] Wang J J, Zhang H P, Deng D P. Effects of compaction effort on compaction behavior and particle crushing of a crushed sandstone-mudstone particle mixture[J]. Soil Mechanics and Foundation Engineering, 2014, 51(2):67—71.

[111] Wang J J, Cheng Y Z, Zhang H P, et al. Effects of particle size on compaction behavior and particle crushing of crushed sandstone-mudstone particle mixture[J]. Environmental Earth Sciences, 2014, 12(73):8053—8059.

[112] Wang J J, Liu M W, Zhang H P, et al. Effects of wetting on mechanical behavior and parti-

cle crushing of a mudstone particle mixture[C] // The 6th International Conference on Unsaturated Soils. Sydney, Australia. 2014, 1: 233—238.

[113] Wang J J, Qiu Z F, Deng W J. Shear strength of a crushed sandstone-mudstone particle mixture[J]. International Journal of Architectural Engineering Technology, 2014, 1: 33—37.

[114] Wang J J, Qiu Z F, Deng W J, et al. Effects of mudstone particle content on shear strength of a crushed sandstone-mudstone particle mixture[J]. Marine Georesources & Geotechnology, DOI: 10. 1080/1064119X. 2014. 961621. Online Publication Date: 2 Oct 2014.

[115] Rochelle P L, Sarrailh J, TavenasF M R, et al. Causes of sampling disturbance and design of a new sampler for sensitive soils[J]. Canadian Geotechnical Journal, 1981, 18: 52—66.

[116] Lefebvre G, Poulin C. A new method of sapling in sensitive clay[J]. Canadian Geotechnical Journal, 1979, 16: 226—233.

[117] Abdelhamid M S, Krizek R J. At rest lateral earth pressures of a consolidating clay[J]. Journal of Geotechnical Engineering Division, ASCE, 1976, 102(GT7): 721—738.

[118] 中华人民共和国行业标准. 土工试验规程(SL237—1999)[S]. 中华人民共和国水利部, 1999.

[119] ASTM. Standard test methods for one-dimensional consolidation properties of soils using incremental loading, ASTM D2435M-11[S]. West Conshohocken, Pennsylvania, 2011.

第7章 各向异性渗透特性

对于填筑在库岸等临水环境中的土体,其工程特性也包括渗透特性。在实际工程中,砂泥岩颗粒混合料常采用分层压实的方法填筑,填筑后的土体具有明显的成层特性,使得其渗透特性也可能因此呈现各向异性特性。本章采用自行研制的层状粗粒土体各向异性渗透仪和常水头渗透试验,研究砂泥岩颗粒混合料的各向异性渗透特性。

7.1 概　　述

渗透系数是反映土体透水性能的定量指标,是工程中评价土体的透水能力、抗渗透变形能力、抗渗透破坏能力等的一个极其重要的指标[1~7]。研究者们在20世纪50年代就认识到渗透特性具有各向异性的性质[8],但由于缺乏能够准确测量各向异性渗透系数的试验仪器,准确的各向异性渗透系数数据非常有限。以下几种岩土体材料的各向异性渗透系数被人们所重视:黏土[9]、黏土与粗粒土的混合物[10]、砂性壤土[11,12]、沙土[13]、河流沉积物等[8,14~18]。河流沉积物的水平渗透系数比垂直渗透系数大4.1~6.0倍[17],有研究者报道了在美国布鲁明顿测试出水平渗透系数比垂直渗透系数大23~69倍的数据[14~16]。

一般来说,土料经压实后均表现出一定的各向异性渗透特性,水平渗透系数会比垂直渗透系数大。测量垂直渗透系数的渗透仪较为常见[17~20],对于黏土和岩石,试样可以切割,水平渗透系数的测量方法也较为成熟[21]。由于制样的困难,对于不能简单切割制样的粗粒土,水平渗透系数的测试方法及仪器鲜有报道[22~25]。目前的各向异性渗透试验仪器和方法大多存在以下几方面的问题:绕侧壁渗漏[26]、击实效果差[27]、试样没有完全饱和[28~32]、试样不均匀[33,34]、试样尺寸小[30]、测压管水头损失[30,35]、含气水的使用[30,36~38]、不能在同一个仪器中测试水平和垂直渗透系数[30]等。

为了研究砂泥岩颗粒混合料的各向异性渗透特性,研制了一种可克服以上缺陷的各向异性渗透仪。利用该试验仪器,试验研究了砂泥岩颗粒混合料室内击实试样的渗透各向异性问题。基于试验研究成果,探讨了砂泥岩颗粒含量比例、颗粒级配、试样干密度等因素对砂泥岩颗粒混合料渗透各向异性的影响,并阐释了砂泥岩颗粒混合料试样各向异性渗透特性的机理。

7.2 试 验 仪 器

　　为了测量砂泥岩颗粒混合料各种级配下的水平及垂直层面方向的渗透系数，将仪器设计成长方体形式，内腔空间 200mm×200mm×400mm，侧壁上在试样长度方向均等分安装 4 套孔压传感器及测压管，如图 7.1 所示。顶盖及前后端三面可拆卸，做水平渗透试验时，拆卸顶盖，然后水平分层装样击实，合上顶盖，拧紧螺栓即可，再将渗透仪竖立放置在底座支架上，然后进行试样饱和。垂直渗透试验时，只需拆卸下后盖，竖直放置在底座支架上，然后竖直分层填料击实，再合上后盖，拧紧螺栓，即可进行试样饱和。该仪器已经获得国家发明专利授权[39]。

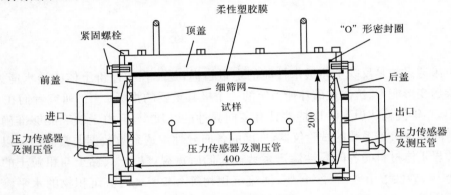

图 7.1　试验仪器剖面图

　　试验水头通过氮气源提供压力，经过两级压力调节阀调节，试验中可以准确控制输入试样的水头压力值。两级压力调节阀输入压力可达 25MPa，输出压力量程为 250kPa，最小分度值为 10kPa，基本能够满足试验精度要求。仪器实物如图 7.2所示，数据采集界面如图 7.3 所示。

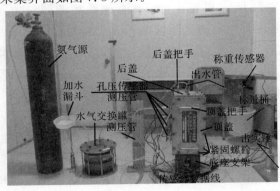

图 7.2　各向异性渗透仪实物图

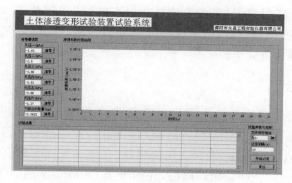

图 7.3　数据采集界面

7.3　试验方法及试验步骤

7.3.1　仪器密封性检查

（1）将渗透仪水平放置，打开顶盖，开启进水阀门，用氮气小压力值稍加压，观察是否有水由水气交换器流经水管进入渗透仪。若有，则表示进水管畅通；若没有，则表示进水管堵塞。经常堵塞的位置为高强塑料管与进水阀门的接口处，此处容易被折，而且折后不能恢复，因此，容易把管子堵塞。此时，卸下阀门接口，把塑料管折处切除，重新装上密封元件，再接入阀门。

（2）关闭渗透仪进、出水口阀门以及四个侧壁测压管阀门，将渗透仪内注入无气水，直至漫过传感器 3cm。在渗透仪上盖边沿放置密封橡胶圈，装上顶盖，再闭合渗透仪。采用对称法拧紧螺栓。

（3）打开氮气阀门，加压至 150kPa。静置 5min，仔细观察渗透仪各边缝隙是否漏水，若无漏水现象，则表示密封性良好；若有漏水现象，则不密封。漏水的原因可能是螺栓没有上紧，也可能是密封圈位置没有放置好，或者是 O 形密封圈断裂，如果断裂，更换即可。

（4）检查完密封性后，关闭氮气阀门，打开出水口阀门。若有水流出，则表示出水管畅通；若没有水流出，则表示出水管堵塞。检查完毕后，即可关闭阀门。余下的水用来检验侧壁上的孔压传感器及测压管是否畅通。

（5）关闭侧壁测压管阀门，依次旋下孔压传感器上的排气孔螺栓。若有水流出，则表示孔压传感器管道畅通；若没有水流出，则表示传感器管道堵塞。此时，应排出渗透仪内的水，把孔压传感器卸下，检查密封元件是否破损，或者更换孔压传感器接头。

（6）拧紧孔压传感器排气螺栓，依次打开侧壁测压管阀门。若有水流入到测压管内,则表示测压管畅通;若没有水流出,则表示测压管堵塞。此时,检查测压管阀门接口处是否接触良好,或者密封元件是否漏水。关闭氮气压力,排出渗透仪中的水,密封性检查完毕。

7.3.2 传感器标定

打开顶盖,将渗透仪内注水至漫过孔压传感器 3cm,放置好密封圈,盖上顶盖,拧紧螺栓。采用氮气加压,打开进出水口阀门,此时静置一段时间,即可标定传感器为 0。进入标定程序,选择孔压传感器"孔压一",在实际值 1 中输入 0kPa,并点击标定 1 按钮。关闭进出口阀门,并加压至 150kPa,实测电压稳定后,在实际值 2 中输入 150kPa,并点击标定 2 按钮,完成后点击保存按钮。重复上述操作,依次标定传感器 2～6。

标定称重传感器,选择"下游出水称重",当称重挂钩不挂物体时,在实际值 1 中输入 0kg,并点击标定 1 按钮;用电子秤称量 10kg 水,挂到称重传感器挂钩上,实测电压值稳定后,在实际值 2 中输入 10kg,并点击标定 2 按钮,完成后点击保存按钮。退出程序,然后关闭氮气压力,排出渗透仪中的水,标定完毕。

7.3.3 制样

(1)按照预先确定的颗粒级配曲线、试样干密度和渗透仪体积,计算出所需的各种粒径的质量,测量出试样风干含水率,换算出试样的风干质量。

(2)由于试样较大,各种粒径的土颗粒取至大盆中,取料完成后先将土料拌合均匀,在按照预定制样含水率加水,再充分搅拌,用塑料膜密封 12h 闷料均匀湿润。

(3)水平渗透试验时,将渗透仪水平放置,关闭进、出水口阀门,同时在渗透仪两端放置孔隙为 0.075mm 的纱网,防止粗颗粒堵塞透水板,影响渗透试验效果。然后将已经拌和好的土料平均分成三份,依次放入渗透仪中,每放完一份土料便使用击实锤击实至相应高度,每完成一层土料的击实后,必须对击实层面进行刨毛,减少击实对土样分层的影响。完成击实后,冲洗螺栓孔,防止堵孔。依次放置密封橡胶圈,闭合渗透仪,采用对称法重复拧紧螺栓。然后将渗透仪竖立放置在底座支座上,完成制样。如图 7.4(a)所示。

(4)垂直渗透试验时,将渗透仪竖直放置在底座支座上,关闭进水口阀门,卸下后盖螺栓,卸下后盖,小心放置在一旁,注意不要压坏孔压传感器。在渗透仪内腔底部放置孔隙为 0.075mm 的纱网,防止粗颗粒堵塞透水板,影响渗透试验效果。将已经拌和好的土料分三份,依次放入渗透仪中,每放完一份土料便使用击实锤击实至相应高度,每完成一层土料的击实后,必须对击实层面进行刨毛,减少击实对试样分层的影响。完成击实后,冲洗螺栓孔,防止堵孔。放置孔隙为

0.075mm的纱网,合上后盖,闭合渗透仪,采用对称法重复拧紧螺栓,完成制样。如图7.4(b)所示。

（a）水平制样方式　　　　　　　　　　　　　（b）垂直制样方式

图7.4　制样方式实物图

7.3.4　饱和试样

（1）采用常水头饱和。关闭侧壁测压管阀门,拧开每个侧壁孔压传感器上的排气孔,将出水管的末端固定在与试样顶部齐平的位置,并安置好接水的称重桶及称重传感器。在一旁用桶装上一定的无气水,使水位稍高于试样底部,渗透仪垂直放置,打开进、出水口阀门。进水管道上游放置到桶底部,采用虹吸原理,用吸球将进水管中的水先吸至可以自由流动状态,再接入进口阀门。

（2）桶内水位开始高度略高于试样底部高度,5～10min 中后水位提高 1～2cm。直到水位提升到第一个孔压传感器排气孔口位置时,每次提升 1～2cm,观察侧边传感器螺孔内是否有连续水滴流出。连续水滴可以理解为将排气口的水抹去,立即又出现新的水滴。此时,拧上该排气孔的螺栓,同时打开测压管的阀门,并将与该测压管连接的导管另一端与玻璃管读数计上的橡塑料管连接。

（3）按照步骤（2）,依次增加桶中的水位高度,直到最后在后盖上的出水口有水流出。等待与出水口阀门连接的高强塑料管出水,若出水则表示试样饱和完全,静置一段时间后即可开始测量。

7.3.5　加压

试验加压分八个阶段,前四个阶段使用常水头法加压,后四个阶段采用氮气加压。依次在已定的位置高度采用常水头法加压,常水头阶段中,第一级水头一般为 10cm,以后依次为 20cm、50cm、80cm。氮气加压阶段采用四个压力,依次为

15kPa、25kPa、35kPa、50kPa。如果遇上在第二或者第三个压力下,渗透末端流出的水并未变浑浊,此后的压力应该适当加大,直到流出的水流变得浑浊,之后至少再进行两个压力的测量,即可停止试验。在试验过程中注意记录试验现象,如微浑、有细颗粒流出、浑浊、大量细颗粒流出等,其所对应的出水现象如图 7.5 所示。1-5 表示微浑,1-6 表示有细颗粒流出,1-7 为浑浊,1-8 为大量细颗粒流出。到出现 1-8 这种试验现象时即可停止试验。

图 7.5　试验现象

7.3.6　数据整理

通过四个测压管及四个孔压传感器所测得的数据,及称重传感器所测得的流量,按下列公式计算出试样的水力梯度 i 及渗流速度 v[40]:

$$i = \frac{\Delta H}{L} \tag{7.1}$$

$$v = \frac{q}{A} = \frac{Q_2 - Q_1}{a^2 (t_2 - t_1)} \tag{7.2}$$

式中,i 为水力梯度;ΔH 为测压管水头差,cm;L 为与 ΔH 相对应的渗径,cm;v 为渗流速度,cm/s;q 为渗流量,cm³/s;A 为试样截面积,cm²;a 为试样界面边长,cm;Q_1、Q_2 为时间 t_1、t_2 对应的流量,cm³;t_1、t_2 为称重传感器上的测量时间,s。

在双对数坐标上画出 $\lg i$ 与 $\lg v$ 的关系曲线,根据 $\lg i$-$\lg v$ 曲线关系计算出临界水力梯度,如图 7.6 所示。

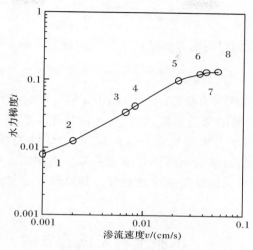

图 7.6　$\lg i$-$\lg v$ 关系曲线

一般流土破坏多发生在颗粒间紧密结合、彼此有较强的结合力,且粉土较多的土体或者较均匀的砂土中。管涌多发生在结构不稳定的粗粒土中,尤其是部分颗粒不能完全制约细颗粒的砂砾石中。若土体中的细颗粒处于密实状态,可能发生流土破坏;若处于疏松状态,可能为管涌破坏[41]。

对管涌土来说,管涌是一个发展性的过程[42],其渗透变形可分为三个阶段,第一阶段为试样中的一些细颗粒开始跳动,在渗流作用力的作用下,颗粒基本处于平衡状态,由静止刚刚启动为跳动状态,位置开始发生变化。这里要说明的是,有些自由颗粒的跳动并不意味着达到了这个阶段,只能表明这个局部位置的位置调整。受骨架的制约,土体颗粒大面积发生颗粒跳动变化,此时,渗流遭受到跳动颗粒的阻力,水力梯度开始发生变化,将这个阶段的水力梯度定义为临界水力梯度 i_{cr}[43],在 $\lg i$-$\lg v$ 曲线中表现为开始出现转折,这个转折点就认为是临界水力梯度点。

随着水头的加大,细颗粒跳动越来越明显,流失的细颗粒也越来越多,下游出来的水也变得浑浊,在试样的内部逐步形成许多渗透通道,通过渗透通道的颗粒粒径也逐渐变大,此时测压管及孔压传感器中的压力缓慢增大。这个阶段中,$\lg i$-$\lg v$曲线大部分表现出成某一角度上升,少部分会有曲折上升的现象。第三阶段为测压管和孔压传感器中的读数升不上去了,水头不再上升,但流量会增加,渗流速度也在增加,水流在渗透通道中几乎畅通无阻,水头增加到试样失去抗渗强度,这个阶段为破坏阶段,该阶段的水力梯度称为破坏水力梯度 i_F。

临界水力梯度 i_{cr} 与破坏水力梯度 i_F 为

$$i_{cr} = \frac{i_2 + i_1}{2} \qquad (7.3)$$

式中, i_2 为开始出现管涌时的水力梯度; i_1 为开始出现管涌前一级的水力梯度。

$$i_F = \frac{i_{02} + i_{01}}{2} \qquad (7.4)$$

式中, i_{02} 为开始破坏时的水力梯度; i_{01} 为开始破坏前一级的水力梯度。

对于渗透变形试验的渗透系数,其计算方法采用拟合法。由于产生临界水力梯度之前的流速与水力梯度均符合达西定律,为线性关系,即可以将流速与水力梯度拟合为直线,直线的斜率即是渗透系数。将图 7.6 中的前 6 个试验点拟合为线性关系,斜率是该试验的渗透系数。其处理方法与渗透试验[44]中的有所差别。

7.4 试验土料及试验方案

7.4.1 试验土料

试验需要的土料砂泥岩颗粒混合料的制备方法与第 3 章中基本相同,此处不再赘述。

试验土料中最大颗粒的粒径取 60mm。为了便于研究颗粒级配对砂泥岩颗粒混合料各向异性渗透特性的影响,选取如表 7.1 和图 7.7 中所示的 5 种颗粒级配曲线用于配制试验土料。

表 7.1 设计级配各粒径含量

粒组粒径/mm	各粒组颗粒含量/%				
	颗粒级配 1	颗粒级配 2	颗粒级配 3	颗粒级配 4	颗粒级配 5
40~60	15.0	8.0	4.0	2.0	1.5
20~40	26.6	16.0	7.7	3.5	2.0
10~20	26.4	16.9	12.3	6.4	1.5
5~10	12.0	14.1	13.0	7.1	2.0
2~5	11.0	20.0	19.0	15.0	6.0
1~2	4.0	12.0	12.0	8.0	
0.5~1	2.0	6.0	10.0	14.0	14.0
0.25~0.5		3.0	7.0	14.0	20.0
0.075~0.25	1.0	4.0	12.0	22.0	40.0
<0.075	1.0	2.0	3.0	4.0	5.0

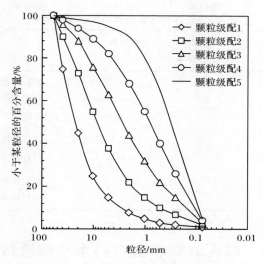

图 7.7　试验土料的颗粒级配曲线

各颗粒级配曲线的特征值如表 7.2 所示。

表 7.2　各颗粒级配曲线的特征值

特征值	颗粒级配 1	颗粒级配 2	颗粒级配 3	颗粒级配 4	颗粒级配 5
D_{10}/mm	2.273	1.083	0.177	0.123	0.097
D_{30}/mm	9.167	2.750	0.900	0.321	0.184
D_{50}/mm	16.818	6.774	2.947	0.857	0.313
D_{60}/mm	21.202	10.538	4.526	1.500	0.438
C_u	9.329	9.728	25.560	12.222	4.516
C_c	1.744	0.662	1.011	0.561	0.802
P_5/%	80.0	55.0	37.0	19.0	7.0

注：P_5 为粒径不小于 5mm 的颗粒百分含量,本章称之为粗颗粒含量。

7.4.2　试验方案

　　根据各向异性渗透特性试验的目的,试验分为水平渗透试验和垂直渗透试验两种。分别在两种不同制样方式下进行不同砂泥岩颗粒比例、颗粒级配及试样干密度的渗透试验,分析砂泥岩颗粒比例、颗粒级配、试样干密度等因素对砂泥岩颗粒混合料各向异性渗透特性的影响规律。具体试验方案如表 7.3 所示。A1～A5 分别对应于颗粒级配 1、颗粒级配 2、颗粒级配 3、颗粒级配 4 和颗粒级配 5;B1～B5 分别对应于干密度 1.95g/cm³、1.90g/cm³、1.85g/cm³、1.80g/cm³ 和 1.75g/cm³;C1～C6分别对应于泥岩颗粒含量为 0%、20%、40%、60%、80%和100%。

表 7.3　各向异性渗透特性研究试验方案

试验编号	泥岩颗粒 含量/%	颗粒级配 曲线编号	试样干密度 /(g/cm³)	试验目的
A1~A5	20	1、2、3、4、5	1.9	颗粒级配曲线特征对砂泥岩颗粒混合料各向异性渗透特性的影响
B1~B5	20	3	1.95、1.90、1.85、 1.80、1.75	试样干密度对砂泥岩颗粒混合料各向异性渗透特性的影响
C1~C6	0、20、40、60、 80、100	3	1.9	泥岩颗粒含量对砂泥岩颗粒混合料各向异性渗透特性的影响

7.5　砂泥岩颗粒混合料水平渗透特性

7.5.1　颗粒级配的影响

表 7.3 中试验编号 A1~A5 用于研究颗粒级配曲线特征对砂泥岩颗粒混合料各向异性渗透特性的影响,所用试验土料为泥岩颗粒含量为 20% 的砂泥岩颗粒混合料,其颗粒级配有 5 种,即表 7.1 和图 7.7 所示的颗粒级配 1、颗粒级配 2、颗粒级配 3、颗粒级配 4 和颗粒级配 5;试样的干密度为 1.9g/cm³。试验结果采用 $\lg i$-$\lg v$ 曲线进行整理,水平渗透试验结果如图 7.8~图 7.17 所示。

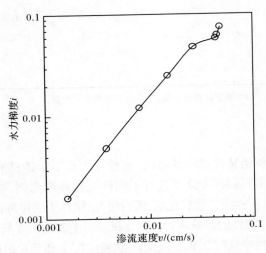

图 7.8　A1 水平试验 $\lg i$-$\lg v$ 曲线

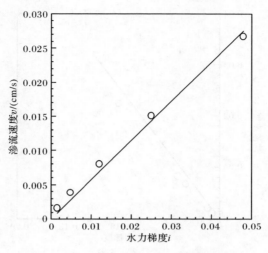

图 7.9　A1 水平试验 i-v 曲线

　　由图 7.9 可知,临界水力梯度之前,各个试验数据点的渗流速度和水力梯度之间线性关系良好,拟合曲线表达式为

$$v = 5.73 \times 10^{-1} i \quad (R^2 = 0.991) \tag{7.5}$$

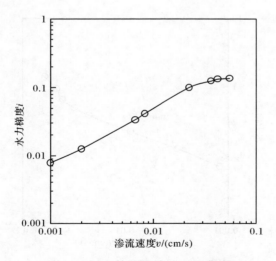

图 7.10　A2 水平试验 $\lg i$-$\lg v$ 曲线

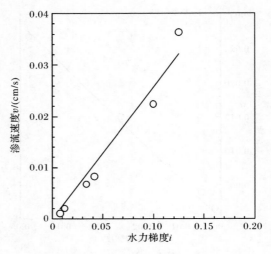

图 7.11　A2 水平试验 i-v 曲线

由图 7.11 可知,临界水力梯度之前,各个试验数据点的渗流速度和水力梯度之间线性关系良好,拟合曲线表达式为

$$v = 2.57 \times 10^{-1} i \quad (R^2 = 0.958) \tag{7.6}$$

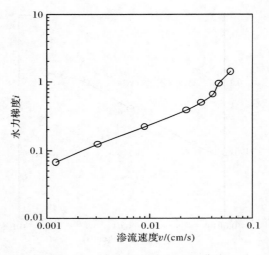

图 7.12　A3 水平试验 $\lg i$-$\lg v$ 曲线

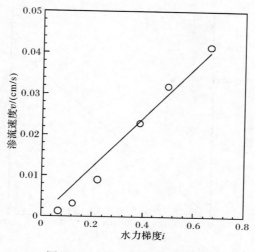

图 7.13 A3 水平试验 $i\text{-}v$ 曲线

由图 7.13 可知,临界水力梯度之前,各个试验数据点的渗流速度和水力梯度之间线性关系良好,拟合曲线表达式为

$$v=6.07\times10^{-2}i \quad (R^2=0.961) \tag{7.7}$$

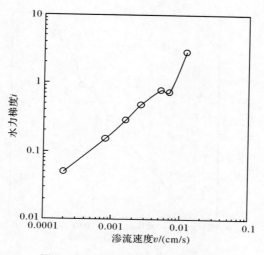

图 7.14 A4 水平试验 $\lg i\text{-}\lg v$ 曲线

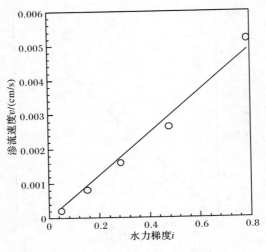

图 7.15　A4 水平试验 $i\text{-}v$ 曲线

　　由图 7.15 可知,临界水力梯度之前,各个试验数据点的渗流速度和水力梯度之间线性关系良好,拟合曲线表达式为

$$v=6.20\times10^{-3}i \quad (R^2=0.983)\tag{7.8}$$

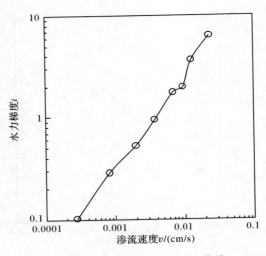

图 7.16　A5 水平试验 $\lg i\text{-}\lg v$ 曲线

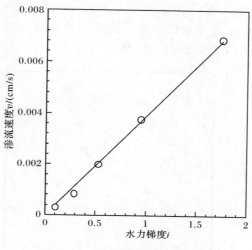

图 7.17　A5 水平试验 i-v 曲线

由图 7.17 可知,临界水力梯度之前,各个试验数据点的渗流速度和水力梯度之间线性关系良好,拟合曲线表达式为

$$v = 3.88 \times 10^{-3} i \quad (R^2 = 0.996) \tag{7.9}$$

试验结果中,以临界水力梯度之前的渗流速度与水力梯度进行线性拟合,渗流速度与水力梯度之间拟合直线的斜率即是渗透系数。各试验测得的渗透系数和临界水力梯度列于表 7.4 中。

表 7.4　不同颗粒级配曲线土料试样的水平渗透试验结果

试验编号	$k_{20}/(10^{-2}\mathrm{cm/s})$	i_{cr}
A1	57.30	0.053
A2	25.70	0.129
A3	6.07	0.804
A4	0.62	0.760
A5	0.39	1.873

7.5.2　干密度的影响

表 7.3 中试验编号 B1~B5 用于研究试样干密度对砂泥岩颗粒混合料各向异性渗透特性的影响,所用试验土料为泥岩颗粒含量为 20% 的砂泥岩颗粒混合料,其颗粒级配为颗粒级配 3,即表 7.1 和图 7.7 所示的颗粒级配 3;试样的干密度分

别为 1.95g/cm³、1.90g/cm³、1.85g/cm³、1.80g/cm³、1.75g/cm³。试验结果采用 lg$i$-lg$v$ 曲线进行整理,水平渗透试验结果如图 7.18～图 7.25 所示。其中水平渗透试验 B2 与 A3 为相同试验,此处不再赘述。

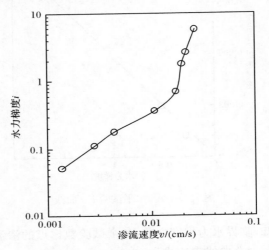

图 7.18　B1 水平试验 lg$i$-lg$v$ 曲线

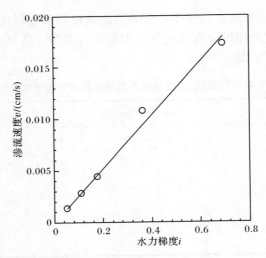

图 7.19　B1 水平试验 i-v 曲线

由图 7.19 可知,临界水力梯度之前,各个试验数据点的渗流速度和水力梯度之间线性关系良好,拟合曲线表达式为

$$v = 2.59 \times 10^{-2} i \quad (R^2 = 0.987) \tag{7.10}$$

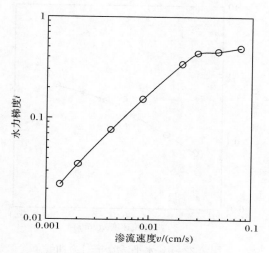

图 7.20　B3 水平试验 lg$i$-lg$v$ 曲线

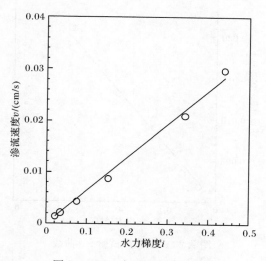

图 7.21　B3 水平试验 i-v 曲线

由图 7.21 可知,临界水力梯度之前,各个试验数据点的渗流速度和水力梯度之间线性关系良好,拟合曲线表达式为

$$v = 6.44 \times 10^{-2} i \quad (R^2 = 0.993) \tag{7.11}$$

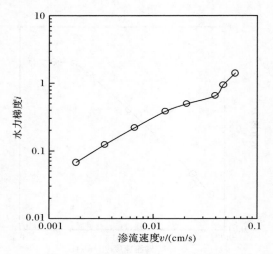

图 7.22　B4 水平试验 $\lg i$-$\lg v$ 曲线

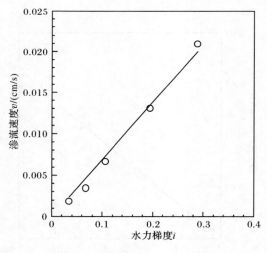

图 7.23　B4 水平试验 i-v 曲线

由图 7.23 可知,临界水力梯度之前,各个试验数据点的渗流速度和水力梯度之间线性关系良好,拟合曲线表达式为

$$v = 6.95 \times 10^{-2} i \quad (R^2 = 0.986) \tag{7.12}$$

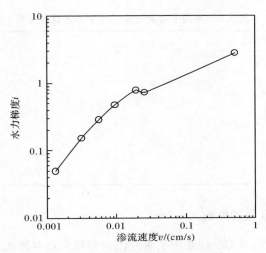

图 7.24　B5 水平试验 $\lg i$-$\lg v$ 曲线

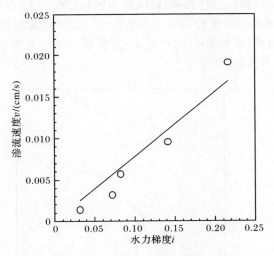

图 7.25　B5 水平试验 i-v 曲线

　　由图 7.25 可知,临界水力梯度之前,各个试验数据点的渗流速度和水力梯度之间线性关系良好,拟合曲线表达式为

$$v = 7.78 \times 10^{-2} i \quad (R^2 = 0.923) \tag{7.13}$$

　　试验结果中,以临界水力梯度之前的渗流速度与水力梯度进行线性拟合,渗流速度与水力梯度之间拟合直线的斜率即是渗透系数。各试验测得的渗透系数和临界水力梯度列于表 7.5 中。

表 7.5　不同干密度试样的水平渗透试验结果

试验编号	$k_{20}/(10^{-2}\,\mathrm{cm/s})$	i_{cr}
B1	2.59	1.233
B2	6.04	0.804
B3	6.44	0.447
B4	6.95	0.366
B5	7.78	0.304

7.5.3　泥岩颗粒含量的影响

表 7.3 中试验编号 C1~C6 用于研究泥岩颗粒含量对砂泥岩颗粒混合料各向异性渗透特性的影响,所用试验土料为泥岩颗粒含量为 0%、20%、40%、60%、80%、100%的砂泥岩颗粒混合料;颗粒级配为颗粒级配 3,即表 7.1 和图 7.7 所示的颗粒级配 3;试样的干密度分别为 1.90g/cm³。试验结果采用 lg$i$-lg$v$ 曲线进行整理,水平渗透试验结果如图 7.26~图 7.35 所示。其中水平渗透试验 C2 与 A3 为相同试验,此处不再赘述。

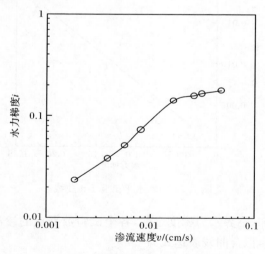

图 7.26　C1 水平试验 lg$i$-lg$v$ 曲线

由图 7.27 可知,临界水力梯度之前,各个试验数据点的渗流速度和水力梯度之间线性关系良好,拟合曲线表达式为

$$v=1.13\times10^{-1}i \quad (R^2=0.991) \tag{7.14}$$

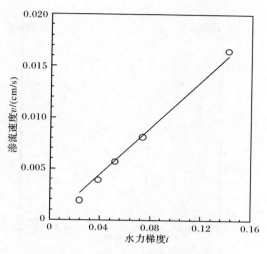

图 7.27　C1 水平试验 $i\text{-}v$ 曲线

　　由图 7.29 可知,临界水力梯度之前,各个试验数据点的渗流速度和水力梯度之间线性关系良好,拟合曲线表达式为

$$v = 6.81 \times 10^{-2} i \quad (R^2 = 0.981) \tag{7.15}$$

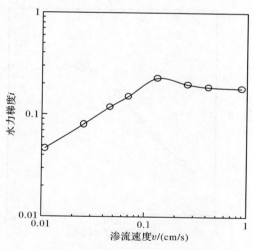

图 7.28　C3 水平试验 $\lg i\text{-}\lg v$ 曲线

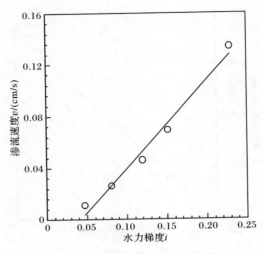

图 7.29　C3 水平试验 i-v 曲线

　　由图 7.31 可知,临界水力梯度之前,各个试验数据点的渗流速度和水力梯度之间线性关系良好,拟合曲线表达式为

$$v = 6.37 \times 10^{-2} i \quad (R^2 = 0.997) \tag{7.16}$$

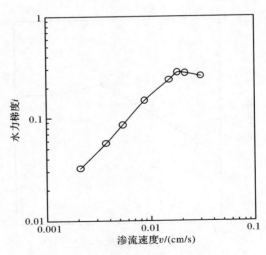

图 7.30　C4 水平试验 $\lg i$-$\lg v$ 曲线

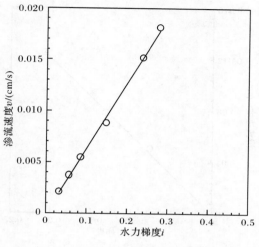

图 7.31　C4 水平试验 i-v 曲线

由图 7.33 可知,临界水力梯度之前,各个试验数据点的渗流速度和水力梯度之间线性关系良好,拟合曲线表达式为

$$v = 6.02 \times 10^{-2} i \quad (R^2 = 0.996) \tag{7.17}$$

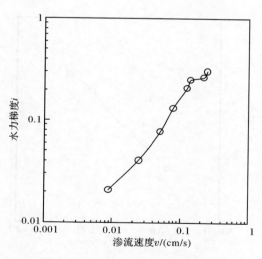

图 7.32　C5 水平试验 $\lg i$-$\lg v$ 曲线

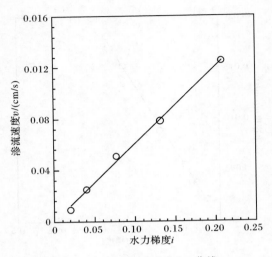

图 7.33　C5 水平试验 $i\text{-}v$ 曲线

由图 7.35 可知,临界水力梯度之前,各个试验数据点的渗流速度和水力梯度之间线性关系良好,拟合曲线表达式为

$$v = 9.07 \times 10^{-3} i \quad (R^2 = 0.989) \tag{7.18}$$

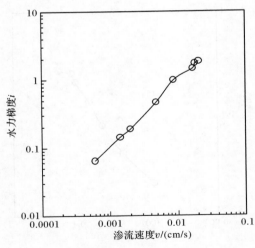

图 7.34　C6 水平试验 $\lg i\text{-}\lg v$ 曲线

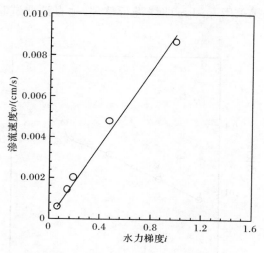

图 7.35　C6 水平试验 i-v 曲线

　　试验结果中,以临界水力梯度之前的渗流速度与水力梯度进行线性拟合,流速与水力梯度之间拟合直线的斜率即是渗透系数。各试验测得的渗透系数和临界水力梯度列于表 7.6 中。

表 7.6　不同泥岩颗粒含量土料试样的水平渗透试验结果

试验编号	$k_{20}/(10^{-2}\,\mathrm{cm/s})$	i_{cr}
C1	11.30	0.15
C2	6.04	0.804
C3	6.81	0.215
C4	6.37	0.277
C5	6.02	0.229
C6	0.91	1.225

7.6　砂泥岩颗粒混合料垂直渗透特性

7.6.1　颗粒级配的影响

　　与水平渗透特性类似,表 7.3 中试验编号 A1～A5 用于研究颗粒级配曲线特征对砂泥岩颗粒混合料各向异性渗透特性的影响,所用试验土料为泥岩颗粒含量为 20% 的砂泥岩颗粒混合料,其颗粒级配有 5 种,即表 7.1 和图 7.7 所示的颗粒级配 1、颗粒级配 2、颗粒级配 3、颗粒级配 4 和颗粒级配 5;试样的干密度为

1.9g/cm³。试验结果采用 lg$i$-lg$v$ 曲线进行整理,垂直渗透试验结果如图 7.36～图 7.45 所示。

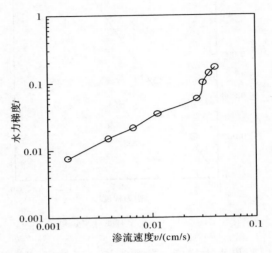

图 7.36　A1 垂直试验 lg$i$-lg$v$ 曲线

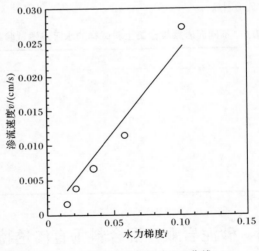

图 7.37　A1 垂直试验 i-v 曲线

由图 7.37 可知,临界水力梯度之前,各个试验数据点的渗流速度和水力梯度之间线性关系良好,拟合曲线表达式为

$$v=2.41\times10^{-1}i \quad (R^2=0.944) \tag{7.19}$$

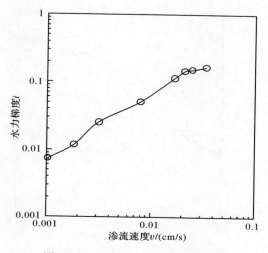

图 7.38　A2 垂直试验 $\lg i$-$\lg v$ 曲线

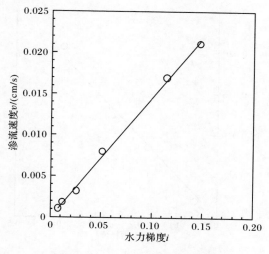

图 7.39　A2 垂直试验 i-v 曲线

　　由图 7.39 可知,临界水力梯度之前,各个试验数据点的渗流速度和水力梯度之间线性关系良好,拟合曲线表达式为

$$v = 1.46 \times 10^{-1} i \quad (R^2 = 0.998) \tag{7.20}$$

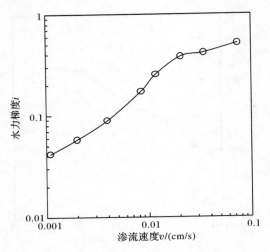

图 7.40　A3 垂直试验 lg$i$-lg$v$ 曲线

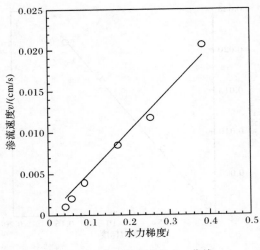

图 7.41　A3 垂直试验 i-v 曲线

由图 7.41 可知,临界水力梯度之前,各个试验数据点的渗流速度和水力梯度之间线性关系良好,拟合曲线表达式为

$$v = 5.05 \times 10^{-2} i \quad (R^2 = 0.981) \tag{7.21}$$

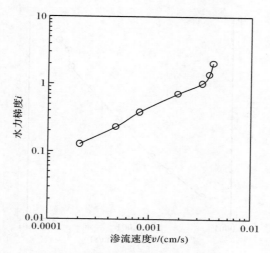

图 7.42　A4 垂直试验 lg$i$-lg$v$ 曲线

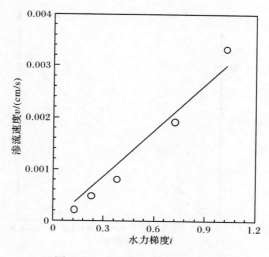

图 7.43　A4 垂直试验 i-v 曲线

由图 7.43 可知,临界水力梯度之前,各个试验数据点的渗流速度和水力梯度之间线性关系良好,拟合曲线表达式为

$$v = 2.93 \times 10^{-3} i \quad (R^2 = 0.953) \tag{7.22}$$

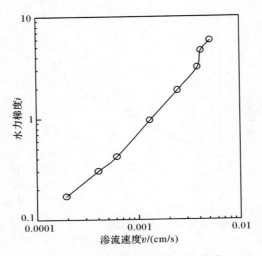

图 7.44   A5 垂直试验 lg$i$-lg$v$ 曲线

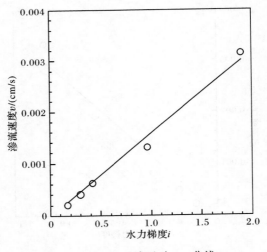

图 7.45   A5 垂直试验 i-v 曲线

　　由图 7.45 可知,临界水力梯度之前,各个试验数据点的渗流速度和水力梯度之间线性关系良好,拟合曲线表达式为

$$v = 1.58 \times 10^{-3} i \quad (R^2 = 0.986)$$ (7.23)

　　试验结果中,以临界水力梯度之前的渗流速度与水力梯度进行线性拟合,渗流速度与水力梯度之间拟合直线的斜率即是渗透系数。各试验测得的渗透系数和临界水力梯度列于表 7.7 中。

表 7.7　不同颗粒级配曲线土料试样的垂直渗透试验结果

试验编号	$k_{20}/(10^{-2}\,\mathrm{cm/s})$	i_{cr}
A1	24.10	0.154
A2	14.60	0.149
A3	5.05	0.400
A4	0.29	1.208
A5	0.16	2.545

7.6.2　干密度的影响

与水平渗透试验类似,表 7.3 中试验编号 B1～B5 用于研究试样干密度对砂泥岩颗粒混合料各向异性渗透特性的影响,所用试验土料为泥岩颗粒含量为 20% 的砂泥岩颗粒混合料,其颗粒级配为颗粒级配 3,即表 7.1 和图 7.7 所示的颗粒级配 3;试样的干密度分别为 1.95g/cm³、1.90g/cm³、1.85g/cm³、1.80g/cm³、1.75g/cm³。试验结果采用 $\lg i\text{-}\lg v$ 曲线进行整理,垂直渗透试验结果如图 7.46～图 7.53 所示。其中垂直渗透试验 B2 与 A3 为相同试验,此处不再赘述。

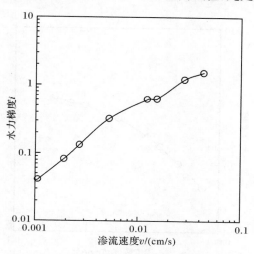

图 7.46　B1 垂直试验 $\lg i\text{-}\lg v$ 曲线

由图 7.47 可知,临界水力梯度之前,各个试验数据点的渗流速度和水力梯度之间线性关系良好,拟合曲线表达式为

$$v=1.93\times10^{-2}i \quad (R^2=0.985) \tag{7.24}$$

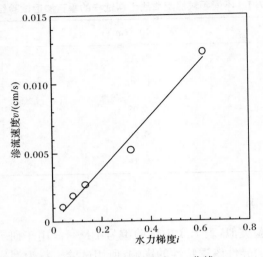

图 7.47　B1 垂直试验 i-v 曲线

由图 7.49 可知,临界水力梯度之前,各个试验数据点的渗流速度和水力梯度之间线性关系良好,拟合曲线表达式为

$$v = 2.52 \times 10^{-2} i \quad (R^2 = 0.958) \tag{7.25}$$

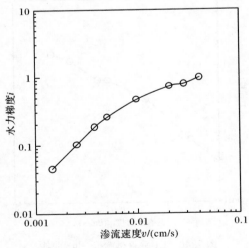

图 7.48　B3 垂直试验 $\lg i$-$\lg v$ 曲线

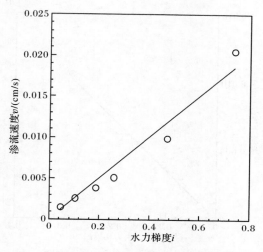

图 7.49 B3 垂直试验 i-v 曲线

由图 7.51 可知，临界水力梯度之前，各个试验数据点的渗流速度和水力梯度之间线性关系良好，拟合曲线表达式为

$$v = 3.55 \times 10^{-2} i \quad (R^2 = 0.992) \tag{7.26}$$

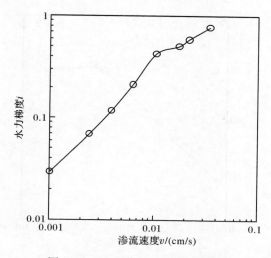

图 7.50 B4 垂直试验 $\lg i$-$\lg v$ 曲线

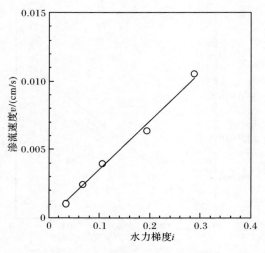

图 7.51　B4 垂直试验 i-v 曲线

由图 7.53 可知,临界水力梯度之前,各个试验数据点的渗流速度和水力梯度之间线性关系良好,拟合曲线表达式为

$$v = 5.28 \times 10^{-2} i \quad (R^2 = 0.999) \tag{7.27}$$

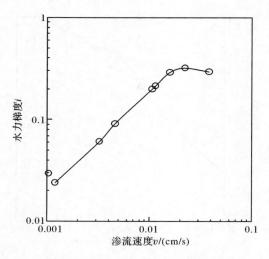

图 7.52　B5 垂直试验 $\lg i$-$\lg v$ 曲线

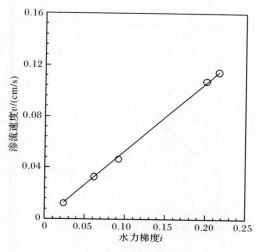

图 7.53　B5 垂直试验 i-v 曲线

试验结果中,以临界水力梯度之前的渗流速度与水力梯度进行线性拟合,渗流速度与水力梯度之间拟合直线的斜率即是渗透系数。各试验测得的渗透系数和临界水力梯度列于表 7.8 中。

表 7.8　不同干密度试样的垂直渗透试验结果

试验编号	$k_{20}/(10^{-2}\mathrm{cm/s})$	i_{cr}
B1	1.93	0.622
B2	5.05	0.400
B3	2.52	0.765
B4	3.55	0.465
B5	5.28	0.254

7.6.3　泥岩颗粒含量的影响

与水平渗透试验类似,表 7.3 中试验编号 C1～C6 用于研究泥岩颗粒含量对砂泥岩颗粒混合料各向异性渗透特性的影响,所用试验土料为泥岩颗粒含量为 0%、20%、40%、60%、80%、100% 的砂泥岩颗粒混合料;颗粒级配为颗粒级配 3,即表 7.1 和图 7.7 所示的颗粒级配 3;试样的干密度分别为 1.90g/cm³。试验结果采用 lg$i$-lg$v$ 曲线进行整理,垂直渗透试验结果如图 7.54～图 7.63 所示。其中垂直渗透试验 C2 与 A3 为相同试验,此处不再赘述。

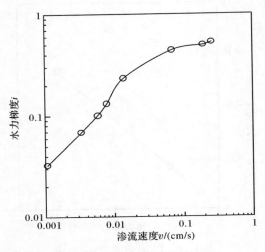

图 7.54　C1 垂直试验 lg$i$-lg$v$ 曲线

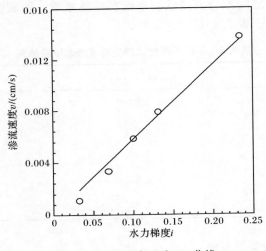

图 7.55　C1 垂直试验 i-v 曲线

　　由图 7.55 可知,临界水力梯度之前,各个试验数据点的渗流速度和水力梯度之间线性关系良好,拟合曲线表达式为

$$v = 5.80 \times 10^{-2} i \quad (R^2 = 0.987) \tag{7.28}$$

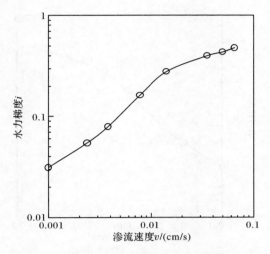

图 7.56　C3 垂直试验 $\lg i$-$\lg v$ 曲线

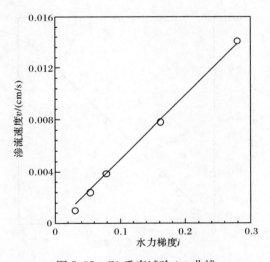

图 7.57　C3 垂直试验 i-v 曲线

由图 7.57 可知,临界水力梯度之前,各个试验数据点的渗流速度和水力梯度之间线性关系良好,拟合曲线表达式为

$$v = 4.93 \times 10^{-2} i \quad (R^2 = 0.996) \tag{7.29}$$

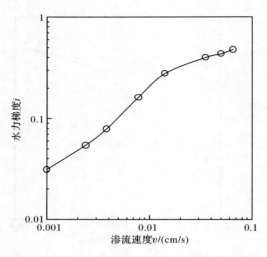

图 7.58　C4 垂直试验 lg$i$-lg$v$ 曲线

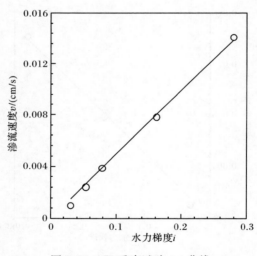

图 7.59　C4 垂直试验 i-v 曲线

　　由图 7.59 可知,临界水力梯度之前,各个试验数据点的渗流速度和水力梯度之间线性关系良好,拟合曲线表达式为

$$v=4.72\times10^{-2}i \quad (R^2=0.995) \tag{7.30}$$

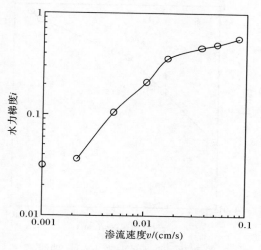

图 7.60　C5 垂直试验 $\lg i$-$\lg v$ 曲线

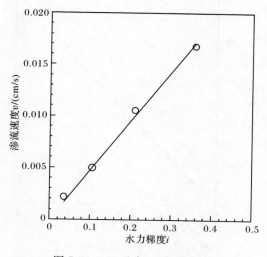

图 7.61　C5 垂直试验 i-v 曲线

由图 7.61 可知,临界水力梯度之前,各个试验数据点的渗流速度和水力梯度之间线性关系良好,拟合曲线表达式为

$$v = 2.44 \times 10^{-2} i \quad (R^2 = 0.999) \tag{7.31}$$

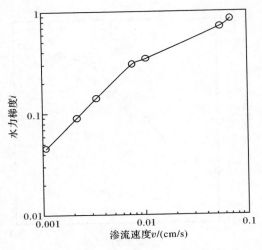

图 7.62 C6 垂直试验 $\lg i\text{-}\lg v$ 曲线

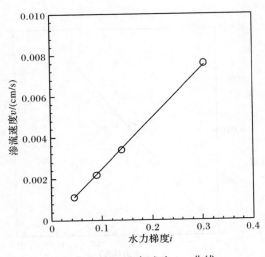

图 7.63 C6 垂直试验 $i\text{-}v$ 曲线

由图 7.63 可知,临界水力梯度之前,各个试验数据点的渗流速度和水力梯度之间线性关系良好,拟合曲线表达式为

$$v=6.38\times10^{-3}i \quad (R^2=0.970) \tag{7.32}$$

试验结果中,以临界水力梯度之前的渗流速度与水力梯度进行线性拟合,渗流速度与水力梯度之间拟合直线的斜率即是渗透系数。各试验测得的渗透系数和临界水力梯度列于表 7.9 中。

表 7.9 不同泥岩颗粒含量土料试样的垂直渗透试验结果

试验编号	$k_{20}/(10^{-2}\mathrm{cm/s})$	i_{cr}
C1	5.80	0.467
C2	5.05	0.400
C3	4.93	0.417
C4	4.72	0.475
C5	2.44	0.325
C6	0.64	1.535

7.7 砂泥岩颗粒混合料渗透系数各向异性

由于颗粒的性质、颗粒间的接触等原因,砂泥岩颗粒含量比例、颗粒级配、试样干密度等因素对砂泥岩颗粒混合料各向异性渗透特性存在的影响有所区别,现就各种影响因素对各向异性渗透特性的影响规律分别做讨论。学者们采用渗透系数比值的对数值作为评价渗透系数各向异性的指标,称为各向异性系数[11,12]。各向异性对数值评价指标一般对于各向异性特性非常明显时即可采用,比如各向异性系数大于 10 时,这种方式可以合理有效地对各向异性特性进行分析。

砂泥岩颗粒混合料的各向异性渗透试验结果如表 7.10 所示。结果表明,砂泥岩颗粒混合料的水平渗透系数比垂直渗透系数大约 1.20~2.56 倍,采用比值分析渗透系数各向异性较为合适[26,44~48],故各向异性系数定义如下:

$$\alpha = \frac{k_{\mathrm{h}}}{k_{\mathrm{v}}} \tag{7.33}$$

式中,k_{v} 为垂直渗透系数,cm/s;k_{h} 为水平渗透系数,cm/s;α 为渗透系数各向异性系数。当水平渗透系数比垂直渗透系数大时,$\alpha>1$。

表 7.10 各向异性渗透系数汇总

试验编号	试验土料		试样		水平渗透系数 $k_{\mathrm{h}}/(10^{-2}\mathrm{cm/s})$	垂直渗透系数 $k_{\mathrm{v}}/(10^{-2}\mathrm{cm/s})$	各向异性系数 α
	颗粒级配曲线编号	泥岩颗粒含量/%	干密度/(g/cm³)	含水率/%			
A1	颗粒级配 1	20	1.90	8	57.30	24.10	2.38
A2	颗粒级配 2	20	1.90	8	25.70	14.60	1.76
A3	颗粒级配 3	20	1.90	8	6.07	5.05	1.20
A4	颗粒级配 4	20	1.90	8	0.62	0.29	2.12
A5	颗粒级配 5	20	1.90	8	0.39	0.16	2.46

试验编号	试验土料		试样		水平渗透系数 $k_h/(10^{-2}\,\mathrm{cm/s})$	垂直渗透系数 $k_v/(10^{-2}\,\mathrm{cm/s})$	各向异性系数 α
	颗粒级配曲线编号	泥岩颗粒含量/%	干密度/(g/cm³)	含水率/%			
B1	颗粒级配3	20	1.95	8	2.59	1.93	1.34
B3	颗粒级配3	20	1.85	8	6.44	2.52	2.56
B4	颗粒级配3	20	1.80	8	6.95	3.55	1.96
B5	颗粒级配3	20	1.75	8	7.78	5.28	1.47
C1	颗粒级配3	0	1.90	8	11.30	5.80	1.95
C3	颗粒级配3	40	1.90	8	6.81	4.93	1.38
C4	颗粒级配3	60	1.90	8	6.37	4.72	1.35
C5	颗粒级配3	80	1.90	8	6.02	2.44	2.47
C6	颗粒级配3	100	1.90	8	0.91	0.64	1.42

1）颗粒级配对各向异性系数 α 的影响

为了便于分析试验土料颗粒级配对砂泥岩颗粒混合料渗透系数各向异性的影响，图 7.64～图 7.67 分别给出了各颗粒级配曲线特征值对渗透系数各向异性系数的影响。

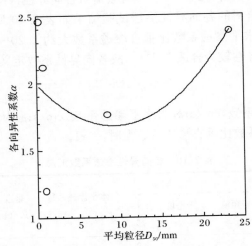

图 7.64　土料平均粒径对各向异性系数 α 的影响

由图 7.64 可知，各向异性系数 α 随着平均粒径 D_{50} 增大呈先减小后增大的变化趋势，拟合曲线表达式为

$$\alpha = 3.63 \times 10^{-3} D_{50}^2 - 6.78 \times 10^{-2} D_{50} + 1.99 \quad (R^2 = 0.244) \tag{7.34}$$

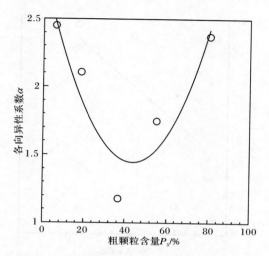

图 7.65　土料粗颗粒含量对各向异性系数 α 的影响

由图 7.65 可知,试样渗透系数各向异性系数 α 随着粗颗粒含量 P_5 的增大呈先减小后增大的抛物线形变化,拟合曲线表达式为

$$\alpha = 7.45 \times 10^{-4} P_5^2 - 6.67 \times 10^{-2} P_5 + 2.93 \quad (R^2 = 0.838) \qquad (7.35)$$

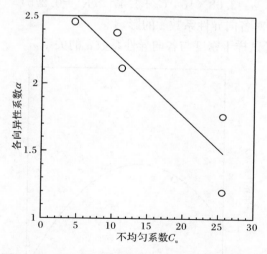

图 7.66　土料不均匀系数对各向异性系数 α 的影响

由图 7.66 可知,试样的各向异性系数 α 随着不均匀系数 C_u 的增大近乎呈线性减小变化,拟合直线表达式为

$$\alpha = -4.89 \times 10^{-2} C_u + 2.74 \quad (R^2 = 0.820) \qquad (7.36)$$

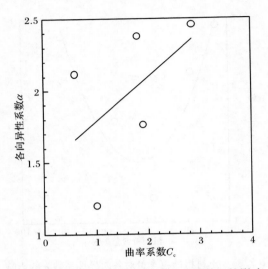

图 7.67　土料曲率系数对各向异性系数 α 的影响

由图 7.67 可知,试样的各向异性系数 α 随着曲率系数 C_c 的增大呈增大变化,拟合直线表达式为

$$\alpha = 3.08 \times 10^{-1} C_c + 1.47 \quad (R^2 = 0.275) \tag{7.37}$$

2) 试样干密度对各向异性系数 α 的影响

图 7.68 给出了试样干密度与各向异性系数 α 的关系。

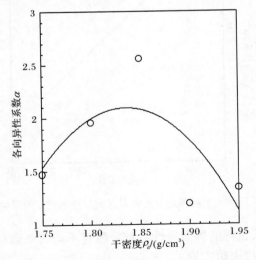

图 7.68　试样干密度对各向异性系数 α 的影响

由图 7.68 可知,试样的各向异性系数 α 随着试样干密度 ρ_d 的增大呈先增大后

减小变化,拟合曲线表达式为

$$\alpha = -7.54 \times 10 \rho_d^2 + 2.76 \times 10^2 \rho_d - 2.52 \times 10^{-2} \quad (R^2 = 0.487) \quad (7.38)$$

3) 泥岩颗粒含量对各向异性系数 α 的影响

图 7.69 给出了试验土料中泥岩颗粒含量与各向异性系数 α 的关系。

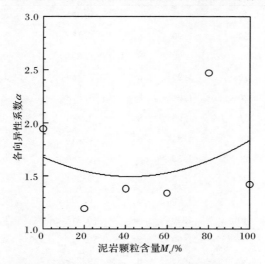

图 7.69　泥岩颗粒含量对各向异性系数 α 的影响

由图 7.69 可知,试样的各向异性系数随着泥岩颗粒含量 M_c 的增大呈先减小后增大的抛物线形变化,拟合曲线表达式为

$$\alpha = 1.03 \times 10^{-4} M_c^2 - 8.68 \times 10^{-3} M_c + 1.68 \quad (R^2 = 0.693) \quad (7.39)$$

7.8　砂泥岩颗粒混合料临界水力梯度各向异性

砂泥岩颗粒混合料的临界水力梯度试验结果如表 7.11 所示。结果表明,总体而言水平方向的临界水力梯度 $i_{cr\text{-}h}$ 比垂直方向的临界水力梯度 $i_{cr\text{-}v}$ 小,存在各向异性特征。为了探究临界水力梯度各向异性特征的规律,将临界水力梯度各向异性系数定义如下:

$$\beta = \frac{i_{cr\text{-}v}}{i_{cr\text{-}h}} \quad (7.40)$$

式中,$i_{cr\text{-}v}$ 为垂直临界水力梯度;$i_{cr\text{-}h}$ 为水平临界水力梯度;β 为临界水力梯度各向异性系数。当垂直临界水力梯度比水平临界水力梯度大时,$\beta > 1$(与渗透系数各向异性系数有区别)。

表 7.11 各向异性临界水力梯度汇总

试验编号	试验土料		试样		水平临界水力梯度 $i_{cr\text{-}h}$	垂直临界水力梯度 $i_{cr\text{-}v}$	各向异性系数 β
	颗粒级配曲线编号	泥岩颗粒含量/%	干密度/(g/cm³)	含水率/%			
A1	颗粒级配 1	20	1.90	8	0.053	0.154	2.906
A2	颗粒级配 2	20	1.90	8	0.129	0.149	1.155
A3	颗粒级配 3	20	1.90	8	0.804	0.400	0.498
A4	颗粒级配 4	20	1.90	8	0.760	1.208	1.589
A5	颗粒级配 5	20	1.90	8	1.873	2.545	1.359
B1	颗粒级配 3	20	1.95	8	1.233	0.622	0.504
B3	颗粒级配 3	20	1.85	8	0.447	0.765	1.711
B4	颗粒级配 3	20	1.80	8	0.366	0.465	1.270
B5	颗粒级配 3	20	1.75	8	0.304	0.254	0.836
C1	颗粒级配 3	0	1.90	8	0.150	0.467	3.113
C3	颗粒级配 3	40	1.90	8	0.215	0.417	1.940
C4	颗粒级配 3	60	1.90	8	0.277	0.475	1.715
C5	颗粒级配 3	80	1.90	8	0.229	0.325	1.419
C6	颗粒级配 3	100	1.90	8	1.225	1.535	1.253

1）颗粒级配对各向异性系数 β 的影响

为了便于分析试验土料颗粒级配对砂泥岩颗粒混合料临界水力梯度各向异性的影响，图 7.70～图 7.73 分别给出了各颗粒级配曲线特征值对临界水力梯度各向异性系数的影响。

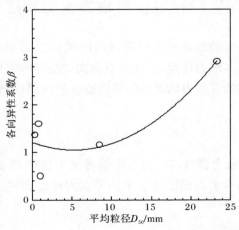

图 7.70 土料平均粒径对各向异性系数 β 的影响

由图 7.70 可知,临界水力梯度各向异性系数 β 随着平均粒径 D_{50} 增大呈先减小后增大的变化趋势,拟合曲线表达式为

$$\beta = 5.68 \times 10^{-3} D_{50}^2 - 5.94 \times 10^{-2} D_{50} + 1.20 \quad (R^2 = 0.795) \tag{7.41}$$

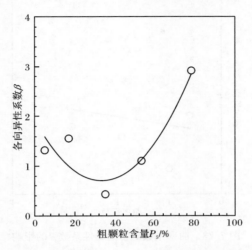

图 7.71　土料粗颗粒含量对各向异性系数 β 的影响

由图 7.71 可知,临界水力梯度各向异性系数 β 随着粗颗粒含量 P_5 增大呈先减小后增大的变化趋势,拟合曲线表达式为

$$\beta = 1.05 \times 10^{-3} P_5^2 - 7.47 \times 10^{-2} P_5 + 2.01 \quad (R^2 = 0.862) \tag{7.42}$$

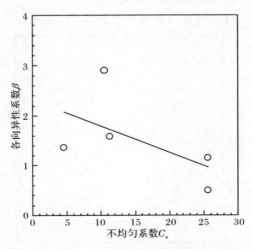

图 7.72　不均匀系数对各向异性系数 β 的影响

由图 7.72 可知,临界水力梯度各向异性系数 β 随着不均匀系数 C_u 增大呈线

性减小的变化趋势,拟合曲线表达式为

$$\beta = -5.31 \times 10^{-2} C_u + 2.32 \quad (R^2 = 0.329) \tag{7.43}$$

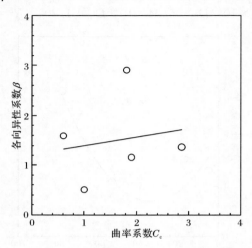

图 7.73　曲率系数对各向异性系数 β 的影响

由图 7.73 可知,临界水力梯度各向异性系数 β 随着曲率系数 C_c 增大呈线性增大的变化趋势,线性关系并不强,拟合曲线表达式为

$$\beta = 1.70 \times 10^{-1} C_c + 1.22 \quad (R^2 = 0.285) \tag{7.44}$$

2) 试样干密度对各向异性系数 β 的影响

图 7.74 给出了试样干密度与各向异性系数 β 的关系。

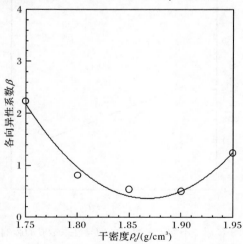

图 7.74　试样干密度对各向异性系数 β 的影响

由图 7.74 可知,试样的各向异性系数 β 随着试样干密度 ρ_d 的增大呈先减小后增大变化,拟合曲线表达式为

$$\beta=1.31\times10^2\rho_d^2-4.89\times10^2\rho_d+4.57\times10^2 \quad (R^2=0.979) \quad (7.45)$$

3) 泥岩颗粒含量对各向异性系数 β 的影响

图 7.75 给出了试验土料中泥岩颗粒含量与各向异性系数 β 的关系。

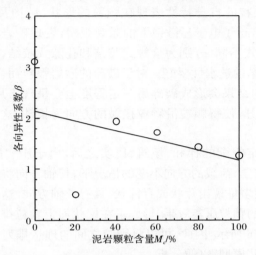

图 7.75　泥岩颗粒含量对各向异性系数 β 的影响

由图 7.75 可知,试样的临界水力梯度各向异性系数 β 随着泥岩颗粒含量 M_c 呈线性减小变化趋势,拟合直线表达式为

$$\beta=-9.66\times10^{-3}M_c+2.14 \quad (R^2=0.173) \quad (7.46)$$

7.9　各向异性渗透特性机理

岩土材料的各向异性表现在强度、变形、弹性模量、渗透特性等方面,即表现出不同方向性质不一样的性质。按照张向霞[49]的分类方法,将岩土体材料的各向异性分为原生和次生各向异性,这种分类方法是从各向异性的生成机理上描述的。原生各向异性是指岩土体颗粒在沉积或填土压实等过程中,因重力作用、地理环境、水流、温度、压力等因素的作用,颗粒扁平的一面或长轴方向最终形成与大主应力方向一致的沉积相,最终形成了颗粒取向一致的岩体或者填筑体,这样的材料就表现出了沿某一方向的力学性质、物理性质等与其他方向不一致的现象,称为原生各向异性。次生各向异性则认为是在复杂力学环境下,在不同方向的荷载所获得的力学效果的不同。

在砂泥岩颗粒混合料的土体渗透特性试验中,表现出各向异性的渗透特性,

其中有颗粒自身特性和制样方法的原因,从力学角度上可分为细观和宏观的各向异性机理。细观一般指以颗粒为对象的研究,而宏观则从整体表现出的性质上分析。

7.9.1　各向异性细观机理

从细观上说,颗粒的自身特性表现在颗粒的形状、结构及其排列性状,闫小波[50]对砂岩、泥岩进行了电子显微镜下的微观观察,发现砂岩在垂直和平行与层理方向上的胶结方式不同,分别为接触式胶结和孔隙式胶结,且发现孔隙式胶结透水性比接触式胶结的透水性要好。对于破碎的砂岩颗粒而言,由于接触式胶结的强度较低,这样的结果会形成破碎后一定程度上会呈现出片状结构,片状节理沿着接触式胶结断开,使得颗粒沿颗粒接触的方向为长轴,这样就初步形成了破碎颗粒的结构形式。

破碎颗粒按一定级配的拌和、填筑、压实之后,由于压实的应力方向保持不变,即垂直于层面方向,荷载的方向不变的情况下,长轴方向将与大主应力方向垂直,由于颗粒形状大多呈现出片状或者针状,具有长轴方向,这就使得层理面上以"平、宽、长"为主要的颗粒压实效果,形成了在层状面上颗粒排列形式有一定取向的效果[51],如图 7.76 所示,因此,可以将颗粒之间的理想排列模型概化为与砌体结构类似的"错缝墙"模型,以便分析。

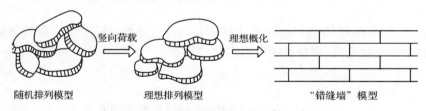

随机排列模型　　　　　理想排列模型　　　　　"错缝墙"模型

图 7.76　片状颗粒理想渗流模型

颗粒间孔隙的渗透往往比颗粒中的渗透大得多,颗粒可以认为是不透水的。在试验过程中,水平渗透试验是先将渗透仪水平放置,装料水平击实后,再竖立在基座上进行渗透试验,水流方向从下往上,如图 7.77(a)所示,这样形成的渗流方向与"错缝墙"模型中的水平缝平行,沿水平缝方向渗流。然而,垂直渗透试验,先将渗透仪垂直放置在基座上,然后装样击实,最终渗流从底部往上流动,形成如图 7.77(b)所示的渗流,渗流流经层状颗粒之间的孔隙,由水平渗流和垂直渗流共同组成,明显可以看出,渗流路径增长了许多,渗流速度减慢,渗透系数变小[52]。这就是形成水平渗透试验与垂直渗透试验的渗透系数差异的原因。

因此,水平渗透系数比垂直渗透系数大,从颗粒的形状上解释,就是形成了如"错缝墙"一样的渗流模型,垂直渗透试验的渗径比水平渗透试验长,最终导致了渗透系数因渗径不同的形成各向异性的现象。

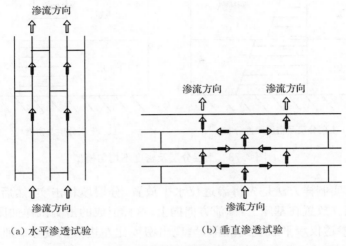

（a）水平渗透试验　　　　　　　　　　（b）垂直渗透试验

图 7.77　片状颗粒理想渗流模型各向异性渗流

7.9.2　各向异性宏观机理

从宏观上说,制样形成的各向异性可能是主要原因。由于垂直渗透试验和水平渗透试验都采用同样的击实方式制样,在渗透仪中直接击实,每一层土层的击实次数是一样的,且重锤落距相同,即每次的击实能量相同。由此,判断出每次击实时都对下面的土层有一定的击实效果,击实能量传至下面的土层,使得最下面的土层比上面的更密实,这种试验方法中出现的必不可少的不均匀性,这种不均匀使得土体产生各向异性[46]。

土石坝、堤防等填土工程中,遇到的问题是一样的。施工方法基本上都是先铺一定厚度的土料,然后采用大型机械进行一定遍数的压实。实际的施工中,为了保证施工质量及密实效果,每一土层的压实遍数是不变的,这就导致了土层从上到下所经受的压实能量是增大的,从而,土层的密度也是递增的。这种施工方法引起的不均匀性是不可避免的。而且,土石坝中,土体的重力作用下,不同高度上的土体所受的土压力也是不相同的,从下往上土体所受的压力是递减的,这就造成了深层土体比浅层土体的密度大的结果。

密度在击实的方向上可以看作是线性分布的,假设为两个土层,如图 7.78 所示。试样的分层击实,虽然在每层土层击实完成后,对其进行了刨毛处理,但并不能完全消除击实层面的不均匀,所以出现图 7.78(a)中的密度线性分布在分层处出现突变现象。为了方便研究,将其理想化为两个土层,两土层内部密度分布都是均匀的,且上层土层密度比下层土层小,形成图 7.78(b)的情况。

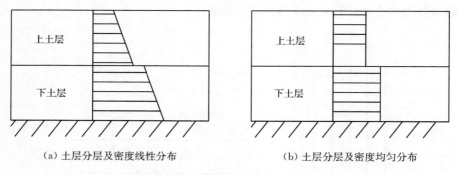

（a）土层分层及密度线性分布　　　　　　（b）土层分层及密度均匀分布

图 7.78　土层分层及密度不均匀模型

　　水平击实制样方法是先将渗透仪水平放置，分层填料击实，然后将渗透仪与试样一起竖立放置在基座上，渗流方向向上，这样形成的击实试样如图 7.79（a）所示：右边为渗透仪水平放置的底部，呈现出密度比左边大的现象。垂直击实渗透试验，先将渗透仪垂直放置在基座上，然后垂直装样击实，最终渗流从底部往上流动，形成如图 7.79（b）所示的渗流示意图，呈现出底部的密度比上部的要大，渗流必然先经过底部，再渗透到上部[52]。

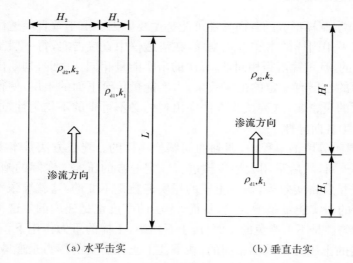

（a）水平击实　　　　　　　　　　（b）垂直击实

图 7.79　制样方法的各向异性示意图

　　从这两个简化后的渗透各向异性模型可以看出，渗流经过了试样中不同密度的区域。不同密度的区域对于渗流的贡献是不一样的。可以应用物理中的"串联电路"与"并联电路"来比拟。流量就像是电路中的电流，不同密度的土层就好比电路中的不同电阻。水平制样方式为"并联电路"，两土层中的流量之和等于总流量;垂直方向制样方式为"串联电路",两土层上的流量相同。

1) 水平制样方式

假设通过的总流量为 Q,水平制样渗透系数为 k_h,土层 1 与土层 2 的流量分别为 q_1 与 q_2,则有

$$Q = q_1 + q_2 \tag{7.47}$$

由于两土层上下两端的水头值一样,且具有相同的渗径长度 L,因此,两土层具有相同的水力梯度和水头损失,令总水力梯度为 i,土层 1、2 水力梯度分别为 i_1、i_2,则

$$i = i_1 = i_2 \tag{7.48}$$

由达西定律可得

$$Q = k_h i B \tag{7.49}$$

$$q_1 = k_1 i_1 H_1 \tag{7.50}$$

$$q_2 = k_2 i_2 H_2 \tag{7.51}$$

代入到式(7.47)中得

$$k_h i B = k_1 i_1 H_1 + k_2 i_2 H_2 \tag{7.52}$$

整理得到水平等效渗透系数为

$$k_h = \frac{k_1 H_1 + k_2 H_2}{B} = \frac{k_1 H_1 + k_2 H_2}{H_1 + H_2} \tag{7.53}$$

2) 垂直制样方式

如图 7.79(b)所示,垂直制样方式使得底部为密实度大的土层,上部为密实度小的土层,假设通过两土层的流量分别为 q_1、q_2,总流量为 Q,则

$$Q = q_1 = q_2 \tag{7.54}$$

由达西定律可知

$$Q = k_v i B \tag{7.55}$$

$$q_1 = k_1 i_1 B \tag{7.56}$$

$$q_2 = k_2 i_2 B \tag{7.57}$$

总水头损失与各土层的水头损失之和相等:

$$iH = i_1 H_1 + i_2 H_2 \tag{7.58}$$

将式(7.54)~式(7.57)代入到式(7.58)中,可解得垂直击实制样等效渗透系数为

$$k_v = \frac{H}{\dfrac{H_1}{k_1} + \dfrac{H_2}{k_2}} \tag{7.59}$$

经上述推导公式可得水平及垂直渗透系数如下:

$$\begin{cases} k_{\mathrm{h}} = \dfrac{k_1 H_1 + k_2 H_2}{H_1 + H_2} \\[2mm] k_{\mathrm{v}} = \dfrac{H}{\dfrac{H_1}{k_1} + \dfrac{H_2}{k_2}} \end{cases} \tag{7.60}$$

众所周知,相对密度相同的颗粒,密度大时,孔隙就小,渗透系数就小。现假设土层密度分层中,$\rho_{\mathrm{d1}} \gg \rho_{\mathrm{d2}}$,这就使得渗透系数有 $k_2 \gg k_1$,所对应的土层厚度为 H_1、H_2,宽度为 B。那么,水平渗流中,k_1 对等效渗透系数 k_{h} 的贡献可以忽略不计;垂直渗透中,k_2 对等效渗透系数 k_{h} 的贡献可以忽略不计。则

$$\begin{cases} k_{\mathrm{h}} = \dfrac{H_2}{H_1 + H_2} k_2 \\[2mm] k_{\mathrm{v}} = \dfrac{H}{H_1} k_1 \end{cases} \tag{7.61}$$

由 $k_2 \gg k_1$,显然,水平方向的渗透系数 k_{h} 比垂直方向渗透系数 k_{h} 大的多。

7.10　本章小结

本章采用自行研制的各向异性渗透仪,通过测试水平和垂直方向的渗透系数及临界水力梯度,分析了渗透系数各向异性、临界水力梯度各向异性与各影响因素之间的关系,主要结论如下:

(1)颗粒级配不同条件下,渗透系数各向异性系数为 1.20～2.46,即水平渗透系数比垂直渗透系数大 1.20～2.46 倍;干密度不同时,渗透各向异性系数为 1.20～2.56;泥岩颗粒含量不同时,渗透系数各向异性系数为 1.20～2.47。

颗粒级配不同条件下,除了颗粒级配 3,垂直临界水力梯度比水平临界水力梯度大 1.155～2.906 倍;干密度为 1.95g/cm³、1.90g/cm³、1.75g/cm³ 时,水平临界梯度比垂直临界梯度大,干密度为 1.80g/cm³、1.85g/cm³ 时,垂直临界水力梯度比水平临界水力梯度大;泥岩颗粒含量不同时,垂直临界水力梯度比水平临界水力梯度大 1.253～3.113 倍。

(2)渗透系数各向异性系数 α 随着平均粒径 D_{50} 增大呈减小后增大的变化趋势,随着粗颗粒含量 P_5 的增大呈先减小后增大的抛物线形变化,随着不均匀系数 C_{u} 的增大近乎呈线性减小变化,随着曲率系数 C_{c} 的增大呈增大变化;随着试样干密度 ρ_{d} 的增大呈先增大后减小变化;随着泥岩颗粒含量 M_{c} 的增大呈先减小后增大的抛物线形变化。

临界水力梯度各向异性系数 β 随着平均粒径 D_{50} 增大呈先减小后增大的变化,随着粗颗粒含量 P_5 增大呈先减小后增大变化,随着不均匀系数 C_{u} 增大呈线性减小变化,随着曲率系数 C_{c} 增大呈线性增大变化;临界水力梯度随着试样干密度

ρ_d 的增大呈先减小后增大变化;随着泥岩颗粒含量 M_c 的增大呈线性减小变化趋势。

（3）从细观上说，由于颗粒形状大多呈现出片状或者针状，具有长轴方向，这就使得层理面上以"平、宽、长"为主要的颗粒压实效果，形成了在层状面上颗粒排列形式有一定取向的效果。水平击实和垂直击实形成了不同"错缝墙"模型试样，水平击实比垂直击实的渗透路径短，从而产生了水平渗透系数比垂直渗透系数大。

（4）从宏观上说，垂直击实和水平击实形成了两种不同密度分布模型，水平击实试样的渗透系数由小密度区域渗透系数控制，而垂直击实试样渗透系数由大密度区域渗透系数控制，因此，水平渗透系数比垂直渗透系数大。

参 考 文 献

[1] 郭庆国. 粗粒土的渗透特性及渗流规律[J]. 西北水电技术,1985(1):42—47.

[2] 殷宗泽. 土工原理[M]. 北京:中国水利水电出版社,2007:157—158.

[3] 毛昶熙. 渗流计算分析与控制[M]. 北京:中国水利水电出版社,2003:8—11.

[4] Wang J J. Hydraulic Fracturing in Earth-rock Fill Dams [M]. Singapore:John Wiley & Sons,and Beijing:China Water & Power Press,2014.

[5] Wang J J,Zhang H P,Zhang L,et al. Experimental study on self-healing of crack in clay seepage barrier [J]. Engineering Geology,2013,30(1):86—101.

[6] Wang J J,Liang Y,Zhang H P,et al. A loess landslide induced by excavation and rainfall [J]. Landslides,2014,11(1):141—152.

[7] Wang J J,Zhang H P,Liu M W,et al. Seismic passive earth pressure with seepage for cohesionless soil [J]. Marine Georesources & Geotechnology,2012,30(1):86—101.

[8] Dabney S M,Selim H M. Anisotropic of a fragipan soil:Vertical vs. horizontal hydraulic conductivity [J]. Soil Science Society of America Journal,1987,51:3—6.

[9] Fener M,Yesiller N. Vertical pore structure profile of a compacted clayey soil [J]. Engineering Geology,2013,166:204—215.

[10] Shafiee A. Permeability of compacted granule-clay mixtures [J]. Engineering Geology, 2008,97:199—208.

[11] Bagarello V,Sferlazza S,Sgroi A. Testing laboratory methods to determine the anisotropic of saturated hydraulic conductivity in a sandy-loam soil [J]. Geoderma,2009,154:52—58.

[12] Beckwith C W,Baird A J,Heathwaite A L. Anisotropic and depth-related heterogeneity of hydraulic conductivity in a bog peat I:Laboratory measurements [J]. Hydrological Processes,2003,17(1):89—101.

[13] Berg V D,De E H,Vries J J. Influence of grain fabric and lamination on the anisotropy of hydraulic conductivity in unconsolidated dune sands [J]. Journal of Hydrology,2003,283:

244—266.

[14] Chen X H. Measurement of streambed hydraulic conductivity and its anisotropy [J]. Environmental Geolgy,2000,39(12):1317—1324.

[15] Chen X H. Streambed hydraulic conductivity for rivers in south-central Nebraska [J]. Journal of the American Water Resources Association,2004,40:561—573.

[16] Chen X H. Hydrologic connections of a stream-aquifer-vegetation zone in south-central Platte River Valley,Nebraska [J]. Journal of Hydrology,2007,333:554—568.

[17] ASTM. Permeability of granular soils (Constant Head) (ASTM D2434—2011) [S]. West Conshohocken,Pennsylvania,2011.

[18] ASTM. Measurement of hydraulic conductivity of saturated porous materials using a flexible wall permeameter (ASTM D5084—2011) [S]. West Conshohocken,Pennsylvania,2011.

[19] ASTM. Measurement of hydraulic conductivity of porous material using a rigid-wall compaction-mold permeameter (ASTM D5856—2011) [S]. West Conshohocken,Pennsylvania,2011.

[20] 中华人民共和国行业标准. 土工试验规程(SL 237—1999)[S]. 中华人民共和国水利部,1999.

[21] Moore P J. Determination of permeability anisotropy in a two-way permeameter [J]. Geotechnical Testing Journal,1979,2(3):167—169.

[22] 徐彩风,李传宝,钟凯. 红层填料渗透系数测定的方法研究[J]. 路基工程,2008(3):122—124.

[23] 张文慧,张福海,等. 堆石料的渗透性与渗透稳定性试验研究[J]. 河海大学学报(自然科学版),2001,29(12):143—146.

[24] 张福海,王保田,张文慧,等. 粗颗粒土渗透系数及土体渗透变形仪的研制[J]. 水利水电科技进展,2006,26(4):31—33.

[25] Chapuis R P,Baass K,Davenne L. Granular soils in rigid-wall permeameters:Method for determining the degree of saturation [J]. Canadian Geotechnical Journal,1989,26:71—79.

[26] Tokunaga T K. Laboratory permeability errors from annular wall flow [J]. Soil Science Society of America Journal,1988,52(1):24—27.

[27] Govindaraju R S,Reddi L N,Bhargava S K. Characterization of preferential flow paths in compacted sand-clay mixtures [J]. Journal of Geotechnical and Geoenvironmental Engineering,1995,121(9):652—659.

[28] Chapuis R P. The 2000 R. M. Hardy Lecture:Full-scale hydraulic performance of soil-bentonite and compacted clay liners [J]. Canadian Geotechnical Journal,2002,39:417—439.

[29] Chapuis R P. Permeability tests in rigid-wall permeameters:Determining the degree of saturation,its evolution and influence on test results [J]. Canadian Geotechnical Journal,2004,27(3):304—313.

[30] Chapuis R P. Predicting the saturated hydraulic conductivity of soils:A review [J]. Bulletin of Engineering Geology and the Environment,2012,71:401—434.

[31] Chapuis R P,Gill D E,Baass K. Laboratory permeability tests on sand:Influence of the compaction method on anisotropy [J]. Canadian Geotechnical Journal,1989,26:614—622.

[32] Bear J. Dynamics of Fluids in Porous Media [M]. New York:Elsevier.

[33] Hatanaka M,Uchida A,Takehara N. Permeability characteristics of high-quality undisturbed sands measured in a triaxial cell [J]. Soils and Foundations,1997,37(3):129—135.

[34] Hatanaka M,Uchida A,Taya Y,et al. Permeability characteristics of high-quality undisturbed gravely soils measured in laboratory tests [J]. Soils and Foundations,2001,41(3):45—55.

[35] Bandini P,Shathiskumar S. Effects of silt content and void ratio on the saturated hydraulic conductivity and compressibility of sand-silt mixtures [J]. Journal of Geotechnical and Geoenvironmental Engineering,2009,135(12):1976—1980.

[36] Chen X H,Goeke J,Summerside S. Hydraulic properties and uncertainty analysis for an unconfined alluvial aquifer [J]. Ground Water,1999,37(6):845—854.

[37] Cheng D H,Chen X H,Huo A D. Influence of bedding orientation on the anisotropy of hydraulic conductivity in a well-sorted fluvial sediment [J]. International Journal of Sediment Research,2013,28:118—125.

[38] Chapuis R P. Sand-bentonite liners:Predicting permeability from laboratory tests [J]. Canadian Geotechnical Journal,1990,27(1):47—57.

[39] 王俊杰,邱珍锋,马伟. 层状土体各向异性渗透系数测试系统及测试方法[Z]:CN,ZL201210530675.8.2014.

[40] 中华人民共和国行业标准.土工试验规程(SL 237—1999)[S].中华人民共和国水利部,1999.

[41] 郭庆国.粗粒土的工程特性及应用[M].郑州:黄河水利出版社,1998:303—304.

[42] 李雷.西霞院土石坝材料渗透特性研究(硕士学位论文)[D].北京:清华大学,2005.

[43] 张刚.管涌现象细观机理的模型试验与颗粒流数值模拟研究(博士学位论文)[D].上海:同济大学,2007.

[44] Qiu Z F,Wang J J. Experimental study on the anisotropic hydraulic conductivity of a sandstone-mudstone particle mixture [J]. Journal of Hydrologic Engineering,ASCE,2015,20(11):04015029.

[45] 沙金煊.各向异性土渗流的转化问题[J].水利水运科学研究,1987(1):15—28.

[46] 冯郭名,付琼华.测定土的双向渗透系数的仪器装置和方法[J].大坝观测与土工测试,1997,21(3):32—34.

[47] 蔡红,温彦锋.粉煤灰的透水性及其各向异性[J].水利水电技术,1999,30(12):27—29.

[48] 姚华彦,贾善坡.各向异性渗透对土坡孔隙水压力及浸润线的影响分析[J].水电能源科学,2009,27(1):85—87.

[49] 张向霞.各向异性软岩的渗流耦合本构模型(博士学位论文)[D].上海:同济大学,2006.

[50] 闫小波.软岩各向异性渗透特征及力学特征的试验研究(博士学位论文)[D].上海:同济大学,2006.

[51] 施祖元,曾国熙.原状粘土各向异性变形特性的微观结构[J].工程勘察,1988,(3):6—11.

[52] 邱珍锋.砂泥岩混合料各向异性渗透特性试验研究(硕士学位论文)[D].重庆:重庆交通大学,2013.

第8章 固结-渗透耦合特性

对于填筑在库岸等临水环境中的砂泥岩颗粒混合料,其经受因库水位周期性变化引起的地下水渗流作用。地下水的渗流作用可能影响土体的固结变形特性,反之亦然,因此,研究砂泥岩颗粒混合料的固结-渗透耦合特性是具有现实意义的。本章采用室内单向固结-常水头渗透耦合试验方法,研究砂泥岩颗粒混合料的固结-渗透耦合特性。

8.1 概 述

对于填筑在库岸等临水环境中的砂泥岩颗粒混合料,比如长江三峡水库库区港口码头等的岸坡填料,库水位因水库调度引起的周期性升降变化必然引起库岸相应位置的地下水发生渗流作用。地下水渗流作用可能对砂泥岩颗粒混合料的固结特性产生影响,反之亦然。因此,研究砂泥岩颗粒混合料的固结-渗透耦合特性对全面认识砂泥岩颗粒混合料工程特性是有意义的。

以往对土体特性的研究中,有关土体压缩变形特性和渗透特性的研究通常是分别进行的[1~15],很少关注两者的相互影响。实际上,土体压缩变形特性和渗透特性相互影响的情况在实际工程中是存在的,对于经周期性饱水-疏干循环作用的土体(比如位于大型水库库水位周期性变动范围内的库岸土体)更是如此。在一定应力状态下,水在土体颗粒间的流动作用将可能导致颗粒间产生相对移动、土体颗粒破碎并重新排列等,这些因素则可能引起土体的进一步变形[16,17];而土体由于受到压缩,渗透性则会降低。在实际工程中地下水随应力状态的改变而发生改变的渗透特性,显著影响着饱和土体堆载工程和开挖工程地层的变形。

土体的渗透性决定了土层渗流状况、影响土体排水固结的能力以及土体的变形与稳定。饱和土体的压缩固结过程就是孔隙减小、孔隙水排出的过程。土体孔隙网络与渗透性的变化是耦合的[18~28]。在压缩固结的过程中土体的压缩固结系数和渗透系数不再是常数[29],这意味着基于压缩固结系数和渗透系数为常量的土力学经典固结理论 Terzaghi 固结理论具有一定的局限性。

本章仍采用 GDS 单向固结仪(试验仪器在第 4 章中已有介绍,本章不再赘述)研究砂泥岩颗粒混合料的固结-渗透耦合特性,具体为:砂泥岩颗粒混合料的侧限压缩变形和渗透特性,颗粒级配、砂泥岩颗粒含量比例、密实度等对侧限压缩变形及渗透特性的影响,压缩固结过程对砂泥岩颗粒混合料渗透特性的影响,以及渗流过程对砂泥岩颗粒混合料压缩变形特性的影响等。

8.2　试验方法及试验方案

8.2.1　试验土料和试样的特征

试验需要的砂泥岩颗粒混合料的制备方法与第 3 章基本相同,试样制备方法与第 4 章相同,在此不再赘述。试验土料和试样的基本特征如下:

1) 颗粒级配

选取第 4 章表 4.1 中的颗粒级配 1、3 和 5 三种级配做为本章试验土料的颗粒级配,为便于统一,本章仍用"颗粒级配 1"、"颗粒级配 3"和"颗粒级配 5"表示,各颗粒级配曲线见图 4.1,各颗粒级配曲线的特征值见表 4.2。

2) 泥岩颗粒含量

考虑 4 种泥岩颗粒含量,即 20％、40％、60％和 80％。

3) 试样干密度

选择 4 种干密度制备试样,即 1.65g/cm³、1.75g/cm³、1.85g/cm³ 和 1.95g/cm³。

8.2.2　试验方法

(1) 固结试验。根据标准固结过程,试样在每级荷载下压缩固结 24h,下一级荷载压力为前一级压力的 2 倍,即加荷率等于 1。将试样 1 小时的轴向变形量不超过 0.01mm 作为试验结束的标准。

(2) 渗透试验。采用常水头试验法测试渗透系数。

8.2.3　试验步骤

试样制备、饱和与安装的方法与第 4 章相同,在此不再赘述。这里仅说明试验系统软件设置方法。

1) 固结试验控制软件设置

通过软件标准固结模块的恒压模式,按照 50kPa、100kPa、200kPa、400kPa、800kPa 和 1600kPa 的顺序设置,各阶段结束由试验时间控制,为 24h,如图 8.1 所示。

2) 渗透试验准备控制软件设置

在固结试验的每级荷载结束后即进行渗透试验准备。试样在某级荷载下完成固结后,试样上下两端孔隙压力相等,此时降低试样下端水头,设置反压体积控制器按固定流速向试样上部注水;在一定流速下,试样上端水头上升,经过一段时间试样上端水头停止上升或基本维持在某一水平。根据反复试验观测,该阶段约

1h 可以结束,如图 8.2 所示。

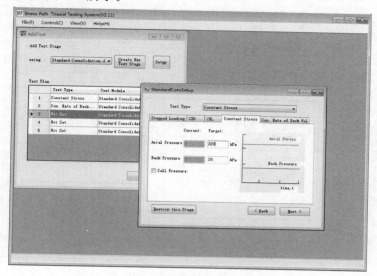

图 8.1　固结试验控制软件设置

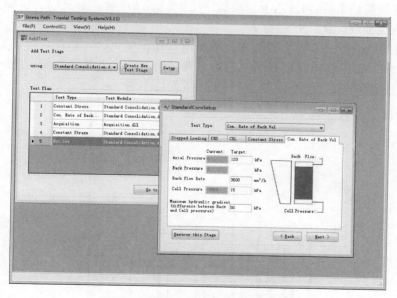

图 8.2　渗透试验准备控制软件设置

3) 渗透试验控制软件设置

保持试样上下两端水头不变,由反压体积控制器自动调整进水速度,即可实现常水头渗透过程,保持常水头状态 30min,如图 8.3 所示。

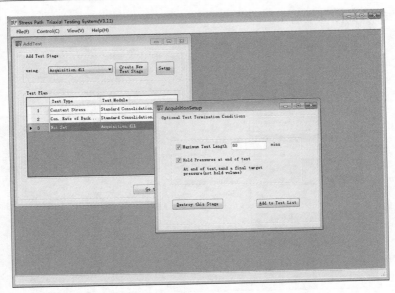

图 8.3　渗透试验控制软件设置

　　渗透试验结束后,再进入下一荷载作用下的固结试验。重复以上步骤直至完成全部六级加载设置。

　　图 8.4 为一个完整试验过程实测的轴压及孔压变化历时曲线。可以看出,在各级加载下,孔压变化在加载固结阶段先升高后下降然后趋于稳定;在渗透试验阶段,孔压被人为降低后保持不变,且轴压也保持不变。

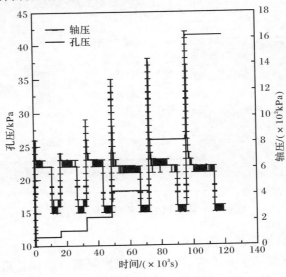

图 8.4　试验轴压和孔压的历时曲线

8.2.4　试验方案

为了便于分析试验土料的颗粒级配和泥岩颗粒含量、试样干密度对试验结果的影响,考虑如表 8.1 所示的 3 种试验方案。

表 8.1　固结-渗透耦合试验方案

| 序号 | 试验土料 | | 试样干密度 /(g/cm³) | 试验研究目的 |
	颗粒级配曲线编号	泥岩颗粒含量/%		
1	颗粒级配 1、颗粒级配 3、颗粒级配 5	60	1.75	颗粒级配曲线特征对砂泥岩颗粒混合料固结-渗透耦合特性的影响
2	颗粒级配 1	40	1.95、1.85、1.75、1.65	试样干密度对砂泥岩颗粒混合料固结-渗透耦合特性的影响
3	颗粒级配 1	20、40、60、80	1.75	泥岩颗粒含量对砂泥岩颗粒混合料固结-渗透耦合特性的影响

8.3　固结对渗透特性的影响

8.3.1　颗粒级配试验结果及分析

水在土中的流动受土中的孔隙特性影响。土中孔隙多,相对渗流通道的截面积越大,土体渗透性就越强,渗透系数越大。其他条件相同时,土中粗颗粒所占比例越大,细颗粒不足以填实粗颗粒形成的孔隙,即此时过水截面面积越大,透水性能好。同时,当颗粒级配中缺少中间粒径时,不仅土体孔隙体积较大,当受到渗流力作用时,小颗粒易发生定向运动,进而改变了土体孔隙分布。

表 8.1 中的试验方案 1(不同试验中所用试验土料的颗粒级配曲线不同,而泥岩颗粒含量均为 60%,且试样干密度均为 1.75g/cm³)用于研究颗粒级配的影响,表 8.2 和图 8.5 给出了不同固结应力下试样的渗透系数。

表 8.2　不同固结应力下试样的渗透系数 k　　（单位：×10⁻⁵cm/s）

| 序号 | 固结应力/kPa | 试验土料颗粒级配曲线编号 | | |
		颗粒级配 1	颗粒级配 3	颗粒级配 5
1	50	2.097	0.0475	1.8405

序号	固结应力/kPa	试验土料颗粒级配曲线编号		
		颗粒级配 1	颗粒级配 3	颗粒级配 5
2	100	2.1163	0.9032	1.9588
3	200	2.3731	1.2542	2.1793
4	400	2.2131	0.9891	1.7403
5	800	1.4612	0.1783	0.9547
6	1600	0.9187	0.2172	0.7695

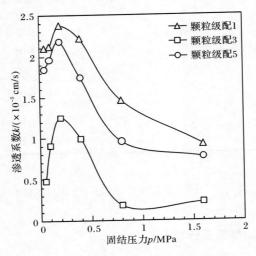

图 8.5　颗粒级配对渗透系数的影响

由表 8.2 和图 8.5 可知,在试验土料的泥岩颗粒含量相同、试样干密度相同的条件下,试验土料的颗粒级配曲线特征对不同固结应力下试样的渗透系数均存在影响。颗粒级配 1 土料中的粗颗粒含量最多,形成的土体骨架孔隙也最大,因此渗透性也最强。

实际工程中,土体的颗粒级配曲线形态很多,通过一些定量指标(如特征粒径、分维值、曲率系数及不均匀系数等)来反映土体颗粒级配,可以帮助了解土体颗粒级配对其渗透性的影响特点。对此前人已有研究,这里仅介绍几种半理论半经验公式:

(1) 哈增(A. Hazen)公式[11]:

$$k = CD_{10}^2 \tag{8.1}$$

式中,k 为渗透系数,cm/s;D_{10} 为小于某粒径的颗粒含量为 10% 时对应的粒径,cm;C 为拟合系数,一般为 100~150。

　　(2) 太沙基(Terzaghi)公式[30]：

$$k=2D_{10}^2 e^2 \qquad (8.2)$$

式中，e 为试样孔隙比。

　　(3) 康德拉捷夫(В. Н. Кондратбев)公式[11]：

$$k_{18}=an(\eta D_{50})^2 \qquad (8.3)$$

$$\eta=\frac{D_n}{D_{100-n}} \qquad (8.4)$$

式中，D_n 为小于某粒径的颗粒含量为 $n\%$ 时对应的粒径，cm；D_{100-n} 为小于某粒径的颗粒含量为 $(100-n)\%$ 时对应的粒径，cm；D_{50} 为小于某粒径的颗粒含量为 50% 时所对应的粒径，cm；n 为土的孔隙率；a 为拟合参数，取为 0.001。

　　(4) 朱崇辉公式[31]：

$$k_{20}=a\sqrt{\frac{C_u}{C_c}}e^2 D_{10}^2 \qquad (8.5)$$

式中，a 为拟合参数；C_u 为不均匀系数；C_c 为曲率系数。

　　(5) 邱珍锋公式[32,33]：

$$k_{20}=ae^{bD} \qquad (8.6)$$

式中，a、b 为拟合参数；D 为颗粒级配曲线分维值。

　　哈增公式形式简单，但忽略了土体孔隙状态对渗透系数的影响。土体颗粒级配的不同导致孔隙通道的变化，影响土体颗粒排列，进而影响土体渗透特性。图 8.6～图 8.8 分别给出了三种颗粒级配试验土料的试验结果和依据上述各式的计算结果。

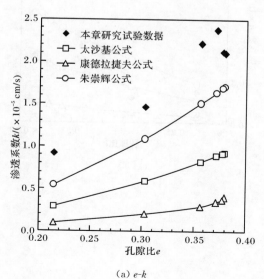

(a) e-k

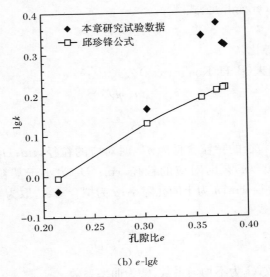

(b) e-lgk

图 8.6　颗粒级配 1 土料试验结果及经验公式计算结果

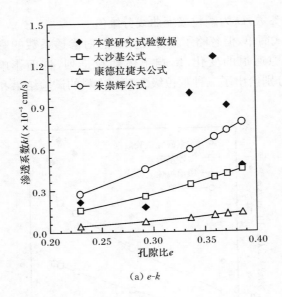

(a) e-k

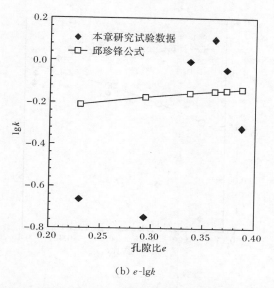

（b）e-$\lg k$

图 8.7　颗粒级配 3 土料试验结果及经验公式计算结果

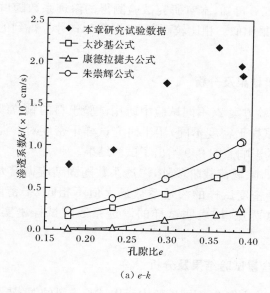

（a）e-k

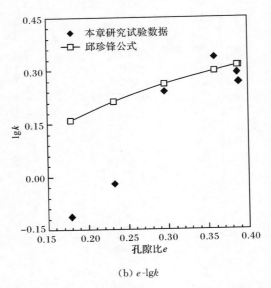

(b) e-lg$k$

图 8.8　颗粒级配 5 土料试验结果及经验公式计算结果

由图 8.6～图 8.8 可知,本章研究试验测得的渗透系数随试样孔隙比的变化趋势与前人研究结果相似。相比较而言,朱崇辉公式计算得到的渗透系数与试验结果最为接近。

8.3.2　干密度试验结果及分析

表 8.1 中的试验方案 2(不同试验中所用试验土料的颗粒级配曲线和泥岩颗粒含量均相同,而试样干密度不同)用于研究试样干密度对砂泥岩颗粒混合料固结-渗透耦合特性的影响。图 8.9 给出了试验结果。

由图 8.9 可知,除低荷载阶段外,渗透系数随固结应力增大均呈非线性减小变化;另外,不同干密度试样的渗透系数最大值不相同,干密度越小,渗透系数的最大值越大。这两点,均表明试样的渗透系数随试样密实度的增大呈减小变化。

8.3.3　泥岩颗粒含量试验结果及分析

表 8.1 中的试验方案 3(不同试验中所用试验土料的泥岩颗粒含量不同,而试验土料的颗粒级配曲线和试样干密度相同)用于研究泥岩颗粒含量对砂泥岩颗粒混合料固结-渗透耦合特性的影响,试验结果如图 8.10 所示。

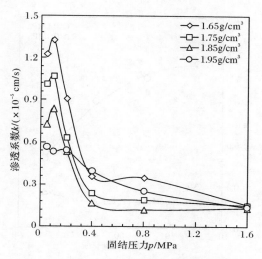

图 8.9 不同干密度试样的渗透试验结果

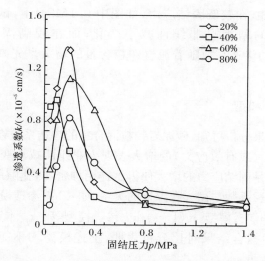

图 8.10 不同泥岩颗粒含量土料试样的渗透试验结果

由图 8.10 可知,试样土料中泥岩颗粒含量对试样在不同固结应力下的渗透系数是存在影响的。为了更加清楚地显示泥岩颗粒含量对渗透系数的影响,图 8.11 给出了不同固结应力下的泥岩颗粒含量和渗透系数关系。

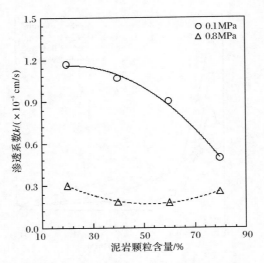

图 8.11　泥岩颗粒含量与渗透系数关系

由图 8.11 可知,在较低固结应力(如图中 0.1MPa)下,试样的渗透系数随着泥岩颗粒含量的增大呈非线性减小变化;而在较高固结应力(如图中 0.8MPa)下,试样的渗透系数随着泥岩颗粒含量的增大呈先减小后增大的非线性变化。

8.3.4　非线性 e-k 模型

由上述试验结果分析可知,砂泥岩颗粒混合料的渗透系数在固结-渗透耦合试验中,随着固结应力(或有效应力)的增大表现为非线性减小变化的特征,产生这种现象的主要原因是固结应力的增大使得试样更加密实,孔隙所占体积减小。前人已建议了多种渗透系数与试样孔隙比的关系,如 e-$\lg k$ 渗透模型、$\lg e$-$\lg k$ 渗透模型、$\lg e$-$\lg[k(1+e)]$ 渗透模型、$\lg(1+e)$-$\lg k$ 渗透模型等[15]。本章研究试验结果与上述几个渗透模型拟合结果对比分析表明,上述模型均不能很好地拟合试验结果。

这里选取表 8.1 中试验方案 2 的部分结果(试验土料为颗粒级配 1、泥岩颗粒含量为 40%,试样干密度为 1.75g/cm³)为依据,分析试样孔隙比与渗透系数的关系。由于试样安装过程中可能对试样存在扰动,综合前述试验结果,这里不考虑固结应力为 50kPa 时的试验结果,其他各级固结应力下的试样孔隙比及渗透系数如表 8.3 和图 8.12 所示。

表 8.3　不同固结应力下试样的孔隙比与渗透系数

序号	固结应力/kPa	孔隙比 e	孔隙比变化 $e/(e_0-e)$	渗透系数 $k/(10^{-5}\text{cm/s})\backslash$
1	100	0.3931	1125.543	1.0676
2	200	0.3894	96.7059	0.6317
3	400	0.3776	23.9448	0.2364
4	800	0.3511	8.2896	0.1870
5	1600	0.2850	2.6306	0.1498

注:试样的初始孔隙比 $e_0=0.3934$。

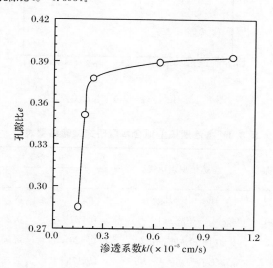

图 8.12　渗透系数与试样孔隙比关系

由图 8.12 可知,渗透系数与孔隙比具有相关性,但是图中存在明显的急变和缓变情况,不能清楚显示两者的相互关系。鉴于此,建议采用如下渗透模型来反映两者相互关系:

$$\lg\frac{e_i}{e_0-e_i}=A+B\lg k \qquad (8.7)$$

表 8.3 和图 8.12 中的数据按式(8.7)拟合曲线如图 8.13 所示。图中拟合直线表达式为式(8.7),其中拟合系数 $A=16.35$,$B=2.71$,相关系数 $R^2=0.949$,表明式(8.7)可以很好地拟合本章研究试验结果。

若用本章研究所有试验结果依上述各渗透模型进行统计分析,可以得到不同渗透模型拟合本研究试验结果的拟合系数 A、B 和相关系数 R^2,列于表 8.4。由表 8.4 可知,本章建议的渗透模型(即式(8.7))的相关系数值最大,试验结果及拟合直线示于图 8.14。

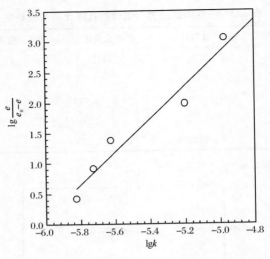

图 8.13　$\lg[e/(e-e_0)]$-$\lg k$ 关系

表 8.4　各渗透模型拟合本章研究试验结果表

序号	渗透模型名称	渗透模型表达式	拟合系数		R^2
			A	B	
1	$\lg e$-$\lg k_v$	$\lg e = A + B\lg k$	0.755	0.231	0.448
2	$\lg e$-$\lg[k(1+e)]$	$\lg e = A + B\lg[k(1+e)]$	0.751	0.232	0.505
3	$\lg(1+e)$-$\lg k$	$\lg(1+e) = A + B\lg k$	0.423	0.054	0.444
4	本研究模型	$\lg[e/(e_0-e)] = A + B\lg k$	11.178	1.851	0.622

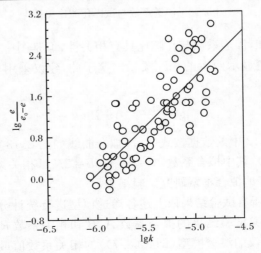

图 8.14　本章研究试验结果及 $\lg[e/(e_0-e)]$-$\lg k$ 渗透模型拟合线

8.4　渗透对固结特性的影响

8.4.1　颗粒级配试验结果及分析

表 8.1 中的试验方案 1（不同试验中所用试验土料的颗粒级配曲线不同，而泥岩颗粒含量均为 60％，且试样干密度均为 1.75g/cm³）用于研究试验土料颗粒级配曲线特征对砂泥岩颗粒混合料固结-渗透耦合特性的影响。这里从压缩曲线和压缩性指标两个方面对其进行分析。

1）压缩曲线

标准的固结试验是不考虑渗透影响的，加载方式仍采用分级加载。为便于分析水的渗透对试样固结特性的影响，本章研究对试验土料和试样条件完全相同的试样分别进行标准固结试验和渗透-固结耦合试验。图 8.15～图 8.17 分别给出了颗粒级配 1、3 和 5 试验土料的标准固结试验和渗透-固结耦合试验结果。

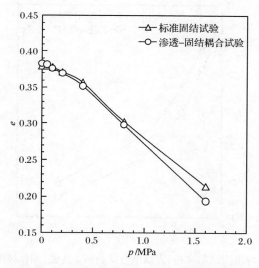

图 8.15　标准固结与渗透-固结耦合试验 e-p 曲线（颗粒级配 1 土料）

由图 8.15～图 8.17 可知，相比标准固结试验，渗透-固结耦合试验的 e-p 曲线位置要低一些，表明渗透作用使得试样的压缩性有所增大，且试样土料颗粒级配的不同使得渗透作用的影响程度也不同。相比之下，颗粒级配 5 的试验土料用两种试验方法得到的压缩曲线相差最大，颗粒级配 1 土料最小。

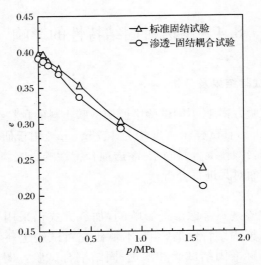

图 8.16　标准固结与渗透-固结耦合试验 e-p 曲线(颗粒级配 3 土料)

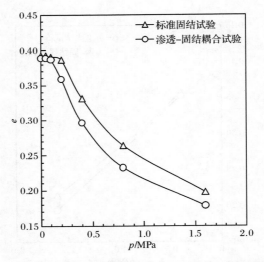

图 8.17　标准固结与渗透-固结耦合试验 e-p 曲线(颗粒级配 5 土料)

2) 压缩性指标

第 4 章详细介绍了压缩系数、压缩模量、压缩指数和前期固结应力等压缩性指标的计算方法,在此不再赘述。表 8.5 给出了三种颗粒级配试验土料的标准固结试验与渗透-固结耦合试验两种方法得到的压缩性指标。

表 8.5　不同颗粒级配土料试样的压缩性指标

颗粒级配曲线编号	试验方法	压缩系数 α_{v1-2} /MPa^{-1}	压缩模量 E_{s1-2}/MPa	压缩指数 I_c	前期固结应力 σ_p/kPa
颗粒级配 1	标准固结试验	0.063	21.922	0.303	454.740
	渗透-固结耦合试验	0.068	20.292	0.378	407.500
颗粒级配 3	标准固结试验	0.109	12.772	0.224	311.375
	渗透-固结耦合试验	0.121	11.536	0.280	271.871
颗粒级配 5	标准固结试验	0.043	32.593	0.268	287.028
	渗透-固结耦合试验	0.283	4.901	0.289	255.324

由表 8.5 可知,相比标准固结试验结果,渗透-固结耦合试验方法得到的压缩系数增大 0.05~0.240MPa^{-1},压缩模量减小 1.236~27.692MPa,压缩指数增大 0.021~0.075,前期固结应力减小 31.704~47.240kPa。可见,渗透作用对土体的固结特性确实存在影响,渗透作用使得土体的压缩性增大。

8.4.2　干密度试验结果及分析

表 8.1 中的试验方案 2(不同试验中所用试验土料的颗粒级配曲线和泥岩颗粒含量均相同,而试样干密度不同)用于研究试样干密度对砂泥岩颗粒混合料固结-渗透耦合特性的影响。

1)压缩曲线

图 8.18~图 8.21 分别给出了不同干密度试样的标准固结试验和渗透-固结耦合试验结果。

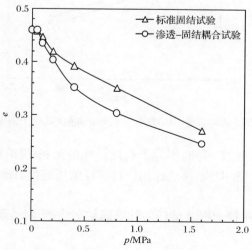

图 8.18　标准固结与渗透-固结耦合试验 e-p 曲线(试样干密度 1.65g/cm³)

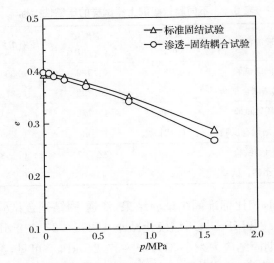

图 8.19　标准固结与渗透-固结耦合试验 e-p 曲线（试样干密度 1.75g/cm³）

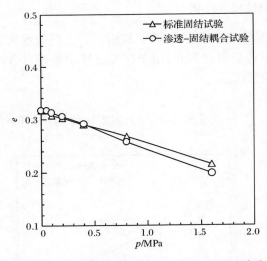

图 8.20　标准固结与渗透-固结耦合试验 e-p 曲线（试样干密度 1.85g/cm³）

　　由图 8.18～图 8.21 可知，不同干密度试样的渗透-固结耦合试验的 e-p 曲线均略低于标准固结试验曲线，渗透作用使得试样的压缩性有所增大。

　　2）压缩指数

　　表 8.6 给出了四种干密度试样的标准固结与渗透-固结耦合两种试验方法得到的压缩性指标。

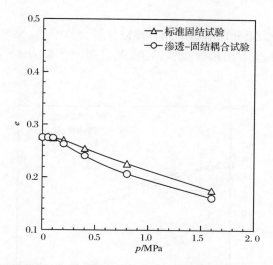

图 8.21　标准固结与渗透-固结耦合试验 e-p 曲线（试样干密度 1.95g/cm³）

表 8.6　不同干密度试样的压缩性指标

试样干密度 /(g/cm³)	试验方法	压缩系数 α_{v1-2}/MPa⁻¹	压缩模量 E_{s1-2}/MPa	压缩指数 I_c	前期固结应力 σ_p/kPa
1.65	标准固结试验	0.269	5.442	0.270	321.627
	渗透-固结耦合试验	0.310	4.714	0.281	282.798
1.75	标准固结试验	0.037	37.893	0.310	422.762
	渗透-固结耦合试验	0.067	20.928	0.327	350.403
1.85	标准固结试验	0.049	26.845	0.213	460.786
	渗透-固结耦合试验	0.071	18.547	0.249	414.841
1.95	标准固结试验	0.051	25.225	0.179	537.024
	渗透-固结耦合试验	0.114	11.183	0.192	475.096

　　由表 8.6 可知,渗透作用使得不同干密度试样的压缩有所增大。相比标准固结试验,渗透-固结耦合试验测得的压缩系数增为 0.063～0.022MPa⁻¹,压缩模量减小 0.728～16.965MPa,压缩指数增大 0.011～0.036,前期固结应力减小 38.829～72.359kPa。

8.4.3　泥岩颗粒含量试验结果及分析

　　表 8.1 中的试验方案 3(不同试验中所用试验土料的泥岩颗粒含量不同,而土料的颗粒级配曲线和试样干密度均相同)用于研究试验土料中泥岩颗粒含量对砂泥岩颗粒混合料固结-渗透耦合特性的影响。

1) 压缩曲线

图 8.22~图 8.24 分别给出了泥岩颗粒含量为 20%、60% 和 80% 试验土料的标准固结试验和渗透-固结耦合试验结果,泥岩颗粒含量为 40% 试验土料的试验结果同图 8.19。

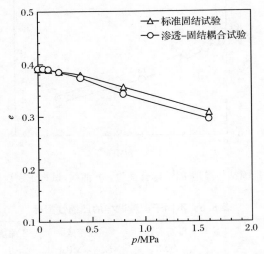

图 8.22   标准固结与渗透-固结耦合试验 e-p 曲线(泥岩颗粒含量 20%)

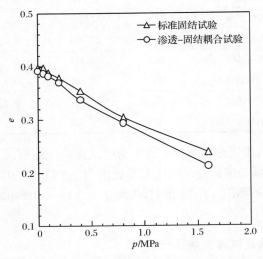

图 8.23   标准固结与渗透-固结耦合试验 e-p 曲线(泥岩颗粒含量 60%)

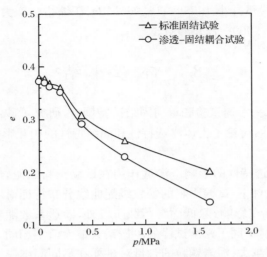

图 8.24　标准固结与渗透-固结耦合试验 $e\text{-}p$ 曲线(泥岩颗粒含量 80%)

由图 8.19 和图 8.22～图 8.24 可知,相比标准固结试验,不同泥岩颗粒含量试验土料的渗透-固结耦合试验测得 $e\text{-}p$ 曲线位置均要低一些,表明渗透作用使得试样的压缩性有所增大。

2) 压缩指数

表 8.7 给出了四种泥岩颗粒含量试验土料试样的标准固结与渗透-固结耦合两种试验方法得到的压缩性指标。

表 8.7　不同泥岩颗粒含量试验土料试样的压缩性指标

泥岩颗粒含量/%	试验方法	压缩系数 $\alpha_{v1-2}/\text{MPa}^{-1}$	压缩模量 E_{s1-2}/MPa	压缩指数 I_c	前期固结应力 σ_p/kPa
20	标准固结试验	0.039	35.436	0.196	505.187
	渗透-固结耦合试验	0.048	28.734	0.216	443.644
40	标准固结试验	0.037	37.893	0.310	722.762
	渗透-固结耦合试验	0.067	20.928	0.327	650.403
60	标准固结试验	0.109	12.772	0.225	371.700
	渗透-固结耦合试验	0.121	11.536	0.280	311.870
80	标准固结试验	0.074	18.569	0.224	298.625
	渗透-固结耦合试验	0.100	13.733	0.287	245.716

由表 8.7 可知,渗透作用使得不同泥岩颗粒含量试验土料试样的压缩有所增大。相比标准固结试验,渗透-固结耦合试验测得的压缩系数增大 0.009～

0.03MPa^{-1},压缩模量减小 1.236～16.965MPa,压缩指数增大 0.017～0.063,前期固结应力减小 52.909～72.359kPa。

8.5　本章小结

　　本章通过常水头渗透试验和单向固结试验耦合,研究了砂泥岩颗粒混合料的渗透-固结耦合特性,讨论了土体渗透特性和固结特性的相互影响问题。主要结论和认识如下:

　　(1) 固结对渗透特性的影响。渗透作用在试验土料的泥岩颗粒含量相同、试样干密度相同的条件下,试验土料的颗粒级配曲线分布特征对不同固结应力下试样的渗透系数均存在影响;除低固结荷载阶段外,渗透系数随着固结应力增大均呈非线性减小变化,不同干密度试样的渗透系数最大值不相同,试样干密度越小,渗透系数的最大值越大;泥岩颗粒的含量对试样在不同固结应力下的渗透系数是存在影响的,在较低固结应力下,试样的渗透系数随着泥岩颗粒含量的增大呈非线性减小变化;而在较高固结应力下,试样的渗透系数随着泥岩颗粒含量的增大呈先减小后增大的非线性变化。

　　(2) 渗透对固结特性的影响。相比标准固结试验,渗透-固结耦合试验的 e-P 曲线位置要低一些,且压缩性指标压缩系数和压缩指数有所增大、压缩模量和前期固结应力有所减小,表明渗透作用使得试样的压缩性有所增大,且试样土料颗粒级配曲线特征、泥岩颗粒含量和试样干密度等对试样的压缩特性变化存在影响。

参 考 文 献

[1] 詹良通,吴宏伟. 非饱和膨胀土变形和强度特性的三轴试验研究[J]. 岩土工程学报,2006,2(28):196—202.

[2] 杨圣奇,徐卫亚,谢守益,等. 饱和状态下硬岩三轴流变变形与破裂机制研究[J]. 岩土工程学报,2006,8(28):962—930.

[3] 黄茂松,李进军,李兴照. 饱和软粘土的不排水循环累积变形特性[J]. 岩土工程学报,2006,7(28):891—895.

[4] 刘维,唐晓武,甘鹏路,等. 富水地层中重叠隧道施工引起土体变形研究[J]. 岩土工程学报,2013,35(6):1055—1061.

[5] 章峻豪,陈正汉,田志敏,等. 非饱和土一维压缩试验及变形规律探讨[J]. 岩土工程学报,2015,1(37):61—66.

[6] 邵龙潭,王助贫,刘永禄. 三轴土样局部变形的数字图像测量方法[J]. 岩土工程学报,2002,24(2):159—163.

[7] 李元海,朱合华,上野胜利,等. 基于图像分析的实验模型变形场量测标点法[J]. 同济大学学报,2003,31(10):1141—1145.

[8] 周中,傅鹤林,刘宝琛,等. 土石混合体渗透性能的正交试验研究[J]. 岩土工程学报,2006,28(9):1134—1138.

[9] 周中,傅鹤林,刘宝琛,等. 土石混合体渗透性能的试验研究[J]. 湖南大学学报(自然科学版),2006,33(6):25—28.

[10] 仵彦卿. 岩土水力学[M]. 北京:科学出版社,2009.

[11] 朱崇辉. 粗粒土的渗透特性研究[D]. 杨凌:西北农林科技大学,2006.

[12] 陈群,刘黎,何昌荣,等. 缺级粗粒土管涌类型的判别方法[J]. 岩土力学,2009,30(8):2249—2253.

[13] 魏松. 粗粒料浸水湿化变形特性试验及其数值模型研究[D]. 南京:河海大学,2006.

[14] 王辉. 小浪底堆石料湿化特性及初次蓄水时坝体湿化计算研究[D]. 北京:清华大学,1992.

[15] 朱国胜,张家发,张伟,等. 宽级配粗粒料渗透试验方法探讨[J]. 长江科学院院报,2009:10—13.

[16] 沈珠江. 用有限单元法计算软土地基的固结变形[J]. 水利水运科技情报,1977,3(1):7—23.

[17] 王媛. 多孔介质渗流与应力的耦合计算方法[J]. 工程勘察,1995,(2):33—37.

[18] 仵彦卿,柴军瑞. 裂隙网络岩体三维渗流场与应力场耦合分析[J]. 西安理工大学学报,2000,16(1):1—5.

[19] 王晓鸿,仵彦卿. 渗流场—应力场耦合分析[J]. 勘察科学技术,1998,(4):3—6.

[20] 陈庆中,冯星梅. 应力场、渗流场和流场耦合系统定边值定初值问题的变分原理[J]. 岩石力学与工程学报,1999,18(5):550—554.

[21] 刘建军,耿万东. 群井开采条件下承压含水层渗流动态模拟[J]. 灌溉排水学报,2003,22(2):58—60.

[22] 杨志锡,叶为民,杨林德. 基坑工程中应力场与渗流场直接耦合的有限元法[J]. 勘察科学技术,2001,(3):32—36.

[23] 李培超,徐献芝,孔祥言. 非饱和多孔介质有效应力计算公式的理论研究[J]. 中国科学技术大学学报,2004,(z1):53—57.

[24] 李筱艳. 基于位移反分析的深基坑渗流场与应力场完全耦合分析[J]. 岩石力学与工程学报,2004,23(8):1269—1274.

[25] 李玉岐. 考虑渗流影响的基坑工程性状研究[D]. 杭州:浙江大学,2005.

[26] 樊贵盛,邢日县,张明斌. 不同级配砂砾石介质渗透系数的试验研究[J]. 太原理工大学学报,2012,43(3):373—378.

[27] 郑秋菊. 粒度粒径分布与渗透系数关系的 BP 网络分析[J]. 安徽建筑工业学院学报:自然科学版,2010,18(5):82—85.

[28] 翁厚洋,朱俊高,余挺,等. 粗粒料缩尺效应研究现状与趋势[J]. 河海大学学报:自然科学版,2009,37(4):425—429.

[29] 朱国胜,张家发,陈劲松,等. 宽级配粗粒土渗透试验尺寸效应及边壁效应研究[J]. 岩土力

学,2012,33(9):2569—2574.

[30] 毛昶熙. 渗流计算分析与控制[M]. 北京:中国水利水电出版社,2003:8—11.

[31] 朱崇辉,刘俊民,王曾红. 粗粒土的颗粒级配对渗透系数的影响规律研究[J]. 人民黄河,
2005,27(12):79—81.

[32] 邱珍锋. 砂泥岩混合料各项异性渗透特性试验研究[D]. 重庆:重庆交通大学,2013.

[33] Qiu Z F,Wang J J. Experimental study on the anisotropic hydraulic conductivity of a sand-
stone-mudstone particle mixture [J]. Journal of Hydrologic Engineering, ASCE, 2015,
20(11):04015029.